U0396379

HPHT-TREATED DIAMONDS

DIAMONDS FOREVER

高温高压处理钻石的技术与鉴别

［德］因加·A.多布里那斯（Inga A. Dobrinets）

［俄罗斯］维克托·G.文斯（Victor G.Vins）　　著

［美］亚历山大·M.扎伊采夫（Alexander M.Zaitsev）

徐志 译

华南理工大学出版社
SOUTH CHINA UNIVERSITY OF TECHNOLOGY PRESS
·广州·

著作权合同登记号 图字：19 - 2020 - 070

图书在版编目（CIP）数据

高温高压处理钻石的技术与鉴别/（德）因加·A. 多布里那斯（Inga A. Dobrinets），（俄罗斯）维克托·G. 文斯（Victor G. Vins），（美）亚历山大·M. 扎伊采夫（Alexander M. Zaitsev）著；徐志译. —广州：华南理工大学出版社，2022.1

书名原文：HPHT-Treated Diamonds：Diamonds Forever

ISBN 978 - 7 - 5623 - 6450 - 4

Ⅰ. ①高… Ⅱ. ①因… ②维… ③亚… ④徐… Ⅲ. ①钻石 - 处理 Ⅳ. ①TS933. 21

中国版本图书馆 CIP 数据核字（2020）第 160716 号

高温高压处理钻石的技术与鉴别

〔德〕因加·A. 多布里那斯 (Inga A. Dobrinets)，〔俄罗斯〕维克托·G. 文斯 (Victor G. Vins)，〔美〕亚历山大·M. 扎伊采夫 (Alexander M. Zaitsev) 著

徐 志 译

出 版 人：卢家明

出版发行：华南理工大学出版社

（广州五山华南理工大学 17 号楼，邮编 510640）

http：//hg. cb. scut. edu. cn E-mail：scutc13@ scut. edu. cn

营销部电话：020 - 87113487 87111048（传真）

策划编辑：袁 泽

责任编辑：唐燕池

责任校对：梁樱雯

印 刷 者：广州市人杰彩印厂

开 本：787mm×1092mm 1/16 印张：13.75 字数：320 千

版 次：2022 年 1 月第 1 版 2022 年 1 月第 1 次印刷

定 价：188.00 元

献给充满求知欲、给了我们许多启发的孩子们：
瓦莱里娅、维塔利、基里尔和玛丽娜

前　言

本书尝试结合现有的数据，批判性地分析钻石处理的技术方法，包括高压、高温退火，即所谓的"HPHT 处理"。商业化 HPHT 处理的目的是改善钻石的成色，从而提高它的商业价值。与其他处理方法一样，如果钻石经过了 HPHT 处理，卖方必须明确告知买方。然而在实际中，许多钻石的处理工序并未公开，给买家带来了巨大的风险。

目前，辨别经 HPHT 处理的钻石（简称"HPHT 处理钻石"）并不是一项简单的工作，绝大多数珠宝卖家和买家都无法完成。只有配备了昂贵的专业显微镜和光谱仪的宝石实验室才能做出可靠的鉴别。HPHT 处理钻石的鉴别如此复杂的原因是，HPHT 处理过程与钻石在地质作用过程中的受热变化非常相似。因此，HPHT 处理钻石似乎可以非常"自然"。但是，HPHT 处理钻石的某些特征与未经处理的会有所不同，这些不同就可用于辨别其是否经过处理。大多数情况下，这些差异是由钻石内部杂质缺陷所致，只有具有扎实研究背景的专家才能识别它们。

目前，钻石研究领域已经积累了大量关于 HPHT 处理过程以及 HPHT 处理钻石的宝石学性质的数据。然而，这些信息分散于众多出版物中，并不容易得到，有些数据也存在争议。为了得出正确的结论，必须对信息进行鉴别、分析。对于大多数宝石学者，尤其是那些刚刚进入这一领域的人来说，收集这些信息是一个不小的挑战。本书的目的之一就是帮助读者应对这一挑战。另一目的是从科学、宝石、技术、商业的角度，加深读者对钻石的 HPHT 处理的认识，为其实际鉴别提供更可靠的依据和准则。此外，我们试图利用近年来获得的新知识对早期文献资料中的数据进行解释，这种回顾性的方法对我们认识 HPHT 处理钻石有很大的帮助。

尽管我们试图对现有信息进行最全面的分析，但本书并不是一本快速鉴别 HPHT 处理钻石的手册。相反，通过本书的综述，我们会发现鉴别 HPHT 处理钻石比想象中更具挑战性。必须承认，在少数情况下，我们目前的知识水平不足以确定钻石是否经 HPHT 处理。然而，我们希望本书能对从事 HPHT 处理钻石交易的人有用，帮助他们降低在申报钻石是否经 HPHT 处理时的差错。

〔德〕因加·A. 多布里那斯（Inga A. Dobrinets），

〔俄罗斯〕维克托·G. 文斯（Victor G. Vins），

〔美〕亚历山大·M. 扎伊采夫（Alexander M. Zaitsev）

致 谢

非常感谢我们的同事和伙伴们，本书的完成离不开他们的帮助：

Mitchell Jakubovic 先生（EGL，纽约，美国）

John Chapman 博士（力拓钻石公司，澳大利亚）

Alexander Yelisseyev 博士（新西伯利亚地质和矿物学研究所，俄罗斯）

Marina Epelboym 女士（EGL，纽约，美国）

Nilesh Setch 先生（Nice 钻石股份有限公司，纽约，美国）

S. V. Chigrin 先生（西伯利亚新钻石有限公司）

A. Grizenko 先生（朗讯钻石股份有限公司）

A. E. Blinkov 先生（VinsDiam 有限公司）

D. V. Afonin 先生（VinsDiam 有限公司）

S. A. Terentev 先生（特洛伊茨克超硬和新碳材料研究所，俄罗斯）

S. A. Nasuhin 先生（特洛伊茨克超硬和新碳材料研究所，俄罗斯）

A. N. Zhiltsov 先生（克里斯塔林有限公司）

N. E. Ulanov 先生（克里斯塔林有限公司）

N. V. Jakimets 女士（VinsDiam 有限公司，新西伯利亚，俄罗斯）

S. Z. Smirnov 博士（新西伯利亚地质矿产研究所，俄罗斯）

特别感谢 David Fisher 博士［DTC 研究中心，戴比尔斯（英国）］和 Dusan Simic 先生（宝石学和珠宝分析所，纽约，美国）对书稿进行了审阅，提供了许多宝贵意见。

本书中的大部分原始实验数据是利用美国纽约 EGL 的研究设备获得的。

目　录

术 语

ABC 钻石（ABC diamond）

红外吸收光谱中同时出现 A、B 和 C 缺陷吸收的钻石。

APHT（atmospheric pressure，high temperature）

指大气压下的高温处理。APHT 退火是在常压下惰性气体中 1700℃以上的热处理，是一种替代 HPHT 处理的廉价方法。

"蓝色传输者"（"blue transmitter"）

当在明亮的日光下观察时，钻石显示 N3 中心的强蓝荧光。这种蓝色发光也被称为"蓝色传输"（"blue transmission"）效应。

CL（cathodoluminescence）

指阴极发光，是由电子激发的发光，如在电子显微镜下的发光。

色心（color center）

在可见光范围内对可见光产生选择性吸收的光学中心。

CVD 钻石（CVD diamond）培育

采用化学气相沉淀法培育的钻石，CVD 钻石通常在含甲烷的微波等离子体中培育。

缺陷（defect）

指钻石规则晶格中的任何不完美。例如，碳原子处于不规则的晶格点上，或固有位上的空缺。杂质原子是杂质缺陷。钻石中大多数缺陷是由内在缺陷和杂质缺陷组成的复合物。（内在缺陷指晶格位错和空位；杂质缺陷指杂质元素替代——译者注）

荧光（fluorescence）

指寿命在 1 ms 内的发光，事实上荧光是钻石在外部激发下才能观察到的发光，例

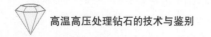

如在紫外光照射下；当关掉激发光后，荧光立即消失。

FSI（full spectrum illumination）

即全光谱照明。钻石吸收光谱的测量方法有全光谱照射法和单色照射法两种。在单色照明系统中，光谱中只出现光学中心的吸收特征，这种方法用于"纯"吸收光谱的精确测量。在全光谱照明情况下，光学中心的吸收和发光特征都存在于同一光谱中。FSI 系统是一种廉价的替代方案，用于在测量吸收光谱的同时检测具有强发光特征的光学中心。例如，用于快速、准确地表征具有"传输"效应的钻石（见术语"蓝色传输者""绿色传输者""红色传输者"）。

FWHM（full width at half magnitude）

即半高宽，为一种量化光谱中谱线宽度的指标（半高宽是谱带高度为最大处高度一半时谱带的宽度——译者注）。

Ga（gigaannum）

为时间单位，$1\ Ga = 10^9$ 年。（Giga：千兆，10 亿——译者注）

"绿色传输者"（"green transmitter"）

当在明亮的日光下观察时，钻石显示 H3 中心的强绿色荧光。这种绿色发光可称为"绿色传输"效应。

GPa（gigapascal）

为压力单位，$1\ GPa = 1000\ MPa$。

HPHT（high pressure high temperature）

即高压高温。

HPHT 钻石（HPHT diamond 或 HPHT-grown diamond）

指实验室中采用高温高压法合成的钻石。与天然钻石相同，高温高压合成钻石也可通过 HPHT 处理来改善颜色。HPHT 钻石合成的温度范围是 1200 ～ 1400℃，而 HPHT 处理的温度超过 2000℃。

FTIR（Fourier transform infrared spectroscopy）

指傅里叶变换红外光谱。FTIR 是利用傅里叶变换方法测试获得的红外光谱，是鉴别钻石和非钻石材料最可靠的方法之一。

IR（infrared）

即红外线，也常代指红外光谱范围。

IR 吸收光谱（IR absorption spectroscopy）

指波长范围为从 750 nm 至约 100,000 nm（对应的波数约为 $100 \sim 13,000$ cm^{-1}）的吸收光谱。

LHeT（liquid helium temperature）

即液氦温度。

LNT（liquid nitrogen temperature）

即液氮温度。

LPHT（low pressure high temperature）

即低压高温处理。LPHT 退火是在真空中温度超过 1700℃ 的热处理方法，被用作 HPHT 廉价的替代方法。

发光（luminescence）

指在外部激发下物体的发光（如钻石在紫外光或激光照射下）。两种主要的发光现象是荧光和磷光。

LWUV（long wave ultraviolet）

即长波紫外光。它是一个宝石学中常用的术语，指汞灯产生的紫外光，光谱范围为 $300 \sim 400$ nm，强度最大在 365 nm 处。

Ma（megaannum）

为时间单位，1 Ma = 10^6 年。

多重处理（multi-process treatment）

指联合不同过程处理钻石的方法。如无特别说明，多重处理涉及三个连贯的过程：①HPHT 退火；②$1 \sim 3$ MeV 能量的电子辐照；③$600 \sim 1000$℃ 退火。

NIR（near infrared）

即近红外光：$750 \sim 2000$ nm 范围内的红外光。近红外光范围内，钻石的光学中心仍具有发光活性。但当波长超过 1000 nm 时，钻石的发光效率可以忽略不计；超过 2000 nm 时，钻石的发光不可测。

光学中心（optical center）

指在光谱中的光谱学特征。光学中心是光学谱窄线和宽带的组合。每个光学中心都源于某种类型的缺陷，因此其光谱结构是独特的。光学中心是相应缺陷的特征。光学中心用于缺陷的光学检测、识别和含量测定。零声子线（ZPL）是光学中心在紫外（UV）、可见（Vis）和近红外（NIR）光范围内最重要的特征之一，它的波长经常被用于表征该中心和其对应的缺陷。

磷光（phosphorescence）

指寿命长于 1 ms 的发光。在实际应用中，磷光是指当激发紫外光被关闭后观察到的钻石的余辉。

PL（photoluminescence）

光致发光，即由光（如紫外光或激光）激发的发光。PL 是表征钻石最常用的一种发光技术，也是检测光学活性缺陷最灵敏的方法。现代 PL 仪器能够检测含量低于 1 ppb 的缺陷。

ppb（part per billion）

十亿分之一，即 10^{-9}（非法定计量单位，本书中用于以体积浓度的形式表示钻石晶格中碳原子或缺陷/杂质原子的数量比，即用钻石的密度除以一个碳原子的质量——译者注）。对于钻石，1 ppb = $1.76 \times 10^{14} cm^{-3}$。

ppm（part per million）

百万分之一，即 10^{-6}（非法定计量单位，本书中用于以体积浓度的形式表示钻石晶格中碳原子或缺陷/杂质原子的数量比——译者注）。对于钻石，1 ppm = $1.76 \times 10^{17} cm^{-3}$。

R（Raman）

钻石的拉曼线/峰（常标注在 PL 图谱中）。

拉曼光谱（Raman spectroscopy）

为用于检测钻石晶格中质点振动（如声子）的光谱。拉曼光谱是鉴别钻石和非钻石最有效的方法。

"红色传输者"（"red transmitter"）

在明亮白炽灯的照射下，一些钻石会发出红色强光（由 NV⁻ 中心所致）。这种强红色发光现象称为"红色传输"（"red transmission"）效应，有这种效应的钻石即为"红色传输者"。

RT（room temperature）

即室温。

SWUV（short wave ultraviolet）

即短波紫外光。SWUV 是一个宝石学中的术语，指汞灯产生的波长约 250 nm 的紫外光。

TL（thermoluminescence）

即热释光，热致发光。热释光是晶体（如钻石）在被强光（如汞灯）照射后，在缓慢加热过程中所产生的一种发光现象。

UV（ultraviolet）

即紫外光。

紫外光谱（UV spectroscopy）

波长范围在 200～400 nm 的发光或吸收光谱。

电子振动的（vibronic）

即由原子振动（如声子振动）促进的。光学中心的电子振动边带（声子边带）是一个宽的结构带，在吸收光谱中从 ZPL 向短波方向延伸，在发光光谱中从 ZPL 向长波方向扩展。振动边带是光学中心的一个独有特征，它与 ZPL 一起用于光学中心的识别。

可见光（Vis）

波长在可见光谱范围的光。可见光谱和不同波长对应的颜色如图 1 所示。

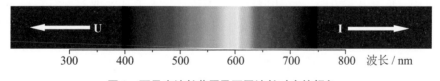

图 1　可见光波长范围及不同波长对应的颜色

ZPL（zero-phonon line）

零声子线。ZPL 是光学中心最窄的谱线，其波长是快速识别钻石光学中心及其缺陷的常用参数。

1 概　述

完全无色和色彩鲜艳的天然钻石都是稀有而昂贵的。绝大多数天然钻石的结构并不完美或颜色暗淡，例如褐色或灰色的钻石，或带黄色调的钻石，这些钻石的价格要低得多。人们一直在寻找"改善"这些低价天然钻石的方法，以使它们更有价值。降低天然钻石的褐色调而使它们变为无色是最令人满意的"改善"。

钻石的颜色取决于它内部的杂质缺陷结构。研究这种结构的演化和通过高温辅助其转化的控制技术是 HPHT 处理的出发点。随着对钻石晶体退火的物理原理研究的不断深入，经济高效的高压、高温设备的开发已成为 HPHT 处理实际应用的重要方向。1980年代，在苏联新西伯利亚开发的新型设备——分裂球压力设备（BARS apparatus），是促进 HPHT 处理技术商业化发展的成果之一（Ran and Malinovskii，1975；Malinovskii et al.，1981，1989）。

利用 HPHT 处理与增强钻石颜色的商业化（且未公开）的生产行为可追溯到 1996年（Fryer，1997；Van Bockstael，1997；Buerki et al.，1999；McClure and Smith，2000；Reinitz and Moses，1997；Overton and Shigley，2008）。在那时，宝石贸易市场没有预料到会出现这样的钻石。大量深黄绿色钻石的突然出现以及其不寻常的外观［在日光下观察时显示出明显的绿色发光，即所谓的"绿色传输者（green transmitters）"］引起了人们的怀疑。伴随"绿色传输（green transmission）"效应，这些钻石还显示强的 H2 中心吸收——这一特征在天然钻石中非常少见。当时，HPHT 处理钻石只是几个钻石物理矿物学实验室的研究课题。HPHT 退火技术没有被大规模应用，也没有被确认为一种商业化的钻石处理方法（Anthony et al.，2000；Shigley et al.，1993）。同样地，HPHT 处理对于珠宝和宝石学界来说还是普遍未知的。

1999 年，通用电气和 Lazar Kaplan International 两家公司正式宣布将 HPHT 处理钻石用于商业用途（Rapnet，1999），而宝石学界并未准备好迎接这一挑战。更加让人猝不及防的是，通用电气声明，经 HPHT 处理的钻石与未经其处理的天然钻石无法区分（Chalain et al.，1999）。通用电气开发商宣称 HPHT 处理是在"尝试重建自然地质过程并使钻石在最大程度上接近无色"（Woodburn，1999）。事实上，HPHT 处理在很多方面都遵循了钻石在地球中的自然退火过程。因此，经 HPHT 处理的钻石看起来非常自然，几乎没有留下任何将它们与未经处理的钻石区分开来的线索。2000 年，美国宝石学院（GIA）总裁威廉·博雅吉安（William Boyajian）写道："它（HPHT 处理）可以说是钻石行业面临的最严峻挑战之一。"（Boyajian，2000）

然而，钻石贸易商和宝石学家拒绝将 HPHT 退火看作钻石的"自然"改进。HPHT退火被归类为处理工艺，HPHT 处理钻石的鉴别也引发了许多关注和问题（Schmetzer，1999）。规模较大的宝石学实验室和一些大学实验室都开始进行深入研究，旨在寻找经

HPHT 处理过的钻石的特征。宝石学家重新审议了钻石表征准则，并修改了之前发布的一些关于"不寻常"的天然钻石的报告。到 2002 年，事情的真相越来越清晰：HPHT 处理已经在俄罗斯存在多年（Van Royen and Palyanov，2002），并且这就是宝石市场上 HPHT 处理钻石的源头。

最初，HPHT 处理被设计为通过去除低氮钻石的褐色而提高颜色等级的一项"改善"技术。然而，人们很快发现，HPHT 处理是一种能改变几乎所有钻石颜色的强大技术。有研究发现，经过 HPHT 处理的钻石的吸收光谱和它们的颜色变化，主要取决于初始的杂质缺陷结构。而且，当涉及影响钻石杂质缺陷结构的其他处理时，这种结构以及 HPHT 处理的结果可能会发生很大的变化。因此，多重处理方法被开发出来。最常见的多重处理涉及 HPHT 处理、电子辐射和常规大气压下退火的连续处理过程。这种多重处理能使钻石产生各种颜色（Overton and Shigley，2008；Perret，2006；Kitawaki，2007）。

HPHT 处理技术刚公开时，投放到宝石市场的处理过的钻石数量相对较少。2000 年，GIA 著名宝石学家詹姆斯·希格利（James Shigley）在他的评论中指出，"在宝石市场上遇到高温高压处理钻石是罕见的事件"（Shigley，2000）。然而，经过 HPHT 处理的彩色钻石数量不断增长，HPHT 处理钻石对市场的诚信度很快产生了威胁。

很明显，建立可靠的 HPHT 处理钻石鉴别标准对钻石贸易至关重要。如今，规模化生产 HPHT 处理无色钻石和价格高昂的彩色钻石已不再少见。经 HPHT 处理的大颗粒Ⅰa 和Ⅱa 型钻石的比例也都在不断增长（Wang and Moses，2011），这表明 HPHT 处理技术进步显著。现代 HPHT 设备能够同时处理多颗几克拉的钻石，或者几十克拉的单颗钻石。在日常提交给宝石学实验室出证的钻石中，经过颜色处理的（包括 HPHT 处理）钻石所占的比例可达 5%，其"颜色成因"须进一步测试（Dobrinets and Zaitsev，2010）（见图 1.1）。

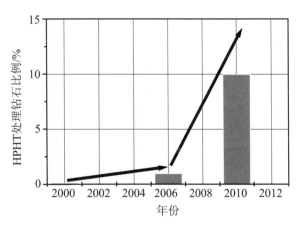

图 1.1　HPHT 处理和未公开的 HPHT 处理钻石的贸易发展情况

2000 年："在宝石市场上遇到高温高压处理的钻石是罕见的事件"（Shigley，2000）。2006—2007 年：每 100 颗提交给美国 EGL 鉴定的钻石中有 1～2 颗须进行"颜色成因"测试，并被提示须进一步测试。2010 年：每 100 颗钻石中有多达 10 颗须进行"颜色成因"测试，并被提示须进一步测试。

浅褐色 IIa 型钻石的 HPHT 处理在商业中具有特殊价值。这种钻石是生产高色级钻石的原料。无色 IIa 型钻石在市场上所占的比例以及尺寸和颜色等级都在稳步上升。在 2003 年前几乎不可能遇到完美的 15 克拉 HPHT 处理钻石，但现在的情况并非如此。现代化的高温高压设备可以处理各种尺寸的钻石，进而获得高品质、质量可超过 30 克拉的抛光钻石（Shigley，2005；Darley，2011；Wang and Moses，2011）。近年来，GIA 报道有大量经过 HPHT 处理的高净度大钻石提交分级。这些钻石的重量为 3 克拉至 20 克拉，色级为 D 至 J。值得注意的是，大多数钻石都是在没有适当披露的情况下提交分级的（Wang and Moses，2011；*Southern Jewelry News*，2011）。如今，几乎所有 IIa 型钻石都必须通过可靠的 HPHT 处理鉴定方法进行仔细测试。如果没有这样的测试，从第三方购买的话，没有人能够确信 IIa 型钻石的天然颜色成因（Fisher，2008）。

到目前为止，学术界已经对 HPHT 处理钻石进行了广泛的研究，并且获得了一定的成果，对 HPHT 工艺的物理原理和所得产品有了相当清晰的认知。研究证明，HPHT 工艺的情况非常复杂，涉及诸多视觉、结构和光谱特征，其中不少特征只能使用复杂的显微成像技术和顶级光谱仪器进行识别和测量。在很多情况下，HPHT 处理钻石的可靠识别和报告需要对多种结构和光学参数进行复杂的比较分析，并将获得的数据与众多文献、会议论文、实验室报告和书籍中发表的数据进行比较。

本书后续章节中，将从宝石学、钻石分级、HPHT 处理技术以及钻石材料物理学研究的角度，对 HPHT 处理的复杂性进行多方面详细讨论。本书中的结论是基于对数百种出版物中的数据以及数千颗 HPHT 处理钻石或多重处理钻石的原始测量数据进行分析而得出的。

2 适用 HPHT 处理的钻石类型

钻石的类型、颜色和净度是决定其是否适用 HPHT 处理的最主要的三个参数。钻石的颜色在贸易中是最重要的，初始颜色是评价其外观、升值空间以及 HPHT 处理过程有效性的出发点。

净度是限制钻石进行商业化 HPHT 处理的适宜性参数。由于 HPHT 处理通常是在接近或在石墨稳定范围内的压力和温度下进行的，内含杂质可能会明显促使其周围钻石质点的石墨化，还会局部削弱钻石晶体，从而导致钻石产生裂隙。当钻石在处理过程中受到的压力不均匀时，特别容易产生裂隙。因此，HPHT 处理可能降低钻石净度等级。如果钻石初始的净度较低，HPHT 处理可能会将其降得更低，导致处理无利可图。

尽管钻石的类型是一个技术参数而非商业参数，但是用于 HPHT 处理的钻石类型是技术人员在选择处理条件以达到理想的最终颜色时的关键因素。

2.1 钻石的类型

钻石类型的概念是理解 HPHT 处理的物理基础。钻石类型的划分是依据氮和硼这两种主要杂质进行的，这两种杂质决定了钻石的光学和电学性质。对于 HPHT 处理来说，氮的存在和其相关缺陷的转变是特别重要的。钻石类型鉴别的标准方法是红外吸收光谱法。每种类型的钻石都有特征的红外吸收光谱。硼在钻石晶格中以最简单的单原子替代形式存在时，具有光学活性，它在可见光和红外光谱区域都具有特征吸收光谱。氮的光学活性变化比硼多很多，以不同的点和不同原子组成的衍生缺陷形式存在时，都具有光学活性。氮相关缺陷在紫外－可见光－红外光谱范围内产生数百个光学中心（Zaitsev，2002）。钻石主要分为四种类型：Ⅰa、Ⅰb、Ⅱa 和 Ⅱb。

2.1.1 Ⅰ型钻石

Ⅰ型钻石是含氮的，是自然界中储量最大的一类钻石。理论上，当一颗钻石中含有高于常规红外光谱仪检出限的氮（大约 1 ppm）时，它就属于 Ⅰ型钻石。实际上，自然界中 Ⅰ型钻石含氮量通常超过 10 ppm，高的可达 3000 ppm。含氮量低于 10 ppm 的常被称为低氮 Ⅰ型钻石。

Ⅰ型钻石可进一步细分为 Ⅰa 型和 Ⅰb 型。Ⅰa 型钻石中所含的氮主要以聚合的形式存在（双原子或多原子形式）。最主要的聚合形式有 A 缺陷、B 缺陷和 B′缺陷（片晶）。Ⅰb 型钻石中的氮主要以单原子取代形式（C 缺陷）存在，聚合形式较为罕见。钻石中存在 C 缺陷而检测不出是很少见的情况（Sobolev et al.，1986；Fisher，2012）。天然 Ⅰb 型钻石中的单原子氮含量最高可达 500 ppm。A 缺陷、B 缺陷、C 缺陷的原子模型见图2.1。

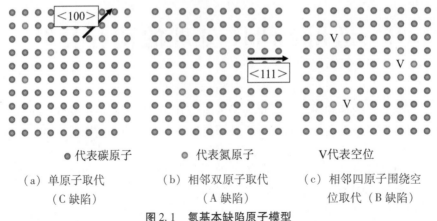

● 代表碳原子　　　● 代表氮原子　　　V代表空位

（a）单原子取代　　　（b）相邻双原子取代　　　（c）相邻四原子围绕空
　　（C缺陷）　　　　　　（A缺陷）　　　　　　位取代（B缺陷）

图2.1　氮基本缺陷原子模型

　　A缺陷的原子模型建立得相当完善，它是一对相邻的氮原子取代（氮分子 N_2 植入钻石晶格中，见图2.1b）。B缺陷的原子模型仍有争议，不过，最被认可的是四个相邻的氮原子围绕一个空位形成一个四面体（见图2.1c）。B′缺陷的原子模型还不清楚。使用最多的B′缺陷模型是氮原子沿立方体（100）结晶面点缀形成宏观的（肉眼可见的）间隙碳原子平面偏析（见图2.2）。因为其平面结构，B′缺陷通常被称为"片晶"。典型的片晶呈矩形，大小通常在几十纳米。然而，片晶也可大至几十微米，在阴极发光仪（Collins and Woods，1982）和电子显微镜下可见（Kiflawi et al.，1998）。

　　目前还没有建立起可靠的片晶原子模型。本书中使用的一个工作模型显示，片晶是间隙碳原子围绕B缺陷的平面聚集（见图2.2）。我们假定B缺陷为固有间隙原子的聚集中心，所以片晶的大小和其中的氮含量取决于热力学参数（温度、压力）、时间和B

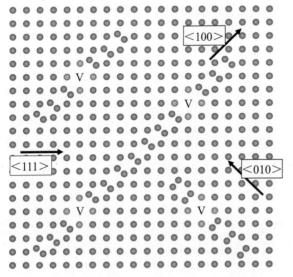

B缺陷由间隙碳点缀。两个（100）相邻面上3-配位间隙碳原子围绕B缺陷。B缺陷是间隙碳原子聚集的中心。在B缺陷含量较高的钻石中，一个片晶可包含多个B缺陷。蓝色和黄色的圆形分别代表碳原子和氮原子

图2.2　本书中使用的含B′缺陷（片晶）的原子模型

缺陷的含量。理论上，一个片晶只包含一个 B 缺陷，所以片晶越大，其中的氮相对含量越低。在 B 缺陷含量高的钻石中，会形成许多小的片晶，因此其中氮的相对含量可能相当高（超过 10%）（Goss et al.，2003，及其引用的文献）。随着时间的推移，片晶生长，氮的相对含量下降。B 缺陷含量低的钻石中，片晶可能具有很大的尺寸。因此，这些片晶中氮的相对含量可能接近于零。

关于片晶氮形成过程的一个重要问题是间隙碳的来源。我们的片晶氮模型表明，片晶氮所需的间隙碳的量远远大于 B 缺陷。因此，在 A 缺陷聚集转变为 B 缺陷期间释放间隙碳不是唯一的间隙碳来源。更有可能的是塑性变形和位错，它们可产生更高含量的间隙碳，并且在天然钻石中很常见。

用字母 A、B、C 和 B′ 对 Ia 型钻石进行进一步标记，可以表明氮缺陷的主要形式。例如，IaA 型钻石表示其包含的氮主要是 A 缺陷形式。IaABb 型钻石是指含有相当量的 A、B 和 C 三种缺陷的钻石。符号 "<" 和 ">" 可用于表示占优势的缺陷，例如，IaA>b 表示该钻石中的 A 缺陷含量高于可测到的 C 缺陷，这种类型的钻石是 HPHT 处理应用于原始 Ib 型钻石的常见结果，有些天然钻石也属此类。钻石 IaB>A>b 型指的是 Ia 型钻石包含的主要是 B 缺陷，也有一些 A 缺陷和少量可测出的 C 缺陷。这一类型在含氮的 HPHT 处理钻石中非常常见，而在天然钻石中罕见。

Ia 型钻石中的总含氮量可以很高，达 10,000 ppm（Sobolev et al.，1986）。含氮量高的钻石中，绝大部分的氮以聚合形式存在（A、B 和 B′ 缺陷）。天然钻石中 C 缺陷的含量通常不超过 50 ppm，很少能到 100 ppm。然而，也有报道称褐黄色钻石含 C 缺陷超过 500 ppm（Hainschwang et al.，2006a；Vins et al.，2008）。

某些天然钻石在红外光谱中仅可见一种形式的氮缺陷，因此这些钻石被视为 "纯" 的 IaA、IaB 或 Ib 型。然而，即使是在这些 "纯" 型钻石中，使用更灵敏的 EPR 或 PL 方法都可以检测出其他形式的氮缺陷。天然钻石中没有检测不出氮缺陷的（Sobolev et al.，1986）。

A、B 和 B′ 缺陷在可见光范围内不产生吸收，故 Ia 型钻石是无色的。相比之下，C 缺陷强烈吸收绿光、蓝光，所以 Ib 型钻石为橙黄色。

2.1.2 Ⅱ型钻石

Ⅱ 型钻石是指含氮量不可测的钻石。实际上，Ⅱ 型钻石仍含有少于 1 ppm 的氮。Ⅱ 型钻石可被进一步划分为 Ⅱa 和 Ⅱb 型，用于区分不含硼的钻石（Ⅱa 型）和含硼杂质的钻石（Ⅱb 型）。天然 Ⅱb 型钻石中硼含量通常很低，很少超过 1 ppm。Ⅱb 型钻石也是含氮最低的天然钻石，典型的 Ⅱb 型钻石中氮含量在 0.01 ppm 左右。Ⅱb 型钻石显示出特征的硼相关的宽范围光学吸收，从 IR 区开始并穿过红区向绿色光谱范围扩展，这种吸收特性使 Ⅱb 型钻石呈蓝色。

Ⅱa 型钻石在定义上是不含杂质的，但是它们可能含有极少量可被检测到的氮 A、B 和 C 缺陷以及它们的衍生物。例如，N3、H3 和 NV 缺陷（见后文）就可被高灵敏度的 PL 检出。然而，它们的含量非常低，不会在可见光光谱范围内产生光学吸收，因此并不影响钻石无色的外观。

2.1.3 天然钻石类型的形成

绝大多数天然钻石是具有塑性变形、含氮丰富的 I a 型褐色钻石。这些钻石所含的氮以不同形式存在，最常见的属 I aABB′混合型，约占所有天然钻石的 98%；这种钻石中约有 90% 的含氮量超过 1000 ppm。纯类型的钻石在自然界中是非常罕见的。自然界中形成纯 I aA 型钻石的概率小于 0.05%（Bokiy et al., 1986）。纯 I aB 型天然钻石在天然钻石中占比不高于 0.2%。以 C 缺陷为主的 I a + I b 型钻石也很罕见，约占所有天然钻石的 0.8%。可归为 I b 型的天然钻石非常稀有，不超过所有天然钻石的 0.1%。虽然被归类为 I b 型钻石，但这种类型的天然钻石通常至少含有可测量含量的 A 缺陷（Schmetzer, 1999a；Collins, 2001）。相比之下，具有可测量含量 C 缺陷的天然钻石中很少含有 B 缺陷。此外，I aABB′混合型钻石可含少量 C 缺陷，而在以 B、B′缺陷为主的钻石中，C 缺陷含量特别低。

A、B 和 C 缺陷很少同时出现在低氮的褐黄色钻石和低氮的变色龙钻石中（Hainschwang et al., 2005a）。所有氮集合形式的出现都可解释为钻石在地下经历了塑性变形过程，发生位错而导致 B 缺陷自然分解（Nadolinny et al., 2009）。同时含有红外光谱可测含量的 A、B 和 C 缺陷的钻石被称为 ABC 钻石（图 2.3）。

低氮钻石在自然界中是很少的。在主要钻石矿床开采的钻石中，II a 型钻石不到 2%。低氮钻石和 II a 型钻石的相对数量随着尺寸的增加而增加。许多大的切磨钻石属于 II a 型，包括最大最知名的金色庆典（Golden Jubilee, 545.7 ct）、库里南 I 号（Cullinan I, 530.2 ct）、库里南 II 号（Cullinan II, 317.4 ct）、世纪之星（Centenary, 273.8 ct）、戴比尔斯千禧之星（De Beers Millennium Star, 203 ct）。

II b 型钻石极其稀少，占天然钻石的 0.001%。图 2.3 是一颗未经处理的深褐黄色 ABC 钻石的红外光谱图。在谱图中，可以看到显示所有主要的氮缺陷：C、A、B 和 B′缺陷。片晶氮 1359 cm^{-1} 峰宽 7 cm^{-1} 刚好符合未处理钻石区特征（详见本书第 6 章图 6.77）。谱图中出现发育的琥珀心，证实了该钻石未经处理（图中无指示）。

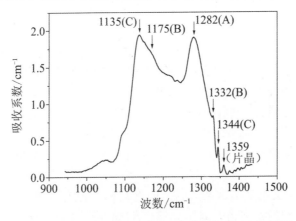

图 2.3　一颗未经处理的深褐黄色 ABC 钻石的红外光谱图

2.1.4 钻石类型的鉴别

鉴别钻石类型的标准方法是红外吸收光谱。所有用于界定钻石类型的氮和硼缺陷都是有光学活性的，它们的含量可以通过相应的吸收强度来准确测量。通常从 400 到 1400 cm^{-1} 范围的红外吸收用于测量含量高于 1 ppm 的氮，对于低于 1 ppm 的则用紫外 – 可见吸收光谱。关于含氮和含硼缺陷的光学吸收（光学中心）的详细描述在第 5 章中给出。

如果一颗天然钻石是无色的，它的类型也可以通过偏光显微镜来鉴别。大多数Ⅱa型钻石具有高密度位错，在偏振光下显示出特征性的双折射应变图案（"榻榻米"图案）并延伸到整个钻石中（见图 2.4）。相较之下，Ⅰa 型钻石的位错较少，显示带状双折射应变模式，通常沿着一个主导方向延伸（Berman，1965；Chalain，2003）。然而，只有在氮含量相当高（超过 20 ppm）时，钻石双折射图案才会被影响，因此观察双折射图案的方法不适用于区分Ⅱa 型和低氮的 Ⅰa 型钻石。

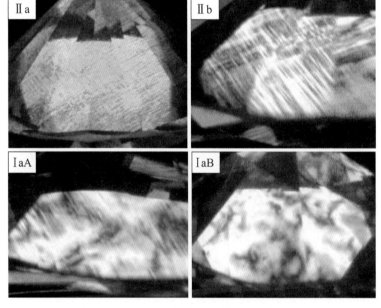

被称为"榻榻米"的异常双折射图案是天然Ⅱ型钻石的特征。

"榻榻米"在 Ⅰ 型钻石中不明显。

图 2.4 不同类型钻石的双折射模式

氮的 A 缺陷、C 缺陷和硼在钻石中都是具有电活性的。A 缺陷和 C 缺陷都是供体，可以通过电离在钻石晶格中传递自由电子（Collins et al.，2000），但是它们的电离能太高（分别为 4 eV 和 1.7 eV），导致其无法在室温下释放自由电子。因此，Ⅰ 型含氮钻石在室温下甚至在高温下都是高度绝缘的。取代位的硼原子是钻石晶格中的受体，在被电离时提供自由空位。硼的电离能为 0.38 eV，远小于氮缺陷的电离能。当足够量的硼受体在室温下被电离时，就使钻石产生可测量的电导率。这种电导率是Ⅱb 型钻石独有的特征。

上述的分类是钻石作为材料的物理分类方法，适用于任何性质和来源的钻石，包括天然钻石、合成（HPHT 法和 CVD 法）钻石，以及未经处理和经过处理的钻石。钻石类型及其典型颜色如图 2.5 所示。

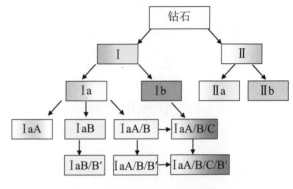

图 2.5　钻石的类型及其典型颜色

2.2　天然钻石的颜色

彩色钻石的颜色都是由缺陷造成的。无杂质、结构完美的钻石是无色的。然而，并非所有缺陷都会产生颜色，只有在可见光范围内具有光学活性的缺陷才产生颜色。例如，氮相关的 A、B 缺陷仅在 IR 和 UV 光范围内有活性，因此它们不影响Ⅰa 型钻石的无色外观。然而，在大多数天然钻石中，A、B 缺陷会产生有光学活性的衍生物，如 H3、H4 和 N3 缺陷，从而使Ⅰa 型钻石显黄色。

导致天然钻石出现颜色的两种主要的光学活性缺陷是含氮缺陷和空位集合。含氮缺陷是由钻石在生长期间从环境中捕获的氮形成的，空位及其集合是由钻石在地下经历塑性变形而形成的。自然界中只有极少数的钻石形成于无氮的环境中，也只有极少数的钻石在地下的 10 亿年间始终被均匀稳定的介质所包围。因此，绝大多数天然钻石都含氮和经历过塑性变形，这些钻石最常见的颜色是不那么好看的黄褐色。而那些稀有的、不含氮且无形变的钻石则是无色的，随着氮含量的增加，颜色会由无色变为黄色。因此，无氮、无形变的钻石是最有价值的宝石。

影响天然钻石颜色等级最常见的光学中心是"褐色连续吸收"（产生褐色）、N3 和 N2 中心（产生黄色）以及 C 缺陷连续吸收（产生橙黄色）。典型的天然钻石 UV-Vis 吸收光谱如图 2.6 所示，曲线 1 为Ⅰa A/B 型褐色钻石，褐色连续吸收是导致褐色的主要吸收特征。曲线 2 代表黄色Ⅰb 和Ⅰa＋Ⅰb 型钻石，C 缺陷的连续吸收是决定颜色的主要因素。C 缺陷的吸收与褐色吸收的差异在于其在黄色和红色光谱范围内的吸收低得多。曲线 3 代表Ⅰa

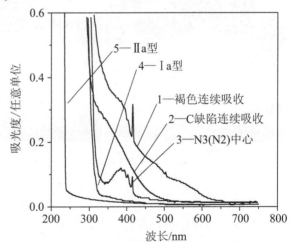

图 2.6　典型天然颜色钻石的吸收光谱

型开普系钻石，主要吸收中心是吸收蓝光和绿光的 N3（N2）中心。曲线 4 代表无色Ⅰa 型钻石，在 350～480 nm 范围内显示 N3（N2）中心的吸收痕迹，这些钻石大多接近无色。曲线 5 代表无色Ⅱa 型钻石。

2.2.1　褐色钻石

褐色是天然钻石的常见色，98% 的天然开采钻石显示褐色调。近年来，因为可以通过 HPHT 处理"改善"褐色钻石的颜色或将其转换成明亮的彩色钻石，人们越来越关注褐色钻石。各种类型的钻石中都有褐色钻石，褐色钻石在世界各地的许多矿床中都有产出。然而，褐色主要是天然 Ⅱa 型钻石的特征。研究表明，氮的 A、B 缺陷的存在可以增强钻石晶格抗自然塑性变形的能力（Nailer et al.，2007）。因此，在同等机械应力下，低氮钻石比富氮钻石塑性变形更严重。

大多数钻石的褐色是由从近红外光谱范围开始、向更短波长逐渐增强的连续吸收带引起的，即所谓的"褐色连续吸收"（见图 2.6）。许多钻石的褐色连续吸收都具有一些次要特征，例如 H3 中心的最大吸收峰在波长 480 nm 处，"粉带"的最大吸收峰在波长 550 nm 处。这些特征会导致钻石呈现的颜色常有黄色、绿色和粉色等。

根据 DTC 色标，钻石褐色深度的表征有从 C1（最低）到 C6（最深）的六个等级。褐色等级可以用相应的比色石在视觉上确定，也可以通过测量褐色连续吸收谱的吸收强度来评价。图 2.7 中标示的刻度在吸收强度上是不均匀的。对于从 C3 到 C4 的等级变化，褐色连续吸收的强度仅略微增加；而当等级从 C1 变为 C3 或从 C5 变为 C6 时，吸收强度的增幅较大。

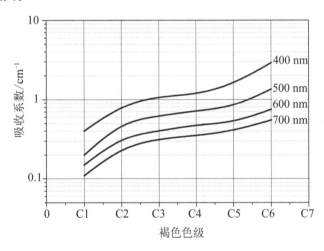

图 2.7　褐色钻石在可见光范围内不同波长的吸收强度（其吸收光谱以褐色连续吸收为主）

另外一套褐色钻石等级是 Br 色标，分为 Br1 至 Br4 四个等级。DTC 和 Br 色标大致对应关系是：Br1 对应 C1，Br2 对应 C2 至 C3，Br3 对应 C4 至 C5，Br4 对应 C6。Br 色标与 DTC 色标相比更均匀。在选择用于 HPHT 处理的褐色毛坯钻石时，用 Br 色标表征更方便。

褐色钻石根据颜色分布形式可分为两大类：①褐色以条纹形式分布（褐色纹理），如图 2.8a 所示；②褐色以非纹理形式分布，可以是均匀的，也可以是不规则的斑块或分区形式（Fritsch et al.，2005；Massi et al.，2005），如图 2.8b 所示。第一类钻石中，

褐色条纹沿 {111} 滑移面展布，可贯穿整颗钻石。这些钻石的表面呈现出强烈的塑性变形痕迹，如蚀刻坑和凹槽。塑性变形钻石是数量最多的一类褐色钻石，可以称为"规则褐色"钻石。这类钻石是最常见的 HPHT 处理原料。

尽管褐色纹理位于变形区域，但变形本身并不是褐色呈色的主要原因。因此，不是所有经历塑性变形的钻石都显褐色。人工诱发的塑性变形是在非静力 6 GPa 的压力下 1600℃ HPHT 处理过程中进行的，而且不产生褐色（Kanda et al.，2005）。因此，塑性变形区域只是导致褐色的光学中心形成的地方（见图 2.8b），这些地方上的缺陷可能是空位簇、琥珀心缺陷和位错形成的原因（Fritsch et al.，2005；Hounsome et al.，2006，2007；Vins et al.，2008）。虽然它们都可能导致褐色纹理，但空位簇似乎是影响最大的（Bangert et al.，2009）。

在 1200℃ 下，塑性变形区域可能开始产生空位并聚集成空位簇，这时钻石失去刚性，位错开始形成。因此，人们推测天然钻石中的褐色是在较低的温度下产生的，而且这种钻石的缺陷结构可出现低温加热的特征。例如，它可以是低浓度的单个非聚集空位，其在自然受热中得以保存而可被检测为弱的 GR1 中心（详见第 5 章）。HPHT 处理可以消除单个空位并完全破坏 GR1 中心，所以在具有褐色的天然钻石中，GR1 中心的存在可以作为其原始状态的指标。

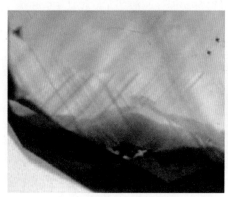 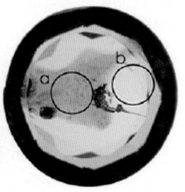

(a) 规则褐色钻石中的褐色　　(b) 因富含 CO_2 而呈现褐色的天然钻
纹理（Kitawaki，2007）　　　石（Hainschwang et al.，2008）

图 2.8　褐色钻石的颜色分布

在塑性变形的褐色 Ia 型钻石中，没有发现褐色和氮含量之间存在相关性（Chapman，2010）。然而，Ia 型钻石的内应变与其褐色之间存在一定的相关性，褐色与较低的应变场相关（Van Royen，2006；Chapman，2010）。

当钻石在非流体静力条件下高压加热，导致内应变时，可以人为地在钻石中诱导出褐色（Howell，2009）。然而，仅仅是应变不会导致褐色。相反，褐色在形变的钻石整体中分布相当均匀，不随滑移带或任何其他晶体特征的变化而变化。这可能是因为在诱导内应变后，滑移面中导致褐色的缺陷的浓集是一个缓慢的动力学过程。

除塑性变形产生褐色条带而呈色外，有些钻石的褐色是由非变形机制产生的微小包体和缺陷引起的，这些钻石称为"非规则褐色钻石"。目前鉴定出来的导致非规则褐色钻石呈色的缺陷有：Ib 型钻石的 C 中心、非金刚石相的显微包体、夹杂的 CO_2 分子、氢相关缺陷、某些 Ⅱa 和 ⅠaB 型钻石中固有的缺陷（Ewels et al.，2001；Fritsch et al.，2005；Hainschwang et al.，2008；Barnes et al.，2006）。具有突出的非条纹状褐色的钻石中夹杂较多的 CO_2（富 CO_2 钻石）（Hainschwang et al.，2008），这些钻石可通过无定形的褐色区域来鉴别（见图 2.8b）。富 CO_2 钻石中褐色致色的光学中心的性质尚未确定，但我们知道这些中心比塑性变形的褐色钻石中的空位簇要稳定得多。由于这种高稳定性，富 CO_2 钻石的褐色即使在非常高的温度下也能经受 HPHT 处理工艺。因此，富 CO_2 的褐色钻石通常不用于商业 HPHT 颜色增强。

2.2.2 黄色钻石

天然钻石呈黄色的两个主要原因是 N3 和 N2 光学中心的吸收，以及 C 缺陷在可见光谱范围内的连续吸收。N3 和 N2 中心吸收产生的颜色称为"开普黄"，是天然钻石中最常见的令人喜爱的颜色。图 2.9a 为典型的开普黄钻石吸收谱，吸收从绿光范围开始增强并迅速扩展到蓝光 – 紫外光范围是造成黄色的原因。开普黄钻石是含氮量 200 ppm 以上的 Ⅰa 型钻石。这些钻石中的氮多以 B 缺陷的形式存在，绝大多数浅黄色钻石以此种形式呈色。一些开普黄钻石含较多的氢，因此在黄至绿光范围内具有弱的额外吸收。由于存在这种吸收，富氢的黄色钻石会呈现不好的灰色调。N3 和 N2 中心对温度非常稳定，因此天然钻石中的开普黄色不能经 HPHT 处理去除或减淡。相反，一些开普黄钻石经 HPHT 处理后，N3 和 N2 中心吸收增强，会导致更深的黄色。HPHT 处理通常对 N3 和 N2 中心吸收影响不大，但可减弱甚至去除与氢相关的灰色。因此，市场上偶尔也能见到经 HPHT 处理的开普黄钻石。

C 缺陷在可见光范围的吸收产生橙黄色，也称"金丝雀黄"（canary-yellow），与开普黄很容易区分。图 2.9b 呈现的是 C 缺陷的连续吸收，C 缺陷对黄至绿光的吸收强于开普黄钻石中的 N2 中心。因此，与开普黄钻石相比，Ⅰb 型钻石的颜色中具有橙色调。钻石的"开普黄"和"金丝雀黄"的吸收光谱也不同。C 缺陷的吸光效应非常强，仅仅是存在微量的 C 缺陷就会影响天然钻石的颜色等级。0.1 ppm 的 C 缺陷会使钻石的颜色等级降低到 J 色级，几个 ppm 的 C 缺陷就足以形成艳黄色（Collins，2001；Kitawaki，2007）。稀有的天然 Ⅰb 型钻石和大多数合成钻石特征性的深黄色，是由 20 ppm 及以上的 C 缺陷引起的（Claus，2005）。合成钻石非常深的黄色归因于高含量的 C 缺陷，含量在 200 ppm 左右（Collins，2003）。特别高的 C 缺陷含量（超过 1000 ppm）会导致钻石呈深黄色或褐色（Collins，2001）。虽然黄色的深度随着 C 缺陷含量的增加而增加，但是由于尺寸、形状和切割的影响，很难准确地将不同钻石的 C 缺陷含量与颜色等级联系起来（Fisher，2012）。

在极少数情况下，具有 H3 和 H4 中心（见第 5 章）强吸收的天然钻石可呈橙黄色，这种颜色与 Ⅰb 型钻石的黄色类似。一些天然黄钻具有相当明显的橙色调，因为其在 480 nm 处有最大吸收峰，并伴有向短波方向增强的吸收宽带（Collins，2001）（简称"480 nm 带"）。图 2.10a 为一颗自然形成 H3 中心的天然橙黄色 ⅠaB 型钻石的 FSI 吸收谱。在室温下测试时，H3 吸收带类似 480 nm 带；在液氮温度下测试时，H3 中心具有精细结构，区别于 480 nm 带。这颗钻石的 H3 中心具有明显的"绿色传输"效应，使其看起来较绿。图 2.10b 为一颗具有 480 nm 带的橙褐色天然钻石在液氮温度下测试的 FSI 吸收谱，其中的 480 nm 带不呈现精细结构。这颗钻石的橙色调由 680 nm 发光带增强，680 nm 发光带是 480 nm 吸收带的发射带。这种效应类似于 H 中心的"绿色传输"效应。虽然 480 nm 带吸收最大值的光谱位置与 H3/H4 中心相同，但 480 nm 带与 H3 和 H4 中心是不同的光学中心，不应混淆（Collins，2003）。

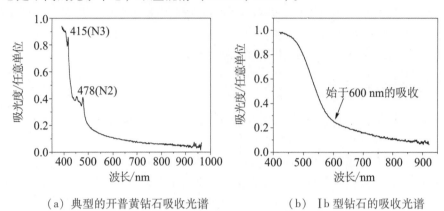

（a）典型的开普黄钻石吸收光谱 　　（b）Ⅰb 型钻石的吸收光谱

图 2.9 　黄色钻石的吸收光谱

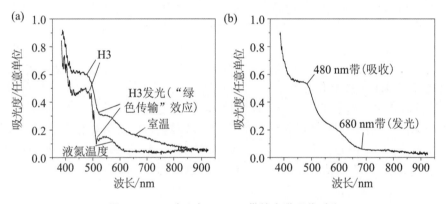

图 2.10 　H3 中心与 480 nm 带的光谱吸收对比

C 缺陷的高温稳定性为中等。因此，C 缺陷致色的黄钻容易受 HPHT 处理影响。2000℃以下的 HPHT 处理可降低 C 缺陷含量，将深黄色的 Ⅰb 型钻石转变成浅黄色，甚至转变成无色的 ⅠaA 型。然而，如果采用高温 HPHT 处理（2200℃或以上）Ⅰa 型钻石，则会产生 C 缺陷而增加黄色的深度。

2.2.3 蓝色到紫色钻石

天然含硼的 Ⅱb 型钻石呈蓝色或更典型的蓝灰色。在正交偏光下观察时，与其他 Ⅱ 型钻石一样，Ⅱb 型钻石具有因含氮低而形成的"榻榻米"特征结构。一些天然蓝色钻石是因富含氢而吸收红色和黄绿色范围的光而致色。罕见情况下，富氢钻石显示从 600 nm 开始向红外区延展的强吸收带，这种吸收可在蓝色和紫色中增加绿色调（Darley and King，2007）。图 2.11 是一颗富氢富氮的紫灰色 ⅠaAB 型钻石的吸收光谱。其紫色调是由 470 nm 处的弱吸收导致的；550 nm 处的特征吸收可能归因于氢，它也增加了蓝紫色调。

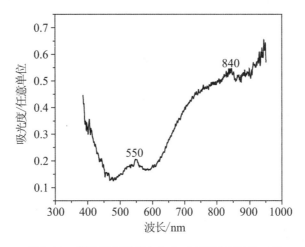

图 2.11 富氢富氮的紫灰色 IaAB 型钻石吸收光谱

蓝色也可由天然辐照产生的 GR1 中心引起。在电子辐照下形成的淡蓝色钻石被称为"冰蓝钻石"，在宝石市场上很受欢迎（Kitawaki，2007）。

2.2.4　绿色钻石

在部分矿床（如刚果和加拿大的矿床）中开采出的很多钻石，由于受天然的 α 射线和/或 β 射线辐射，表面呈相似的蓝色和绿色。Orlov 在 1973 年对这种天然原石的颜色进行了描述。辐照引起的绿色主要是因为 GR1 中心的吸收（见图 2.12a）。钻石通体可以观察到浅绿色（通体分布的空位产生 GR1 中心），表明 β 射线和 γ 射线具有深穿透性（Yelisseyev et al.，2004）。或者说，由于 α 粒子的辐射占主导，而 α 粒子只能射入钻石几微米深的地方，所以绿色集中在表层。

天然未处理的绿色钻石因 GR1 中心的吸收弱而颜色较浅。这些钻石在原始晶面（如切割钻石成品的腰部未抛光部分）上经常出现绿 – 褐色辐照斑点（放射晕，见图 2.12b）（Kitawaki，2007；Hargett，1991）。这一特征可用于区分天然辐照与人工辐照的绿色钻石。然而，放射晕并不能作为绿色钻石天然体色的最终证明。相反，可以用高能电子辐照改善具有天然放射晕的钻石的体色，而放射晕就会被理所当然地当作这些钻石受过"天然"辐照的"铁证"。而且，放射晕也可以用轻放射性离子（如 He 或 C 离子）通过镂空模具（如穿孔铝箔）在钻石表面人为地制造出来（Nasdala，2012）（见图 2.12c），这种人工放射晕的颜色可做得与天然的非常接近（见图 2.12d）。

某些天然钻石在日光照射下可呈绿色，这种由光照导致的绿色是因为 H3 中心在日光中的蓝光和紫外光激发下会产生强烈的发光现象。这些钻石被称为"绿色传输者"。对于结构完美、含少量 A 缺陷的低氮钻石，其在日光下 H3 缺陷的发绿光效应非常强。因此，即使是含量较低的 H3 缺陷，在 500～550 nm 间的特征性发光也能明显地为钻石贡献绿色成分。如图 2.13 所示，这颗钻石的绿色主要来自 H3 中心的发光，在吸收光谱中表现为 500～550 nm 范围的"反向"结构段。该波段的精细结构与 H3 发光中心的振动特性相对应。而当钻石在白炽灯下时，"绿色传输"效应带来的绿色就会变得非常弱，甚至完全消失。

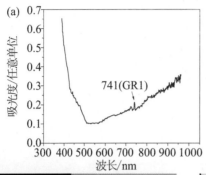

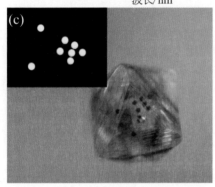

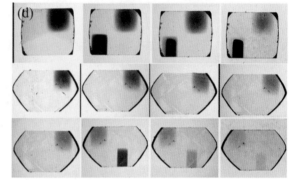

图 2.12　绿色钻石的吸收光谱与放射晕

（a）一颗浅绿色 ⅠaB 型钻石的吸收光谱，显示出弱 GR1 吸收和相当强的 H3 吸收。这颗钻石通体呈绿色，从其低强度的 GR1 中心（吸收系数约 0.08 cm^{-1}）可推断它是自然形成的。（b）委内瑞拉 Guaniamo 产的八面体钻石表面规则的圆形、绿色和褐色天然放射晕（Nasdala et al.，2012）。（c）一颗小的天然八面体钻石通过掩模离子辐射产生放射晕，展示了一种人工制造放射晕的方法（L. Nasdala 供图）。（d）天然钻石片表面的离子辐照色斑。这些色斑用不同的离子、不同的能量、不同的剂量辐照，并在不同的温度下退火。辐照区域的颜色可以是绿色、橙色、褐色和黑色，取决于辐照和退火的参数（Nasdala et al.，2012）。

　　某些黄绿色的天然钻石因含镍相关缺陷而致色（Wang and Moses，2007），这些钻石的颜色与高温下合成的含镍杂质的人造钻石的颜色很接近（Vins，2002）。因此，有人认为当地下温度超过 1450℃ 时，也可能形成天然富镍的绿色钻石，而且这些钻石会出现一些经 1600～1700℃ 低温 HPHT 处理的特征。

　　因 H3 和 Ni 相关缺陷共同致色的天然钻石，其绿色可通过 HPHT 处理明显改变，加深或减淡均可。最典型的例子是用 HPHT 处理工艺诱发"绿色传输"效应。"绿色传输"效应在原始状态的天然钻石中罕见，但却是 2000℃ 以下 HPHT 处理钻石的常见特征。在缺陷含量较低的钻石中，HPHT 处理诱导的"绿色传输"效应表现得尤为明显。

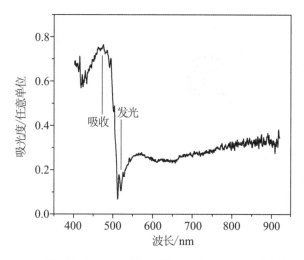

图 2.13　一颗天然低氮 ⅠaAB 型黄绿色钻石在液氮温度下测试的 FSI 吸收谱

2.2.5　粉色和红色钻石

天然钻石很少有粉色的，紫色的则更少。人们相信，和大多数褐色钻石一样，粉色、紫色由塑性变形所致。天然钻石的粉色与氮杂质无关，它们可以是 Ⅰ 型或 Ⅱ 型（King et al.，2002；Fisher et al.，2009）。

与褐色条纹一样，粉红色的分布也仅限于平行于八面体滑移面的细条带（粉色带），且在这些条带内的分布相当均匀。含氮的粉紫色钻石常常是以 ⅠaA 型为主的（Titkov et al.，2008）。这一现象表明，粉紫色钻石在形成初期就从地球内部被带到了地表，使得这些钻石中的氮聚集过程尚未完成。在许多粉红色/紫色天然钻石中，这种不成熟的缺陷结构给 HPHT 处理钻石的鉴别造成了更多的困难。事实上，对于未经处理的 ⅠaA 型粉红色/紫色钻石来说，少量 C 缺陷的存在并不罕见（尽管这在其他颜色的钻石中往往是经过了 HPHT 处理的有力证据）。因此，在这些钻石中检测到 C 缺陷不能证明其经过了 HPHT 处理。

在塑性变形所致粉色的天然钻石中，最大吸收峰在 550 nm 左右的宽吸收带，即所谓的"粉带"（见图 2.14a），是其呈粉色的主要特征。如果同时存在最大吸收峰在 390 nm 处附近的吸收带，则粉红色可能会更明显（见图 2.14b）。一颗钻石的吸收光谱如具有这两种强度相当的吸收带，这颗钻石会呈现特别漂亮的粉红色。在 Ⅰ 型和 Ⅱa 型钻石中，390 nm 和 550 nm 带都可出现；但在不含氮的钻石中，其吸收强度通常较弱。

天然形成的 NV 中心（575 nm 和 638 nm 中心）也可为未处理过的天然钻石"贡献"红色。尽管极少有钻石的 575 nm 中心强到能影响颜色（Fritsch，1998；Scarratt，1987），但仍有文献记载。这些钻石的可见光吸收谱中可见 638 nm（NV⁻中心）、H3 和 H4 吸收（Wang et al.，2003）。

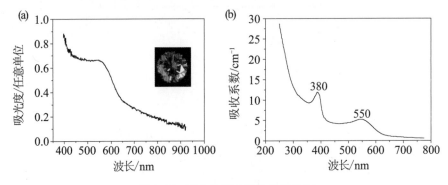

图 2.14　粉色钻石的吸收光谱特征

　　（a）一颗呈现明显"粉带"的阿盖尔低氮 IaB 型粉钻的吸收光谱，这颗钻石的粉带与中等强度的褐色连续吸收叠加（天然粉红钻石的典型吸收光谱）。（b）典型的天然粉钻的 UV-Vis-NIR 吸收光谱，显示 390 nm、550 nm 处的明显吸收带，其粉红色由两个在波长 400～500 nm（蓝色）和 600 nm（红色）以上的主要透过区产生。

2.2.6　灰色钻石

　　灰色是钻石在可见光范围内均匀吸收的结果。由于在很宽的光谱范围内的吸收完全均匀的情况很少，所以天然钻石的灰色通常伴有淡黄色、绿色、蓝色或粉色。微小石墨包体和氢是两个公认的导致灰色的主要原因（Vins and Kononov，2003）。石墨包体并不是光吸收中心，而是作为光散射中心，导致瑞利散射。这种散射使灰色钻石呈现半透明的外观。石墨包体大小不一，大的可达几微米，在显微镜下可见，可根据其特征性的六边形辨识。对于纳米级石墨晶体在灰色钻石中的均匀分布，最可能的解释是这些钻石是在接近金刚石－石墨相变的温度－压力参数下生长的，较不可能的机制是钻石生长过程中石墨夹杂物的直接掺入。

　　氢相关缺陷的作用原理类似于常规的光学色心吸收。所有天然钻石都含有大量的氢，其中一些氢以光学缺陷的形式存在。在自然界中，钻石总是形成于有碳氢化合物（主要是甲烷及其分解产物）、碳氧化物、氮氢化物、氢气和其他气体存在的环境中（Digonsky and Di-gonsky，1992）。无论生长介质是气态、硅酸盐溶液还是金属熔体，从石墨转变为钻石的结晶过程都是在碳氢化合物分解成碳和氢的过程中直接发生的。在碳的结晶过程中，氢会在钻石表面和石墨晶体的侧面边缘形成碳氢自由基。随着温度的升高，碳氢化合物会聚合并经历复杂的转变，直到最终形成石墨相。经过这些转化过程，氢的含量降低。碳氢化合物转化成石墨后，氢仅集中在石墨晶体的侧面边缘。因此，剩余氢的数量取决于石墨晶体的集中程度及其大小：石墨晶体越小，氢的数量就越多。

　　当钻石的生长介质到达地球表面并迅速冷却时，灰色钻石在高过饱和的条件下生长。通过对灰色钻石杂质缺陷结构的分析发现，这些钻石经历了快速退火，退火的最后一个阶段是在接近石墨－金刚石相平衡的条件下。灰色钻石的生长温度低，容易形成"低温"氮缺陷：A 缺陷和 C 缺陷。因此，灰色天然含氮钻石通常为 IaA 型，这些钻石的光谱中 A 中心的强度可高达 65 cm^{-1}。此外，某些类型的 I aA 型灰色钻石中也可出现微量 C 缺陷。除了 A 缺陷和 C 缺陷的吸收，无论何种类型的灰色钻石，其光谱图中均出现强的 H 相关中心，其中最强的在 3107 cm^{-1} 和 1405 cm^{-1} 处。

II b 型灰色钻石可伴有额外的褐色调。由硼所致的连续吸收会叠加由空位簇所致的褐色连续吸收而形成灰色，绝大多数天然 II b 型钻石因这种效应而具有灰色调。

2.3　HPHT 可处理的钻石颜色

根据颜色的不同，可大致将用于商业 HPHT 处理的钻石分为四类。不同类型的钻石经 HPHT 处理后颜色的变化相差很大。

第一类是 II a 型褐色钻石，尤其是高净度浅褐色的，适合处理成高色级、最完美的成品。II a 型褐色钻石也可处理成浅粉色，其粉色与未经处理的天然粉钻相同。这类钻石是 HPHT 处理的最有价值的原料。

第二类是 I aB 型褐色钻石。对这些钻石进行 HPHT 处理的主要目的是让其变成接近无色。由于利用 HPHT 处理含氮钻石时，总是会在其中产生微量的在可见光谱范围内具有活性的光学中心，所以 I aB 型褐色钻石不能转化为无色的高色级钻石。处理褐色（以及近无色和低色级）I aB 型钻石的另一个目的是使其变成粉色。在这种情况下，钻石经过多重处理，形成中等强度的 NV$^-$ 中心。即使在高温下，I aB 型钻石经 HPHT 退火也不会产生太多的 C 缺陷。因此，处理后的钻石的颜色变化不受 C 缺陷吸收的影响。当两个主要的吸收中心 N3 和 NV$^-$ 具有一定的强度时，就会产生最美丽的粉红色。这些钻石的可见光谱在波长约 480 nm（蓝色光）和 640 nm（红色光）附近有两个透过区，这两种颜色的光结合后将使钻石变成粉红色。

第三类是数量最多的高净度 I aAB 型钻石。不含包体的 I a 型褐色钻石可被处理成漂亮的高净度黄色、绿黄色钻石。一些经过 HPHT 处理的 I a 型钻石非常漂亮，远胜于天然未处理的同种色调钻石。处理褐色 I aAB 型钻石的另一个目的是生产红色钻石（"帝王红"），为此，需要采用多重处理工艺。经处理的红钻的颜色归因于非常强的 NV$^-$ 中心，其吸收光谱在红光范围内形成明显的透过区。用这种方法处理后，含氮量高的钻石会显示强的 C 中心连续吸收，为钻石增加橙色调。因此，为了得到漂亮的红色，钻石不能含大量氮。高氮会导致过多的光学中心和过深的红色，甚至出现不受欢迎的褐色调。

第四类是低净度、颜色不好（大多为褐色和灰色）的 I a 型钻石。处理这类钻石的目的是改善颜色，获得饱和的彩色。

上述四类钻石是最常采用 HPHT 处理的。当然，无论是什么类型、颜色和净度的天然钻石，为了提升其商业价值，都可采用 HPHT 处理。即使是颜色和净度最高的无色钻石，也可以进行 HPHT 处理，以增强它们稀有的色彩。

3 HPHT 处理的参数

HPHT 处理本质上是一种高温退火,它的主要参数包括退火温度、压力和时间,此外还有气氛。在 HPHT 处理过程中,通过设定压力和温度范围,提高钻石内原子运动速度,从而实现在几秒钟到几小时的时间内,使具有光学活性的缺陷进行明显的转变(Anthony et al. , 1995)。对于大多数缺陷,当钻石处于塑性状态时,这些转变更有效。临界的压力 – 温度范围为 5~7 GPa 和 900~1200℃,超过这个范围,钻石就失去了刚性,变成了塑性的(例子见:Bulanova, 1995)。在 4~6 GPa 的压力下,钻石从温度 900℃ 开始发生塑性形变(DeVries, 1975)。图 3.1 对钻石塑性 – 刚性转变的压力 – 温度参数与商业 HPHT 处理的压力 – 温度参数进行了对比。如图 3.1 所示,HPHT 处理总是在钻石塑性区进行。

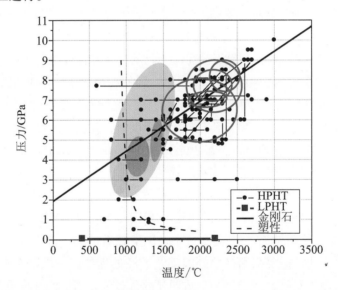

图 3.1　基于文献中 HPHT 退火实验数据(黑点)的石墨 – 金刚石相变温度 – 压力图

图 3.1 中,石墨 – 金刚石相平衡线(西蒙 – 伯曼线)用黑色实线表示;钻石塑性变形的压力 – 温度临界值用虚线表示(Kennedy and Kennedy, 1976;Anthony et al. , 1994);低压(真空或常压)退火参数用正方形和直线表示;彩色区域显示的是自然条件下可发生的 HPHT 退火(浅绿色)、不同公司的商用 HPHT 处理(红色椭圆形)、自然生长和高温退火(绿色)、自然塑性形变(棕色)和自然低温退火(黄色)的压力 – 温度范围。结果表明,HPHT 处理与自然 HPHT 退火的温压区存在较大差异。

由于钻石在常压下是一种碳相对稳定的相态,因此将 HPHT 处理的压力 – 温度参数与石墨 – 金刚石相变的压力 – 温度参数进行比较是十分必要的。图 3.1 显示 HPHT 处理是在石墨－金刚石相平衡线附近的压力和温度下进行的。在实际中，为了降低压力、简化工艺，HPHT 处理往往在石墨的稳定范围内进行。这样可以将处理时间缩到相当短（几分钟），还可以避免大量的石墨化。在石墨稳定范围内处理时，选用包体少和空隙率低的理想原料也很重要，否则结构缺陷会引起内应力并削弱钻石晶格，促使钻石向石墨转化。

石墨－金刚石相平衡线的微小偏差对氮缺陷的转化没有显著影响，在短时间内对石墨化过程影响不大。然而，对于片晶氮的生长和分解动力学可能是至关重要的。

3.1　温度

温度是 HPHT 处理中最重要的参数。随着温度的升高，原子的扩散速度呈指数级加快，并开启具有高活化能的缺陷转化过程。温度每升高 100℃，钻石中氮的迁移率几乎增加一个数量级（Evans et al.，1975；Bonzel et al.，1978；Koga et al.，2003）。虽然有人试图在尽可能高的温度下进行 HPHT 处理，但是在高于 2500℃的温度下进行可控的 HPHT 处理既困难又昂贵。因此，商用 HPHT 处理的温度范围通常为 1800～2300℃。不过，对于 HPHT 处理，在 10 GPa 的稳定压力下，更宽的温度范围（1500℃～3000℃）也可实现。另外，低温 HPHT 退火可以与电子辐照结合进行。

用于钻石 HPHT 处理的温度范围可以划分为以下五个区间，每个区间均以影响钻石颜色的主要缺陷转变为特征。

1. **超低温**：600～1500℃

钻石在非常低的温度下退火不需要稳定的压力，可以在真空或惰性气体氛围中长期退火。对大多数氮缺陷来说，这样的温度太低，无法使其直接转化。然而，当温度接近1500℃时，空位簇可能开始分解，所释放的空位可能形成 Ⅰa 型褐色钻石中的 H3 缺陷，而使其变为绿色。

超低温通常不会单独用于 HPHT 处理，而是用于改变辐照钻石的颜色。当温度超过500℃时，辐照诱导的空位发生迁移，形成包含所有主要形式氮缺陷的复合体，促进氮的聚集。这些过程可导致钻石颜色发生相当大的变化。在超低温下退火是多重处理的一个常规步骤，例如用于生产"帝王红"钻石的多重处理。

超低温范围覆盖了钻石的形成温度和形成后的退火温度。在这些温度下，间隙和空位的运动被激活，产生空位的聚集，使天然钻石产生褐色。超低温可用于需要形成空位相关缺陷的处理过程。例如，辐照钻石的局部退火，或在辐照钻石中形成 NV 中心。

2. **低温**：1600～1900℃

该范围的温度足以导致一些天然钻石快速石墨化。因此，低温下的安全退火必须在稳定压力下进行。低温退火和超低温退火一样，很少单独用于 HPHT 处理，因为它不会迅速改变大多数天然钻石的颜色。然而，当 HPHT 退火应用于辐照的钻石时，在低温下可能引起相当明显的颜色变化。此外，几个小时的低温 HPHT 处理可能足以完全去除浅褐色钻石的褐色调。由于低温 HPHT 处理的温度－压力参数非常接近于地球中的自然退火，鉴别钻石是否经过这种处理是一个非常严峻的挑战。

3. **中温：1900～2100℃**

在此温度下，天然规则褐色钻石中的大多数褐色相关缺陷将退火灭失，N－V缺陷形成，氮缺陷的聚集和分解过程也变得明显。中温HPHT退火是一种廉价、可靠的浅褐色钻石处理方法，常被用于Ⅱa型褐色钻石的处理，以获得粉红色钻石。

4. **高温：2100～2300℃**

在这样的温度下，大多数天然钻石的褐色会在数分钟内褪去。在高温下，氮缺陷的聚集和分解效率最高。然而，高温会在Ⅰa型钻石中产生明显的C缺陷，这一特性使得经过高温HPHT处理的钻石相当容易被鉴别出来。

5. **超高温：超过2300℃**

商业HPHT处理很少在这样的温度下进行。在超高温下，大多数氮缺陷聚集，聚集率取决于压力和起始的氮含量。压力在石墨－金刚石相变线以上，氮以聚集为主，钻石转变为ⅠaB型；压力在石墨－金刚石相变线以下，氮缺陷以分解为主，处理得到的钻石为Ⅰa（B＞A）型。

讨论HPHT处理的温度参数时，需要注意的是，高压仓内温度的准确测量仍是一个未解决的难题。使用热电偶可以很好地直接测量高达1700℃的温度，但更高的温度只能通过校准用于加热高压仓的电量进行间接测量。这样的校准很大程度上取决于高压设备的各种技术参数，高于2500℃的超高温的测量误差可能超过100℃，这一误差是不同研究者报道结果不同的主要原因之一。

3.2　压力

除温度外，压力是HPHT处理的第二个重要参数。高压有助于钻石达到塑性形变区域。塑性流动可以极大地促进一些缺陷的转变和产生，这些缺陷是不能在仅有高温的条件下形成的。然而，压力对缺陷转变的影响没有温度大，1 GPa的压力变化导致碳和氮扩散系数的变化约为30%（Koga et al.，2003）。在低压高温下进行的退火实验表明，天然钻石在2100℃的真空中可以经受几分钟的热处理。虽然在这样的加热过程中，钻石局部可能会发生严重的石墨化，但无包体钻石的内部仍然保持完美。在氢气氛围中，钻石能在2200℃的高温下经受短时间退火。在如此高的温度下，退火时间只持续几秒（Fleischer and Williams，1994）。虽然低压退火选取的温度范围可能与HPHT处理相同，但二者的结果截然不同。事实上，低压下，即使在2200℃，钻石仍然处于刚性状态。相反，如果加热压力为5 GPa，温度低至1000℃时，钻石已经进入塑性范围（见图3.1）。

除了对塑性的影响，外部压力也增加了钻石的相稳定性。通常情况下，钻石晶格处于压缩状态（sp^3 C—C共价键在钻石晶格中比在平衡状态下短）。由于这种应力的存在，钻石是亚稳态的。这种内部压缩可视为内部压力，其大小与压力－温度图中石墨－金刚石相平衡线上的压力相当（见图3.1）。

原子半径大于碳原子的杂质原子（如氮）增加了晶格参数，降低了内部压力。对于含有氮复合物的钻石而言，其内压降幅更大，所以氮聚集是氮缺陷转化的有利过程。应用外加压力可使钻石晶格达到平衡，促进氮的聚集，因而可抑制氮复合体的分解。反之，在 HPHT 处理过程中，减压会使聚合－分解过程向分解方向转变。

压力影响钻石氮缺陷转变的一个例子是氮复合体分解成孤立的原子。实验发现，在 2300℃ 的温度、8.5 GPa 的压力下加热 15 min，可导致 10% 的 A 缺陷分解；而在相同温度、5～6 GPa 的较低压力下加热，即使时间更短，A 缺陷的分解率也会升高到50%（De Weerdt and Collins，2003）。

压力对间隙碳聚集的影响类似于氮：在钻石稳定范围内，高压促进其聚集；在石墨稳定范围内，低压促进其分解。图 3.2 显示，在 HPHT 处理过程中，ⅠaB 型天然钻石的片晶氮的退火峰值与压力密切相关。在钻石稳定的温度和压力范围内，退火变化非常缓慢；而在石墨稳定范围内，在较低的压力下，退火急剧增加。

对于半径较小的杂质原子和空位，预计会产生相反的效果。对于这些缺陷，外部压力会促进其分解。的确，在较高的压力下，钻石中空位簇的分解速度更快。因此，在高压下进行 HPHT 处理，能更有效地去除褐色。例如，在 1800～2100℃、常压下退火一颗褐色钻石，只能在一定程度上减淡其颜色。相较之下，在相同的温度范围内，以HPHT 退火一颗相同颜色的钻石则可以完全去除褐色。

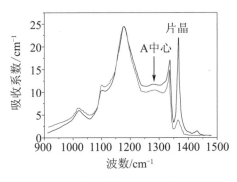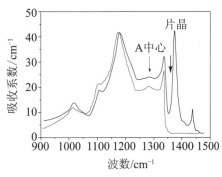

（a）钻石稳定温度－压力　　　　（b）石墨稳定温度－压力范围内处理 4 min
　　范围内处理 9 h　　　　　　　　　（数据来自：Evans et al.，1995）

图 3.2　规则 ⅠaB 型钻石在 2600～2650℃ HPHT 处理前（黑线）、后（红线）的红外光谱
在这两种情况下 A 中心的形成速度是相当的。

影响压力作用效果的一个重要因素是其均匀性或静水压（hydrostaticity）。HPHT 处理过程中，施加在钻石上的压力应尽可能地均衡。非静压会导致钻石破碎，也会引起塑性变形，进而引起不必要的缺陷，影响钻石的最终色级。通过对钻石退火高压仓进行适当设计，可以使压力的不均匀性降到最低。然而，即使在理想的晶胞中，退火过程中钻石内部的非均匀应力也是相当大的。其原因是初始内应力分布的不确定性，这种不确定性存在于任何天然钻石中，是不可能控制的。为了减小初始内应力的影响，应在 HPHT 处理前对钻石进行预成形，从而去除可能不均匀的区域，包括表面凹坑、包体、裂隙等（参阅 8.2 节）。

3.3 时间

HPHT 处理的第三个重要参数是退火时间。退火时间可以从几秒钟（脉冲 HPHT 处理）到几分钟（大多数商业化处理），甚至几个小时不等。短时间 HPHT 处理的物理原理类似于电子工业中用于离子注入半导体加工的脉冲退火。脉冲 HPHT 处理是一种廉价的处理方法，因而较受欢迎。脉冲加热的特点是会产生一种非常不平衡的缺陷结构，形成缺陷特殊的非自然组合。因此，通过比较不同高温稳定性和动力学速率的缺陷的含量，可以较容易地识别出经过短时间 HPHT 处理的钻石。例如，脉冲 HPHT 处理时间太短，不能使氮扩散和聚集，由此产生的一系列氮缺陷可能表现为最简单形式（如 NV）含量的增加。

缺陷转变率和达到缺陷平衡浓度所需的时间很大程度上取决于缺陷的类型和退火温度。单一空位是移动性非常好的缺陷，一旦达到活化温度（如 900℃），它们可在几秒钟内完成退火。正因为存在这种快速动力学过程，在 HPHT 处理钻石中从未观察到孤立的空位（GR1 中心）。相较之下，杂质在钻石晶格中的扩散过程要慢得多，在高温高压处理过程中，杂质相关缺陷的转化可能需要几个小时。例如，在 HPHT 退火过程中，A 缺陷的分解和 C 缺陷含量的增加在短时间内几乎随时间呈线性增长，C 缺陷达到平衡浓度的时间可能需要长达 1 小时（Claus，2005）。在较低的温度下，就像地球中天然钻石所经历的那样，达到平衡可能需要十亿年。

HPHT 退火使缺陷达到新的平衡浓度的时间长短也取决于初始缺陷含量。De Weerdt 和 Coollins 表示，A 缺陷初始含量为 7 ppm 和 15 ppm 的钻石，在 2300℃ 的温度下进行 3 min、10 min 的 HPHT 处理会使低氮钻石中的 C 缺陷含量增加到 0.04 ppm 和 0.06 ppm，高氮钻石中的则增加到 0.04～0.12 ppm（De Weerdt and Collins，2003）。这一结果表明，杂质含量较低的钻石退火 10 min 就足以使缺陷达到平衡，而当杂质含量较高时，退火需要更长的时间。

De Weerdt 和 Collins（2007）给出了退火时间影响 HPHT 处理钻石中缺陷组合的另一个例子。结果表明，Ⅰa 型褐色钻石经短时间 HPHT 处理变为绿色，而经长时间 HPHT 处理变成黄色。这种颜色变化表明，在褐色钻石中形成 H3 缺陷的速度要比 A 缺陷分解成 C 缺陷的速度快得多。因此，在 HPHT 处理的初始阶段，H3 中心为主导色心，其强吸收使钻石呈绿色。长时间 HPHT 退火过程中，空位簇逐渐消失，空位源逐渐枯竭。于是，新的 H3 缺陷停止形成；同时，由于 H3 缺陷分解成 C 缺陷，H3 缺陷含量开始下降。如果退火时间足够长，C 缺陷的含量就会变得足够高，从而形成黄色。

短时间 HPHT 处理也可能导致低温稳定、退火动力学缓慢的缺陷含量增高。例如，NV 缺陷在 HPHT 处理温度下不稳定，但在经过高温处理的钻石中，它们总是在 PL 光谱和吸收光谱中以 NV^0 和 NV$^-$ 的形式出现。

HPHT 处理的持续时间也是石墨化的重要参数。商业 HPHT 处理通常是在石墨稳定温度范围内进行的。因此，为了防止过度石墨化，必须缩短处理时间。安全的退火时间随着温度的升高明显缩短。例如，HPHT 处理在 1900℃ 的温度下可以持续数小时而没有石墨化的迹象；如果温度升高到 2500℃，钻石可能在 1 min 内完全石墨化。

　　褐色 Ⅰa 型钻石经 HPHT 处理后，决定其最终颜色的基本缺陷含量变化情况见图 3.3。如图 3.3a 所示，短时间低温退火不会明显改变褐色钻石的颜色，而长时间低温处理会使钻石呈褐绿色。这是因为低温退火时，空位簇分解和 H3 中心的形成都较慢，几乎不形成 C 缺陷和 NV 缺陷。当用中温 HPHT 退火 Ⅰa 型褐色钻石时（见图 3.3b），短时间处理后它们变成褐绿色，长时间处理后变成黄绿色。可能的原因是，中温下，空位簇的分解和褐色的减淡快很多，有明显的 H3 中心出现，A 缺陷和 H3 缺陷的分解导致 C 缺陷和 NV 缺陷含量的增加。当空位簇退火完成后，H3 缺陷的含量趋于稳定，NV 缺陷的含量降低，C 缺陷的含量随着时间的推移稳定增长。如果温度升到 2300℃（见图 3.3c），短时间退火使颜色呈绿中带黄，长时间退火使颜色呈黄中带绿或黄色。在高温下，空位簇在短时间内完全分解。空位簇破坏过程中产生高含量的 H3 缺陷和高含量的 NV 缺陷。一旦空位簇消失，H3 缺陷和 NV 缺陷迅速退火，导致 C 缺陷含量增加。

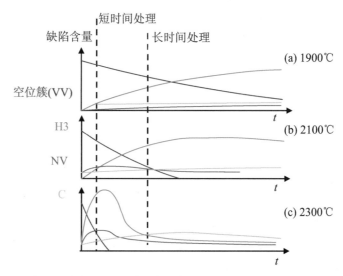

图 3.3　褐色 Ⅰa 型钻石中不同缺陷含量变化与 HPHT 处理的温度、时间的关系

数据来源：De Weerdt et al，2004。

3.4　HPHT 处理钻石与天然 HPHT 退火钻石的对比

　　每一颗天然钻石在生长和形成后被移动到地表的过程中都经历了自然的 HPHT 退火。这一事实让钻石加工处理者试图将 HPHT 处理辩解为一种"自然过程"，声称 HPHT 处理后的退火与自然退火没有区别。然而，针对 HPHT 处理钻石的研究表明，HPHT 处理产生的缺陷结构与未经 HPHT 处理的天然钻石不同。了解这些差异是鉴别 HPHT 处理钻石的关键。

　　天然钻石的缺陷构成与经 HPHT 处理的钻石不同，主要是由于 HPHT 处理参数和自然退火参数不同。虽然这种差异是定量的而不是定性的，但它对钻石缺陷构成的影响相当大。HPHT 处理的时间非常短，与自然退火的时间无法相提并论，HPHT 处理的温度也往往比自然退火的高。此外，商业化 HPHT 处理通常在石墨相稳定的压力下进行，这样的条件在自然界中是不太可能存在的。因此，经过 HPHT 处理的钻石和天然未经处理的钻石具有不同的缺陷组成，这些缺陷组成反映了低温和高温下迥然不同的缺陷平衡浓度特征。例如，HPHT 处理钻石中，对温度稳定的缺陷含量往往高得不成比例。

天然钻石处于地质温度和压力下长达 35 亿年之久。大多数天然钻石形成于次大陆岩石圈 180～200 km 深处，温度和压力分别在 900～1400℃ 和 4～7 GPa 之间。例如，"Mir" 金伯利岩管中的 I 型钻石，在 1400～1450℃ 的温度、4～6 GPa 的压力下形成（Vins and Kononov，2003）。

大多数天然钻石在形成后都会经过一段自然"热"退火期，这个时期内温度可达 1700℃（Kiflawi and Bruley，2000；Howell，2009）。一些开采自南非和巴西的钻石被证实其来自深达 700 km 的下地幔，这意味着其形成于压力超过 8 GPa、温度超过 1700℃ 的环境中（Meyer and Seal，1998；Kirkley et al.，1991；Ito and Katsura，1989；Harris et al.，1997；Luth，2012），最高温度达 1800℃。

这种自然 HPHT 退火过程的持续时间很长，导致氮杂质聚集，含氮钻石向 Ia 型转变。在 1700℃ 的温度下，当 B 缺陷和 N3 缺陷占主导地位、C 缺陷几乎不能被检测到时，氮的聚集接近完成（Kiflawi and Bruley，2000；Collins et al.，2005）。然而，由于在地质温度下的氮聚集是一个非常缓慢的过程，所以中间形式的氮聚集体如 A 缺陷和 H3 缺陷也很容易出现。有人认为，含有明显 A 缺陷的钻石没有经受过较高的地质温度，或者是以 A 缺陷为主导的钻石（IaA 型钻石）在其形成历史的早期阶段就被带到了地表。

值得注意的是，"纯" IaA 型天然钻石中总是含有少量的 C 缺陷，其含量通常与 A 缺陷的含量成一定比例关系。对于从同一岩管开采的钻石来说，这种含量比是相当稳定的。Sobolev 等（1986）比较了从三个不同岩管开采的 I 型钻石中 C 缺陷的含量，占比最高的 C 缺陷含量分别为 0.1 ppm、0.4 ppm 和 0.8 ppm。在雅库特（Yakutian）矿床开采的纯 Ia 型钻石中，C 缺陷、A 缺陷和 B 缺陷的相对含量关系是 $N_C/N_A = 0.002～0.005$ 和 $N_B/N_A = 0.85～2.3$。这种确定含量的 C 缺陷是在特定温度 - 压力条件下退火的结果，这对于给定的岩管是固定的。这一事实表明，天然钻石中的氮缺陷具有在 1700℃ 以下温度达到平衡浓度的特征，这些钻石从未经历过短时间高温加热。

与自然 HPHT 退火相比，HPHT 处理在高温下处理的时间短得多。高温会显著提高分散氮的平衡浓度。HPHT 处理过程中，特别是在高温下，氮的聚集度不能超过 96%，因而会不断导致氮集合体反向分解（Kiflawi and Bruley，2000；Collins et al.，2000）。因此，经 HPHT 处理后，绝大多数 Ia 型钻石显示的缺陷为氮集合体反向分解成 C 缺陷以及在低温下高度不平衡的缺陷组合。

C 缺陷是钻石晶格缺陷的电子给体，能为许多其他缺陷提供负电荷。因此，HPHT 处理的 Ia 型钻石由于存在带负电荷的缺陷而产生强光学中心，在光谱中显示出"非自然"的特征，例如不成比例的高强度 NV⁻ 中心和 H2 中心就是 HPHT 处理的 Ia 型钻石的吸收光谱和 PL 光谱的共同特征（Newton，2006）。

尽管在经处理和未经处理的钻石中的缺陷组成不同，但缺陷组成不能被视为钻石经处理或未处理的最终证据。实际上，一些天然钻石也可能表现出非常不平衡的典型 HPHT 处理钻石的缺陷组成。例如，有些钻石经历了在石墨稳定条件下的自然加热过程。尽管它们清楚地显示出氮聚集的最后阶段的氮缺陷组成特征，这些钻石还是含有不成比例的低含量片晶氮。当然，片晶氮的破坏并不一定是由高温造成的。在塑性变形钻石中，在相对较低的温度下，片晶氮可因移动位错而被破坏。然而，在没有塑性变形迹象的钻石中，不得不假设温度是导致片晶氮被破坏的原因（Lang et al.，2007）。

鉴别带有褐色调的钻石是经自然 HPHT 退火还是人工 HPHT 处理，是特别具有挑战性的。褐色的减淡不需要高温，因此被认为是一个常见的自然过程。这种"自然 HPHT 处理"的一个研究实例可参见 Nailer 等发表的文章（2007）。人们发现，具有无色和褐色区域的双色阿盖尔钻石，其褐色区域中的氮比无色区域中的氮少得多（少 50%～80%），且无色区以 IaB 型为主，褐色区以 IaA 型为主。还有一种趋势是，无色区域的片晶氮含量比褐色区域的要少。究其原因，已得出的一个结论是，氮会使钻石晶格变硬，而使其不易变形；也有可能是无色区域经历了高温自然 HPHT 退火，才导致褐色的消褪和 A 缺陷、片晶氮含量的降低。

4 HPHT 处理诱发的转变

HPHT 处理的目的是改善钻石的颜色。为此，必须改变钻石中的杂质缺陷结构，去除不需要的色心，并将其诱导成理想的色心。尽管 HPHT 处理的物理原理相对简单（利用高温使缺陷内的原子扩散和/或重排），但原子重排方式的多样性使得 HPHT 处理诱导的转化过程非常复杂。在 HPHT 处理过程中，控制钻石杂质缺陷结构的形成主要有两个过程：一是简单的氮缺陷聚集成多原子复合体；二是复杂的氮复合体分解成简单形式或孤立的氮原子。理解这些过程对于 HPHT 技术人员实现钻石颜色的理想转变和宝石学家进行 HPHT 钻石的鉴别来说都是至关重要的。

HPHT 处理诱导的氮缺陷转化涉及许多不同的缺陷。这是一个复杂的过程，主要取决于处理参数、初始杂质缺陷含量和钻石结构的完善程度。由于这种复杂性，即使对钻石的处理工艺完全相同，HPHT 处理的结果可能也会有很大的差异。

4.1 氮的聚集

4.1.1 温度、压力激发的氮聚集

在钻石中，氮原子聚集成多原子复合物是一个自然过程。即使是完美的钻石晶格，也不会处于平衡状态。钻石的内部是压缩的，并且由于这种内部压缩应力，在低外压下，钻石是处于亚稳定相的。为了使钻石达到平衡，必须施加一个能够平衡钻石内部压力的外部压力。室温下，这个压力大约为 2 GPa（见图 3.1）。随着温度的升高，内部压力增大，钻石的亚稳定性也越来越强。氮的存在使钻石晶格膨胀，降低了内应力；当氮形成多原子复合物时，内应力降低得更厉害。例如，1500 ppm 的 A 缺陷可使钻石的晶格常数增加 0.028 pm（Kurdumov et al.，1994；Lisoivan and Sobolev，1974）。因此，氮的聚集在热力学上是有利的过程，并且可以在任何温度下进行。

和其他热力学过程一样，氮的聚集不可能彻底完成，总是存在数量相对平衡的分散氮。分散氮的平衡浓度随温度升高而增加，但无论温度如何，它都比集合体氮少得多。因此，对于大多数天然钻石来说，HPHT 处理过程中氮缺陷转化的主要趋势是聚集（Kiflawi and Lawson，1999）。

在生长过程中，钻石以单原子的形式捕获氮。因此，原生的含氮钻石，无论是天然的还是合成的，都属于 Ib 型。形成后的钻石经受高温退火时，孤立的氮原子迁移，形成能态上更有利的多原子缺陷（Evans and Qi，1982；Goss et al.，2003；Vins et al.，

2006）。氮聚集是一个多步骤过程，涉及孤立的氮原子（C 缺陷）、双原子氮（A 缺陷）和多原子集合体（如 B 缺陷）的迁移。氮的扩散率随聚集程度的增加而降低。C 缺陷活性最高，而 B 缺陷是最稳定的（Koga et al.，2003）。

双原子氮的形成是聚合过程的第一步。它涉及 C 缺陷及其衍生物（如 NV 缺陷）聚合成 A 缺陷及其衍生物（如 H3 缺陷）的过程。虽然氮的聚集可发生在任何温度下，但是对于含氮量适中的钻石，只有在 1700℃ 以上分散和聚集的氮的含量才会产生可测量的变化。在 1700℃ 以下，即使是长时间加热 Ib 型天然钻石，也不会产生明显的氮聚集。这些钻石的黄色也不会产生变化（Howell，2009）。相较之下，含氮量为 500 ppm 的高氮 Ib 型钻石在 1700℃ 的温度下，分散的氮原子聚集成 A 缺陷的现象非常明显。在氮含量更高的钻石中（如远高于 500 ppm），分散的氮在低至 1500℃ 的温度下就能检测到聚集，在低压下尤其明显（Kiflawi et al.，1997）。高氮钻石在 1800～1900℃ 下退火数小时后，C 缺陷聚集成 A 缺陷，且几乎可以达到其平衡状态（Shiryaev et al.，2001；Claus，2005；Chrenko et al.，1977；Evans and Qi，1982；Klyuev et al.，1982）。

天然钻石中 C 缺陷聚集成 A 缺陷的活化能范围为 4.8～6.2 eV，取决于总氮含量和是否存在其他缺陷，特别是与空位有关的缺陷。合成钻石中，可能含有大量过渡金属元素原子，C 缺陷转化成 A 缺陷的活化能在 2.6～21 eV 之间变化。随着 A 缺陷的形成，它们的衍生物如 H3 缺陷，也随之形成。

随着温度的增加，氮开始进一步聚集成三原子或四原子复合物（N3 缺陷、B 缺陷及其衍生物）。第二阶段聚集的平均温度阈值为 2200℃ 左右（Vins et al.，2008）。然而，就像分散态氮聚集成 A 缺陷一样，多原子复合物的形成也与氮含量密切相关。高氮 Ia 型钻石中，明显的 A 缺陷聚集成 B 缺陷过程发生在约 2100℃（Vins and Yelis-seyev，2008）。B 缺陷形成的活化能为 6.3～7 eV（Goss et al.，2003；Evans，1992；Kiflawi et al.，1997；Vins et al.，2008），比 A 缺陷形成的活化能要高，这就解释了为什么聚集成 B 缺陷需要高温条件。B 缺陷形成的同时，也会形成 N3 缺陷。N3 缺陷是 A 缺陷和 B 缺陷之间氮聚集的过渡形式。B 缺陷是钻石中对温度最稳定的氮缺陷，也是氮聚集过程的完成形式。因此，IaB 型钻石是最稳定的含氮杂质缺陷结构的钻石。

氮的聚集过程是一个缓慢的动力学过程。这意味着，HPHT 退火之后钻石中形成的不同氮缺陷的含量主要取决于退火时间。例如，Ib 型钻石经 2300～2400℃、9.5 GPa 的 HPHT 处理（该温度－压力参数足以完成第二阶段的聚集）1 h，95% 的 C 缺陷转变成 A 缺陷，但仅有少量 N3 缺陷形成。退火时间延长至 2 h（2500℃，9.5 GPa），可导致该钻石 50% 的氮聚集成 B 缺陷、片晶氮和 N3 缺陷（Bunsnl and Grusmn，1985）。一个在非常高的温度下氮聚集的例子如图 4.1 所示。处理前的红外吸收光谱与 2650℃ 9 h HPHT 处理后的相比，后者仅存在一个微弱的 1344 cm^{-1} 特征峰，这归因于处理形成的 C 缺陷吸收［据 Kiflawi 和 Bruley 数据（2000）重绘］。该钻石中的氮缺陷以转变成 B 缺陷和 B′缺陷为主导，类型从 IaA 转变成 IaABB′型。处理前 A 缺陷和处理后 B 缺陷的含量大致相同，表明所有 B 缺陷均由 A 缺陷转变而成。非常宽的片晶氮峰是 HPHT

处理的特征。

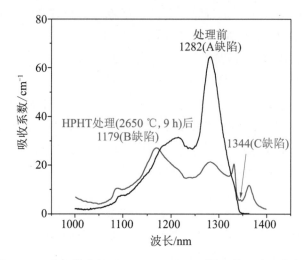

图 4.1　一颗初始高氮（1100 ppm）ⅠaA 型钻石的红外吸收光谱

　　片晶氮通过其与 B 缺陷的关系参与氮的聚集过程。片晶氮不是十分稳定的缺陷，它们开始分解的温度低于 1800℃。然而，在更高温度的 HPHT 处理过程中，片晶氮的含量可明显增加。这种差异意味着片晶氮的实际含量是由两个相反的过程决定的：它们的形成和分解。在高温下，大的片晶"蒸发"，释放出间隙碳，体积变小。A 缺陷聚集成 B 缺陷的过程也会释放间隙碳。B 缺陷和间隙碳的数量增加，导致形成更高含量的更小和更不稳定的片晶氮。片晶尺寸的减小是短时间 HPHT 处理的常见结果，在此期间 A 缺陷聚集成 B 缺陷的过程还远远没有完成。随着 HPHT 退火时间的增加，几乎所有的氮都聚集成 B 缺陷，间隙碳耗尽，新的片晶停止形成，并开始"蒸发"。在这个蒸发过程中，奥斯特瓦尔德熟化（Ostwald ripening）发生了：小的片晶一旦形成就被大的片晶融合。在超过 2500℃的高温下，大片晶变得不稳定，它们分解成位错环，释放的氮聚集，形成氮空泡。在极高的温度下，氮空泡可分解成分散的氮。

　　在 HPHT 退火过程中，A 缺陷的含量是影响片晶演化的决定性因素。A 缺陷的聚集是间隙碳的来源，是新的 B 缺陷形成的机理，而 B 缺陷又成为间隙碳析出的中心。从某种意义上，可以说片晶氮是由 A 缺陷生长而来。然而，A 缺陷的含量必须超过 400 ppm，才能使片晶氮的生长速度超过分解速度，从而使其数量增加。A 缺陷含量较低时，B 缺陷的形成和片晶氮的生长比片晶氮的分解慢。

　　氮的高温聚集是一个复杂的过程，包括各种形式的氮缺陷。图 4.2 说明了这一过程的主要途径。随着温度的升高，单原子氮形成双原子复合物（A 缺陷和 H3 缺陷），然后形成三原子和四原子复合物（N3 缺陷和 B 缺陷）。随着氮的聚集，多原子碳集合体的形成，片晶产生了。在非常高的温度下，氮聚集结束而分离成空泡——固态氮的纳米气泡。在聚集的每个阶段，都有一小部分氮被释放成孤氮（C 缺陷），在红外吸收光谱中可见 1344 cm^{-1} 弱峰——证明钻石经过了 HPHT 处理。

　　压力的增加会降低钻石的亚稳定性而使晶格稳定，这种稳定性也降低了氮的聚集速度。虽然在任何可能的压力下氮聚集在钻石中都是主导趋势，但在金刚石 – 石墨相变线以上的压力下，氮聚集不太明显。

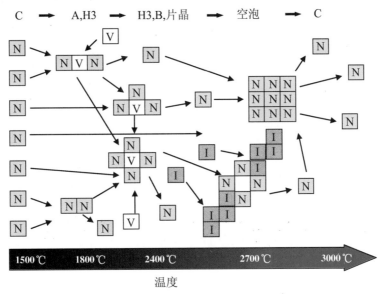

图 4.2 HPHT 处理过程中氮在钻石中的聚集原理示意图

4.1.2 缺陷激发的氮聚集

钻石中其他杂质和内部缺陷的存在可以极大地激发氮缺陷的聚集。这种激发作用的机理是形成含氮的易变的复合物，而且这些复合物在低温下可以聚集。

空位是氮聚集最活跃的激发因素。天然钻石中产生空位的主要机制是高能粒子辐射、位错和空位簇的分解。氮是一个强有力的"空位吸附者"。因此，Ⅰ型钻石中，空位的产生总是导致氮 – 空位缺陷的形成。氮 – 空位缺陷比仅由氮原子组成的缺陷更易变，因此，它们的原子结构不如主要的含氮缺陷（C 缺陷、A 缺陷和 B 缺陷）稳定。由于其不稳定性，氮 – 空位缺陷在相对较低的温度下即可使氮进入聚集过程。

Collins（1980）和 Allen 等（1981）对空位激发的氮聚集现象进行了描述，Evans 和 Allen（1981）称其为钻石处理的技术过程。电子辐照钻石可在温度低至 1350℃就开始显著加速 C 缺陷聚集成 A 缺陷的过程，而不需要施加稳定压力。1600℃退火可导致大量的分散氮聚集成复合物（Collins et al.，2000，2005），甚至可在低至 1600℃的温度下引发电子辐照钻石中的分散氮聚集成片晶氮（Evans and Allen，1981）。随着热处理的持续进行，在允许优先形成最简单和易变的 NV 缺陷的温度下，空位激发氮聚集的效率明显增加。例如，经 800℃长时间退火辐照的 Ⅰb 型钻石，在随后 1500℃的热处理过程中显著加速了分散氮聚集成 A 缺陷和 H3 缺陷；而在没有预先退火的情况下，只有 1600℃及以上的温度下才能实现类似的聚集（Collins，2001；Mita et al.，1990）。高能电子辐照，即使是 10^{17} cm^{-2} 的低剂量，也可明显加速分散氮聚集成 A 缺陷。研究发现，辐照钻石中氮的聚集活化能为 3 eV（Kim et al.，2011）。预辐照极大地提高了 C 缺陷向 A 缺陷的聚集速率，并使 HPHT 退火的温度、压力和时间有了较大幅度的降低，这就降低了 HPHT 处理的成本，使其更具商业吸引力（Schmetzer，1999a）。

在 HPHT 处理过程中，温度达 2000℃时，规则褐色 I 型钻石中的 A 缺陷开始聚集成 B 缺陷。在这个温度下，褐色 Ib 型钻石中，几乎所有的氮都可转变成 A 缺陷和 B 缺陷（Hainschwang et al.，2005）。褐色 IaA 型钻石中，A 缺陷转变成 B 缺陷和片晶氮的比例随褐色调的加深而增大（Vins and Yelisseyev，2008）。相反，在含 CO_2 和假 CO_2 的褐色钻石中（空位簇的量太低，无法检测），氮缺陷聚集的开始温度与无色钻石相同。与褐色钻石相比，无色钻石中 A 缺陷完全转变成 B 缺陷的预期温度在 2600℃以上（Kiflawi and Bruley，2000）。

褐色钻石中，氮的聚集也受位错的激发。位错对于氮聚集进程的诱导加速涉及多个机制（Shiryaev et al.，2007），包括位错运动产生空位，产生促进氮原子相互接近的应变场，以及氮原子沿位错线的扩散（"管道扩散"）。位错的产生是 HPHT 处理过程中的一个常见现象。可能的原因是在 HPHT 仓中对钻石施加压力时总会产生一些非静水压力，Howell（2009）的实验可以支持这一观点。事实上，研究人员在静水压力和单向压力（高非静水压力）下进行 HPHT 处理 Ib 型钻石的比较研究，结果表明，非静水压力下处理的钻石获得了均匀的褐色，并且实现了 40% 的分散氮转化为 A 缺陷。

通过多循环 HPHT 处理可以实现 Ib 型钻石中高效的氮聚集。在每个 HPHT 退火循环周期内，施加的压力在加压和减压期间可具有相当大的非流体静力分量。这导致了位错的高度集中和空位的积累，从而促进了氮的扩散（Shiryaev et al.，2001）。

除了空位，镍和钴杂质也可能激发氮原子聚集。在含镍合成 Ib 型钻石中，C 缺陷聚集成 A 缺陷就是一个例子。Vins（2004）发现，氮聚集随着镍含量的增加而增加（通过 658.5 nm 中心的吸收系数测定镍的相对含量）。随着 658.5 nm 中心吸收强度从 0.1 cm^{-1} 增加到 1.5 cm^{-1}，含镍钻石中聚集过程的活化能从 6 eV 降至 2.8 eV（见图 4.3）。关于镍激发的 C 缺陷聚集成 A 缺陷的研究也可以在 Kim 等（2011）的报道中找到。

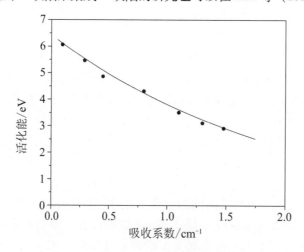

图 4.3　合成钻石中镍含量对氮聚集的影响

随着含镍中心 658.5 nm 的吸收强度的增加，C 缺陷聚集成 A 缺陷的活化能降低。高镍钻石中，氮聚集的活化能可降至 33%。

镍激发 C 缺陷聚集成 A 缺陷的过程也可见下文中的图 4.9，该图展示了合成钻石经 HPHT 处理后颜色的变化。由于中心部分的镍含量偏高，该钻石中心的黄色比周边的黄色浅得多（Konovalova et al.，2011；Kaziutchits，2008；Kaziutchits et al.，2011）。即使是在钻石生长的温度下，镍也会催化 C 缺陷的聚集，对于这种钻石而言，该温度约为 1500℃。

镍的催化作用与空位催化作用具有相同的性质。镍原子很容易形成镍氮复合物，其中许多复合物比纯氮缺陷更具活性。对于 HPHT 合成钻石，镍对氮转化的激发作用是被普遍认可的。同样的机理也适用于含镍天然钻石的 HPHT 处理过程。在以鉴别 HPHT 处理为目的进行钻石光学中心组成的解析时，必须考虑到富镍天然钻石对 HPHT 处理敏感性的增强作用。

与镍相比，钴对氮的聚集影响较小。含钴合成钻石中，氮聚集的活化能略微降低至 4 eV。然而，钴的存在降低了氮聚集的温度。天然钻石中也存在类似的效应，但目前人们对钴含量高的天然钻石尚无研究。

4.2　氮复合物的分解

4.2.1　温度与压力诱发的分解

在任何温度下，钻石中聚集态氮的平衡浓度都很高，分散氮的平衡浓度则较低。因此，当 Ib 型钻石在高温下加热时，氮的聚集在其中是主导过程。由于自然界中天然钻石是在相对较低的温度下退火，即使在十亿年内也不能完成氮的聚集。因此，在 HPHT 处理过程中，几乎所有 Ia 型钻石中的氮聚集趋向都占优势。这种聚集的证据是 HPHT 处理后 B 缺陷含量的增加（Buerki et al.，1999）。但是，高温也会引起相反的分解过程，导致所有经 HPHT 处理的 Ia 型钻石中 C 缺陷的含量都较高（Collins et al.，2000）。分散氮的含量随退火温度的升高而增加，可能在 0.001%~1% 之间变化，具体取决于温度、压力和总氮含量（Strong et al.，1977，1977a；Van Royen and Palyanov，2002）。

在非常低的温度下（1400℃ 以下），分散氮的平衡浓度可忽略不计。在 2000℃ 及以上的温度下，C 缺陷的平衡浓度急剧增加（Brozel et al.，1978；Claus，2005；Vins et al.，2008）。因此，即使在 2000℃ 的温度下进行短时间的 HPHT 处理，也会出现含量达到可测水平的 C 缺陷。然而，当温度低于 2100℃ 时，可以清楚地看到 C 中心的红外吸收。不过，由于 A 缺陷和 B 缺陷分解的量很少，无法检测到 A 中心和 B 中心的红外吸收强度的降低（Vins et al.，2008）。

不同氮复合物的高温稳定性是不同的，它取决于压力和其他缺陷的存在与否。氮空位复合物（H4 缺陷和 H3 缺陷）是最不稳定的。HPHT 退火初期，H4 中心即被破坏。H4 缺陷的分解在动力学上很快，因此即使只是经过低至 1600℃ 的短时间 HPHT 处理，H4 中心也会完全消失。与 H4 中心相比，H3 中心的高温稳定性较大，其分解动力学较慢。在 1700~1800℃ 的温度下经 HPHT 处理后就可以看到 H3 缺陷含量的降低。然而，在此低温下，分解的 H3 缺陷的量仍然太低，不能产生含量达到可测量水平的 C 缺陷。

例如，Ⅰa型钻石在1800℃的温度下处理后，C缺陷的含量低于红外吸收光谱的检出限，并且不足以将电中性的H3缺陷转化为带负电的H2缺陷（Collins，2001）。随着温度升高到2000℃，C缺陷的含量变得足够高，使得大量的其他缺陷带负电荷。因此，在2000℃及以上的温度下进行HPHT处理后，具有H3缺陷的钻石吸收光谱中也显示出H2中心。

A缺陷的存在会明显影响分解温度：A缺陷含量越高，分解温度越低（DeWeerdt and Collins，2003；Brozel et al.，1978；De Weerdt et al.，2004）。然而，这种效应在某种程度上可能与高氮钻石中产生的较高含量的C缺陷有关，因此它们在分解的早期阶段就会被检测到。虽然无论温度和A缺陷含量如何，氮复合物的分解都可以发生，但在没有明显塑性变形的无色ⅠaAB天然钻石中，氮分解的临界温度可以设定在2100℃。在低于2100℃的温度下进行HPHT处理后，ⅠaAB型天然钻石在IR吸收光谱中未显示C中心的出现。如图4.4所示，处理后检测到存在C缺陷的无色钻石，其处理温度至少为2100℃；而褐色钻石在2100℃的温度下进行HPHT处理就会产生含量相当高的C缺陷。

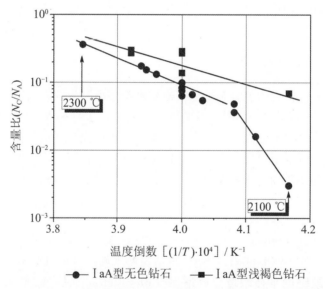

图4.4　不同温度HPHT处理的天然ⅠaA型钻石中C中心与A中心相对强度比

在高温下，分解成C缺陷的A缺陷比例增加，对于在2500℃的温度下处理的低氮钻石，该比例可达50%。在高氮钻石中，由于相当数量的A缺陷聚集成B缺陷，因此该比例较低。然而，C缺陷的绝对含量随着A缺陷初始含量的增加而增加。我们的实验中，由HPHT处理诱导的C中心的最大强度约为2.2 cm^{-1}（在峰位1344 cm^{-1}处测量），其对应的C缺陷含量超过50 ppm。

缓慢的分解动力学特征使得H3缺陷在高温下进行短时间HPHT处理后能够保留下来。许多Ⅰ型钻石即使在2300℃的温度下进行HPHT处理之后，也可以在其吸收光谱中看到H3中心的存在（De Weerdt et al.，2004）。在经HPHT处理的钻石的PL光谱中，H3中心始终存在。需要注意的是，H3缺陷的分解总是伴随着相反的聚集过程，在此过程中，分散氮形成 A 缺陷并最终形成 H3 缺陷。这种相反的过程可能会大大减缓 H3 中心的破坏，甚至可能导致其在一段时间内反向地增加。然而，在大多数 Ⅰa 型钻石中，HPHT 处理后 H3 中心强度的降低和 C 缺陷含量的增加表明，分解过程通常占优势。

在没有塑性变形迹象的钻石中，A 缺陷的分解活化能高达 6～7 eV。因此，即使经过高温 HPHT 处理很长一段时间后，分散氮的平衡浓度仍然远远低于 A 缺陷的平衡浓度（Kiflawi and Bruley，2000）。例如，在 A 缺陷含量为 7 ppm 的钻石中，2300℃的温度下，C 缺陷的平衡浓度约为 0.22 ppm；在相同的温度下，A 缺陷含量为 15 ppm 的钻石中 C 缺陷的平衡浓度增加到 0.33 ppm。当氮的总含量超过 100 ppm 时，即使只进行几分钟的 2300℃退火，就可产生含量足以在红外光谱中被检测到的 C 缺陷（De Weerdt and Collins，2008）。为了获得高含量的 C 缺陷，总氮含量必须非常高。例如，制造深红色的"帝王红"钻石需要数 ppm 的 C 缺陷，如此高含量的 C 缺陷可在含氮量超过 800 ppm 的 Ⅰa 型天然钻石中实现（Vins，2007）。

A 缺陷的分解很大程度上取决于压力：高压会抑制分解。在 2300℃、8.5 GPa 下，HPHT 退火 15 min 只能使 10% 的 A 缺陷分解；在相同温度但压力为 5～6 GPa 下退火，仅 7.5 min 后就有 50% 的 A 缺陷分解（De Weerdt and Collins，2003）。

B 缺陷是最稳定的氮集合体（Bunsnl and Grusmn，1985）。在结构完美的钻石中，它们的分解至少需要 2500℃的温度。含量达到可测量水平的 B 缺陷的分解可能需要更高的温度和更长的退火时间（Brozel et al.，1978；Evans and Qi，1982）。关于通过测量 B 中心强度的降低估算无褐色调的钻石中 B 缺陷分解的定量数据，目前尚无可靠的报道。即使经数小时的 2700℃热处理，纯 ⅠaB 型钻石中 B 缺陷的分解也只能通过出现低含量的 C 缺陷和 A 缺陷来推断（Vins et al.，2008；Evans et al.，1995）（见图 4.5）。此外，还没有在这些钻石中因 C 缺陷的形成而产生 1344 cm^{-1}吸收峰的报道。

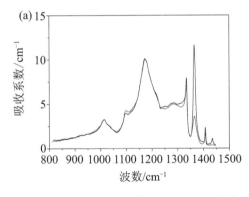
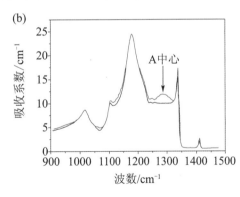

图 4.5　钻石经 HPHT 处理前（黑线）后（红线）红外光谱对比

图 4.5a 为一颗无色 ⅠaBB′型钻石经 2300℃、7 GPa、10 min HPHT 处理前后的 IR 吸收光谱。处理后，片晶氮的吸收峰明显减弱但未完全退火，退火后可见 A 缺陷的迹象。图 4.5b 为不规则的 ⅠaB 型钻石经 2700℃、9 GPa（金刚石相条件）、5 h HPHT 处理前后的 IR 吸收光谱［据（Evans et al.，1995）重绘］。图中，A 缺陷的形成清晰可

见，但 B 中心的强度未出现可测量水平的减弱。

与仅含氮的集合体相比，片晶氮的分解过程更为复杂。在低温条件下，片晶氮在钻石晶格中是有利的缺陷。然而，由于其高温稳定性较差，片晶氮在 HPHT 处理期间迅速分解。片晶氮显著分解的温度可低至 1800℃，在这样的温度下，A 和 B 缺陷的分解还未开始（Vins et al.，2008）。因此，在大多数 Ia 型钻石中，HPHT 处理降低了片晶氮的吸收强度。

在 HPHT 处理过程中，片晶氮的演变主要取决于 A 缺陷的存在和 HPHT 退火的压力（Vins et al.，2008；Evans et al.，1995；Goss et al.，2003）。高含量的 A 缺陷大大减缓了片晶氮的分解。如果 A 缺陷含量超过 400 ppm，则新片晶氮的形成速度可能快于它们的分解速度，在短时间 HPHT 处理后片晶氮吸收峰强度增加。

片晶氮的退火对 HPHT 处理过程中施加的压力非常敏感。当压力在钻石稳定范围内时，片晶氮的分解缓慢；一旦压力下降到石墨的稳定范围内，片晶氮的退火速度就会增加几个数量级。对于钻石中的其他缺陷，尚无压力临界值如此敏锐的报道。片晶氮的分解会导致形成位错环——分散的氮原子和压缩氮填充的小八面体空隙（Evans et al.，1995；Goss et al.，2003）。此外，随着片晶氮的分解，B 缺陷的含量也可能略有增加。

4.2.2 缺陷诱发的分解

与聚集过程一样，氮复合物的分解也可能受其他缺陷（例如空位）的影响而加剧。由于空位激发的作用，在初始为褐色的钻石中，A 缺陷分解成 C 缺陷的速度更快（Vins et al.，2008）。在深褐色钻石中，空位将 A 缺陷的分解活化能降低到 3.7 eV，而氮分解的温度临界值降低到 2000℃。

Woods 和 Collins（Woods and Collins，1986；Collins，2001）证实了空位激发的氮集合体的分解和辐照钻石中 C 缺陷的形成。在 Ia 型钻石中，A 缺陷和 B 缺陷在低至 1400℃ 的温度下分解。为了在如此低的温度下实现转变，在最终的 1400℃ 退火前，他们对钻石进行了低温辐照和预热。在实验中，辐照和预热导致钻石产生了 H3 缺陷和 H4 缺陷，它们是 A 缺陷和 B 缺陷含空位的衍生物，其高温稳定性远远低于 A 缺陷和 B 缺陷。在这种情况下，C 缺陷的产生表现为 H2 中心（带负电的 H3 缺陷）和 NV⁻中心（带负电的 NV 缺陷）的强烈吸收。经辐照的 Ia 型钻石中可以从非常低的温度（500℃）开始形成 H3 缺陷和 H4 缺陷（Zaitsev，2000；Collins，2001）。

缺陷对氮复合物分解的激发在含氮量高的钻石中尤为明显。在 HPHT 处理后，褐色 IaB 型钻石表现出以下变化（Vins and Yelisseyev，2008）：在 1800℃ 处理后，褐色减弱，H3 缺陷形成，N3 中心强度无变化。在 1900℃ 的温度下进一步加热，导致 H3 中心和 N3 中心的强度增加，并产生 C 缺陷；C 缺陷连续吸收增强并同时形成 H2 中心，证明出现孤立的氮原子；片晶氮的峰强度也出现下降。加热至 2100℃ 及以上，C 缺陷广泛形成，含量可达 10 ppm；钻石变成明亮的黄绿色，其光谱呈现出强的 C 缺陷连续吸收和 H2 中心；C 缺陷是由 B 缺陷转变形成的，B 缺陷的含量可降低 10%～15%。在 2200℃ 下，H2 中心的吸收降低，说明 H3/H2 缺陷的分解过程快于其形成过程。在温度高达 2300℃ 的情况下，褐色 IaB 型钻石在经过 HPHT 处理后，颜色始终带有黄绿色调，从未出现无色的情况。

IaB 型钻石在高温 HPHT 处理后，也能观察到低含量 A 缺陷的形成。这种效应最可能的机理是生成的 C 缺陷的反向聚集。这一分解－聚集过程表明 A 缺陷是氮集合体的中间形式，仅出现在氮聚集过程中。

褐色钻石在 HPHT 处理过程中，空位激发的 A 缺陷经由 H3 缺陷分解成 C 缺陷，可明显提高分散氮的含量（见图 4.4）。例如，一颗 A 缺陷含量为 50 ppm 的浅褐色钻石，在 2300℃ 的高温下 HPHT 处理 10 min 后，其 C 缺陷含量最高可达 20 ppm。然而，只要空位簇释放单一空位，氮集合分解过程就会占优势。一旦褐色消失，在相同的温度下进一步退火，C 缺陷将以相反的过程聚集成 A 缺陷。因此，A 缺陷和 C 缺陷的相应含量可能会随着 HPHT 处理的温度、压力和时间的变化以及钻石初始褐色的深浅而差异很大。

在 HPHT 处理期间，褐色 Ia 型钻石中 C 缺陷的产生是一个激烈的过程。在 A 缺陷的初始含量超过 7 ppm 的褐色钻石中，C 缺陷的含量不可能低于 1 ppm。相应地，在 A 缺陷含量为 15 ppm 的褐色钻石中，在经过 HPHT 处理后预计会有数 ppm 的 C 缺陷。因此，任何类型的 Ia 型钻石在经过 HPHT 处理后，C 缺陷的含量通常不低于 0.1 ppm（Claus，2005）。

在中等温度下，A 缺陷由空位激发分解为 C 缺陷的现象尤为明显（见图 4.4）。褐色钻石中，2100℃ 下 A 缺陷的分解率可能比无色钻石中的高出一个数量级以上。然而，随着温度的升高，超过 2300℃ 后，这种差异会减小，甚至消失。由于 A 缺陷和空位的高负相关性，在含有大量 A 缺陷的褐色 Ia 型钻石中，HPHT 处理总是会降低其含量并形成 C 缺陷和 B 缺陷。也就是说，在褐色钻石中，A 缺陷的分解总是优先于其形成。

尽管 B 缺陷是钻石中最稳定的氮缺陷形式，在褐色钻石中，它们也可能在低于 2000℃ 的温度下分解。被释放的空位将 B 缺陷转化为 H4 缺陷，而 H4 缺陷又分解为 H3 缺陷和 C 缺陷。B 缺陷也可以被移动位错分解，这种位错在褐色钻石中含量很高。在 2000～2100℃ 的 HPHT 处理过程中，位错分解 B 缺陷并将其转变成较简单的 N3、A、H3 和 C 缺陷（Vins et al.，2006；Vins and Yel-isseyev，2008a）。Nadolinny 等（2004）讨论了这种机械位错分解 B 缺陷的原理，并说明 B 缺陷的热分解是一个弱得可忽略的过程。由位错增强的 B 缺陷分解增加了 C 缺陷的含量，但并未让其超过平衡值，并且即使在高温下也保持相对较低的水平。

在自然过程中，IaB 型钻石中几乎不可能同时产生 N3 缺陷和 C 缺陷，这两种缺陷的同时存在是 HPHT 处理钻石的最显著特征之一。钻石在 2100℃ 的温度下处理后，当 A 缺陷的含量仍然低于检出限时，可以观察到这种现象。因此，如果 IaB 型钻石中出现相当多的 N3 缺陷和 C 缺陷，但没有 A 缺陷，很可能是经过了 HPHT 处理。

由于 C 缺陷含量的增加，Ia 型钻石转化为 ABC 混合型钻石是中温和高温 HPHT 处理的典型结果。虽然 ABC 钻石在自然界中也存在，但宝石市场上的大部分这类钻石都是经过了 HPHT 处理的。

4.3 "终极" HPHT 处理

随着温度的升高，所有含氮缺陷都聚集成最稳定的缺陷，即 B 缺陷。因此可以认为，在足够高的温度和压力（在钻石的稳定范围内）下使用 HPHT 处理足够长的时间，无论其初始氮组成如何，任何天然钻石都可以转化为 IaB 型。空位簇是不如 B 缺陷稳定的缺陷，也将被这样的处理过程完全消除。没有空位簇的存在，B 缺陷具有很高的高温稳定性，即使在很高的温度下也不被分解。根据这些观点，可以认为 HPHT 处理最终能将任何天然规则褐色的钻石转化为无色 IaB 型。

为了证实这一想法，我们在温度为 3000℃、压力为 10 GPa 的条件下，对 IaAB 型塑性变形的褐色钻石进行了 10 min HPHT 退火，结果得到一颗接近无色的钻石。然而，因出现微量未聚集的氮，钻石的颜色并非真正的无色。这些色心残留的原因是非聚集氮达到了平衡浓度还是 B 缺陷的分解，目前尚不清楚。由于 B 缺陷热分解的活化能仍然未知，因此不能预测经受"终极" HPHT 处理的 I 型钻石中 C 缺陷的平衡浓度。然而，尽管 B 缺陷具有极高的热稳定性，还是存在一种 HPHT 处理天然钻石分解 B 缺陷的机制：不均匀内应力。大多数天然钻石在晶格完美程度和杂质分布方面是不均匀的，这种不均匀性导致了钻石内部形成机械的"弱"和"强"分区。由于这些区域的存在，外部压力，即使是来自外部的完全静水压力，也会不均匀地作用在钻石体中。在高温下，当钻石变为塑性状态时，不均匀的内应力将导致晶格位错。移动位错不可避免地将 B 缺陷分解为包括 C 缺陷在内的更小的氮复合物。因此，在天然 I 型钻石中，期望通过 HPHT 退火完全消除 C 缺陷，从而消除黄色，是不可能的。此外，我们认为，在大多数内部受压形变的天然褐色钻石中，经过"终极" HPHT 处理后的 C 缺陷残留量足以使这些钻石至少呈现淡黄色。

IaB 型钻石的"终极" HPHT 处理是否会给其鉴别带来问题？我们相信不会。这些钻石具有一个特征，就是缺少氢 3107 cm^{-1} 的中心，因为它总是被高温 HPHT 退火破坏。3107 cm^{-1} 中心的缺失在天然未处理 IaB 型和 IaBB′ 型钻石中是非常罕见的（Vins et al.，2008；Vins and Yelisseyev，2010）。根据我们对 1000 多颗天然 IaB 型钻石进行测试的结果，发现没有 3107 cm^{-1} 中心的钻石比例低于 0.5%。

4.4 多重处理

钻石的 HPHT 处理经常与其他工艺过程相结合，这些工艺包括高能粒子（电子、中子、伽马射线和离子）辐照和传统的低温退火（例：Vins，2004a，2007）。尽管可以使用各种类型的辐照进行处理，但是用能量为 1～3 MeV 的电子进行辐照是最常见的。这种能量的电子在钻石中可穿透几毫米的厚度，足以导致 1 克拉切割钻石通体产生辐射缺陷。

这种多重处理的第一个商业应用实例是通过将 C 缺陷聚集成 A 缺陷而使 Ib 型黄钻褪色。这种处理的程序通常是从剂量为 10^{18} cm^{-2} 的电子辐照开始的。电子辐照产生空位，空位与 C 缺陷相互作用，大大降低和缩短了氮聚集成 A 缺陷和 B 缺陷的温度和时间。10^{18} cm^{-2} 剂量的电子辐照足以产生含量为 100 ppm 的空位相关缺陷，并足以将天然 Ib 钻石中几乎所有的 C 缺陷转化为 NV 缺陷。随后的 HPHT 退火使 NV 缺陷转化成 A 缺陷和 B 缺陷。有趣的是，HPHT 退火前的辐照在 Ib 型钻石中也会产生片晶氮（Evans and Allen，1979）。在某些情况下，多重处理程序包括一个额外的 800℃ 下进行的长时间退火过程，这也是在 HPHT 退火之前进行的。这种低温退火有助于氮缺陷转变成 N-V 复合体并有利于消除黄色。

"帝王红"钻石的产生是 HPHT 多重处理的另一个例子。这种处理的目标是在低净度、初始颜色差的 Ia 型钻石中产生红色。通过在钻石中产生高含量的 NV 缺陷，NV 缺陷强烈吸收黄色光和绿色光，进而使钻石在红色光范围内透明。处理的第一步是高温 HPHT 退火，在此期间氮复合物分解出 C 缺陷。随后的电子辐照产生空位，像 C 缺陷一样随机分布在钻石整体内。处理的最后一步是在 800～1000℃ 的温度下退火，在此阶段空位扩散与 C 缺陷结合形成 NV 缺陷。

涉及辐照、常规退火和 HPHT 退火的多重处理可以以不同的组合在各种温度-压力-时间参数下进行。这是一种非常有效的处理方法，能够产生许多不同的色心，几乎可以获得任何颜色的钻石。

4.5 颜色转变

改变钻石的颜色是商业 HPHT 处理的本质。虽然在各种颜色（无色、黄色、绿色、粉红色和蓝色等）的钻石中都有经 HPHT 处理的钻石（见图 4.6），但通常 HPHT 处理都是用于去除人们不喜欢的颜色，如褐色和灰色，而使这些钻石变成无色。Hagarali 等（2003）给出了在 1900～2250℃ 下 HPHT 处理后褐色天然钻石颜色变化的实例。

图 4.6　美国 Suncrest Diamonds 公司利用 HPHT 处理后的无色、黄色和粉红色钻石

由 HPHT 引起的颜色变化是一个复杂的过程，涉及许多固有缺陷和杂质的转化、扩散和相互作用。这主要取决于钻石的初始颜色和 HPHT 退火参数。Ⅱa 型和 Ⅰa 型无色和褐色钻石颜色的不同变化都有相关文献进行了描述（Anthony et al.，2001；Vins et al.，2008）。由于 HPHT 退火的温度远高于钻石在制作成首饰的过程中所经受的温度，HPHT 处理形成的颜色在常规的珠宝制造、穿戴和维修过程中是永久性的（Overton and Shigley，2008）。因此，经过高温高压处理的钻石可按照天然未经处理钻石的传统颜色分级。

只有Ⅱa型钻石才能通过 HPHT 处理实现完全的褪色。80% 的Ⅱa 型褐色钻石可经HPHT 处理转变成无色，20% 转变成粉色或浅黄色（Vins et al.，2008）。极少数Ⅱ型钻石经 HPHT 处理后显示出蓝色体色（Hall and Moses，2000；Wang and Gelb，2005）。相当一部分经 HPHT 处理的Ⅱa 型无色钻石的色级达 D 至 G。这些钻石通常具有高度的结构完美性，净度达 IF 至 VS2 级。

只有含氮量非常低的Ⅱa 型钻石才能通过 HPHT 处理达到高色级。即使钻石只含少量的氮，特别是 A 缺陷，也不能完全褪色。A 缺陷含量超过 10 ppm 的钻石没有通过处理实现商业化颜色改进的可能（Claus，2005）。如果不预先挑选出Ⅱa 型钻石就直接进行处理，处理后大部分钻石的颜色将为黄色或黄/绿色，具有强的"绿色传输"效应，并且在紫外线照射下具有强绿色荧光（Templeman，2000）。

除了褪色外，HPHT 处理还用于将人们不喜欢的钻石颜色转换为更吸引人的黄色、绿色、橙色和红色及其组合色。这种颜色变化可以在氮含量超过 15 ppm 的Ⅰ型钻石中实现。HPHT 处理可产生许多不同的氮相关色心，主要是 H3 中心和 H2 中心（见下文）。这些中心占主导地位，使得最初为褐色的Ⅰa 型钻石呈现明亮的黄绿色。

HPHT 处理的第三个应用领域是增强低净度Ⅰ型钻石的颜色。这种处理的目的是产生深的体色，并隐藏内部的包体。为了避免内部过多的石墨化，含包体多的钻石不在高温下进行 HPHT 处理。在 HPHT 处理多包体钻石前，经常先进行预先辐照处理，以促进光学中心的产生并降低 HPHT 退火的温度和时间，处理后获得的颜色包括褐色、橙色、绿色和各种黄色，也可出现红色。表 4.1 列出了初始色为褐色/灰色的不同类型的钻石经 HPHT 处理后基本颜色的转换。

表4.1 天然钻石经 HPHT 处理所致的基本颜色

钻石类型	Ⅱa	Ⅱb	Ⅰa	Ⅰa
初始颜色	褐色	褐色/灰色	褐色	无色
最终颜色	无色、粉色/紫色、浅黄色	蓝色	黄色/绿色	黄色

注：特定钻石的最终颜色通常是几种颜色的组合。

理解颜色的转换对于鉴别钻石是否经过高温处理至关重要。如果钻石的颜色成因受到质疑，那么要回答的第一个问题是这种颜色是否可以通过 HPHT 处理产生，如果是，则下一个问题为该钻石的杂质组成是否能在 HPHT 退火后产生这种特定颜色。对这两个问题的正确回答通常足以确认钻石是否经 HPHT 处理。

这种"颜色测试"的著名例子是对无色Ⅰa 型钻石未经处理的性质的鉴定。HPHT 处理通常会导致氮集合的分解和 C 缺陷的产生，即使后者的含量很低，也会增加钻石的黄色调。如果Ⅰa 型钻石的原始颜色为褐色，则去除该颜色时，往往伴有 H3 中心的产生，而增加黄绿色。因此，如果涉及 HPHT 退火，就不可能通过任何组合的处理工艺使含氮钻石变为无色。例如，当 A 缺陷含量超过 7 ppm 时，不可能将钻石颜色等级提高到无色或接近无色（Claus，2005）。因此，高色级Ⅰa 型钻石的颜色成因总是被鉴定为"天然"，并且这些钻石的鉴定不需要进行颜色成因测试。

天然钻石呈现出的颜色通常与其类型相关。例如，无色、褐色、浅粉色和紫色的Ⅰa

型钻石不太可能经过颜色处理，经颜色处理的 Ⅰa 型钻石通常是黄色、绿色、橙色、红色或绿蓝色。未经处理的 Ⅰb 型钻石几乎都是褐色、黄色或橙色，而经 HPHT 处理的 Ⅰb 型钻石可能呈黄色或褪色的黄。带褐色和灰色调的 Ⅱa 型钻石很有可能未经处理，而无色和带有浅粉或蓝色调的 Ⅱa 型钻石可能是经 HPHT 处理的（Breeding and Shigley，2009）。

虽然经 HPHT 处理的天然钻石几乎可以有任何颜色，但是天然钻石经 HPHT 处理后，通常最可能获得的两种颜色是褐色和黄绿色。对 150 颗经 HPHT 处理的天然钻石（无预选）吸收光谱的研究显示，这些钻石主要可分为两组：①褐色钻石，处理后基本保持原来的颜色；②黄－绿色钻石。第一组钻石的光谱以强 H2 和 638 nm（NV⁻）中心为特征，而第二组的光谱中 H2 中心占主导（Serov and Viktorov，2007）。这一结果表明，首先，经 HPHT 处理过的钻石中褐色色调的存在非常普遍；其次，大多数天然褐色钻石的褐色太深，不能通过商业化的 HPHT 处理完全去除。

4.5.1　褐色的消除和褪色

去除天然低氮规则褐色钻石的褐色是商业 HPHT 处理的初衷，目前仍是其主要目的（见图 4.7）。典型的情况是，经 HPHT 处理后褐色连续吸收强度降低，如图 4.7c 所示。褐色的减弱被认为主要是由于空位簇的分解，研究已发现包含 40～60 个空位的大簇是引起褐色的主要因素。空位簇的大小决定了它们的高温稳定性，小空位簇比大空位簇更稳定，退火更慢（Maeki et al.，2009；Fisher et al.，2009；Bangert et al.，2009）。

对于圆盘形状的空位簇，计算表明它们发生分解所需的温度为 2200℃，这与实验数据非常吻合（Willems et al.，2006；Hounsome et al.，2007）。褐色连续吸收的去除率很大程度上取决于钻石的初始杂质缺陷结构和 HPHT 处理的温度。实际上，处理天然褐色钻石有两种不同的温度范围：①中温（1800～2100℃），在此温度下，空位簇分解，褐色减淡，释放的自由空位被氮缺陷捕获；②高温（2100～2300℃），在此温度下，氮空位缺陷发生转变（Vins and Yelisseyev，2008；Van Royen and Palyanov，2002）。尽管在 1800℃ 以下的温度可以观察到褐色钻石缓慢褪色（即使在 1500℃ 的温度下长时间退火，也能观察到轻微的褪色），但褐色的快速褪去至少需要 2100℃ 的温度。如果退火温度升至 2300℃，大多数规则的褐色钻石在几分钟内就会褪色（例：Claus，2005）。虽然随着温度的升高，褐色逐渐减淡，最终在 2300℃ 时消失，但褐色的快速褪色开始于 2100℃ 时（Maeki et al.，2009；Fisher et al.，2009）。有趣的是，在 1600℃ 的温度下，经过 5 min 的 HPHT 处理后，CVD 合成钻石的褐色会明显降低（Crepin et al.，2012）。

在天然 Ⅱa 型钻石中，去除褐色的活化能相当高，为 8.0 ± 0.3 eV（Fisher et al.，2009）。

有些天然褐色钻石即使在高温 HPHT 处理后仍可检测到褐色残余。如此高稳定性的褐色意味着存在高温稳定性非常高的缺陷，而非空位簇。然而，无论褐色连续吸收的稳定性如何，经任意的 HPHT 处理后，至少能去除规则褐色钻石的部分褐色。因此，在确定褐色钻石的颜色成因时，必须考虑其呈现的褐色也可能已经通过 HPHT 处理得到了改善。

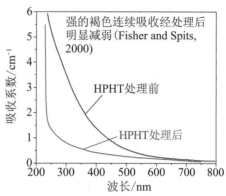

（a）HPHT 处理前　　　　（b）HPHT 处理后　　　（c）经 HPHT 处理前后的吸收光谱

图4.7　Ⅱa 型天然褐色钻石 HPHT 处理前后对比

在非常高的温度下进行 HPHT 处理可使任何钻石褪色，高温会破坏大多数色心并促使它们聚集成非光学活性的簇。例如，在 HPHT 退火过程中，所有氮相关的光学活性缺陷（包括 C、H3、H4、N3 和 NV 缺陷）聚集成无光学活性的 B 缺陷和片晶氮（Vins and Yelisseyev，2008）。

1. Ⅱa 型钻石

含氮量少至几乎可忽略的 Ⅱa 型钻石经 HPHT 处理后可以提高其色级（Collins，2003；Kitawaki，2007；Moses et al.，1999；Woodburn，1999；Johnson et al.，1999；Collins et al.，2000）。在所有天然钻石中，适合处理成 D 至 G 级的比例不足 1%，这些钻石是高纯度的Ⅱa 型，呈褐色或灰色，氮的总含量低于 0.1 ppm。如氮含量超过这个限度，可导致产生 0.05 ppm 的 C 缺陷，这将使钻石的色级降低至近无色（Anthony and Casey，1999；Moses et al.，1999）（参见图 4.12）。纯度高且结构完美的褐色钻石非常罕见，因此大多数经 HPHT 处理、颜色等级为 D 至 G、净度等级为 IF 至 VVS 的Ⅱa 型钻石重量不超过 2 克拉。

通常，初始褐色较浅的钻石可通过 HPHT 处理实现更好的褪色。深褐色意味着产生过多的活动单空位并形成高含量的衍生缺陷和非钻石碳纳米级包体，这些会降低钻石的整体透明度并降低其颜色级别。例如，N 至 O 色级的浅至中褐色Ⅱa 型钻石可以通过 HPHT 处理转变成 D 至 F 色级（Smith et al.，2000），而颜色更深的褐色钻石只能转变成 H 色级或更低色级。

2. ⅠaB 型褐色钻石

与Ⅱa 型褐色钻石一样，纯 ⅠaB 型褐色钻石也是生产近无色钻石的理想原料（Haenni，2001）。B 缺陷是钻石中温度最稳定的氮集合体，2300℃ 以下它们不会明显分解。在此温度下，可以有效退火去除 ⅠaB 型钻石中引起褐色连续吸收的大多数缺陷，从而去除褐色，且不会产生明显的黄色。通常，在 2200～2300℃ 的温度下加热几分钟，便可将褐色 ⅠaB 钻石转变成近无色。

无论 ⅠaB 钻石的褐色褪色如何成功，只有含氮量中等的钻石才能达到近乎无色的等级。例如，对于 B 缺陷含量为 5～50 ppm 的 ⅠaB 型褐色钻石，HPHT 处理可将其转变为 G 至 O 的色级。由于高温 HPHT 处理在任何天然钻石中都至少能分解一小部分 B 缺陷，所以处理温度是ⅠaB 型褐色钻石褪色的一个关键参数。过高的温度会导致相当一部分的 B 缺陷分解成 C 缺陷而产生黄色（Van Royen et al.，2006）。

在结构不均匀性较大的钻石中，即使在 2000℃的温度下，B 缺陷也可能开始分解。由于褐色的减弱需要更高的温度（Schmetzer，2010），HPHT 处理那些内应力和氮杂质分布非常不均匀的钻石时，即使这些钻石的初始褐色较浅，并且在相对较低的温度下进行，也不可能使其完全褪色。我们对大量钻石进行的实验表明，所有经 HPHT 处理的ⅠaB 型钻石的最终颜色都有可检测到的黄色/绿色变化（Vins et al.，2008；Vins and Yelisseyev，2010）。

3. ⅠaAB 型褐色钻石

HPHT 处理也可减淡褐色ⅠaAB 型钻石的颜色。然而，这些钻石不会变成无色或近无色，而是变成黄绿色。Ⅰa 型钻石中褐色退火的活化能小于无氮的Ⅱa 型钻石，这表明氮在高温下对缺陷转化过程具有促进作用（Vins，2004）。然而，这种促进作用在低温下是微不足道的。Collins 等（2005）发现Ⅰa 型褐钻石经 1700℃退火后颜色变化不大；在 1800℃退火后，观察到一些钻石的褐色变浅，同时产生黄绿色（由于 H3 中心和 H2 中心的生成）（Collins，2001；Vins et al.，2008）。浅褐色Ⅰa 型钻石经 2000℃ HPHT 处理后，褐色几乎消失，获得仅由 H3 中心所致的颜色（Vins et al.，2008）。

深褐色不是Ⅰa 型钻石经 HPHT 处理后的特征。相反，Ⅰa 型钻石经 HPHT 处理后往往具有黄色、绿色和橙色的色调，而深褐色的钻石大概率是未经 HPHT 处理的。值得注意的是，经 HPHT 处理的带褐色调的钻石经常出现颜色分带现象（示例见：Hain-schwang et al.，2006a）。

经 HPHT 处理的褐色Ⅰa 钻石中主要缺陷和颜色变化与处理温度的关系如图 4.8 所示。所得缺陷的相对含量以及由此产生的颜色主要取决于空位簇、位错、氮缺陷的初始含量以及处理时间。

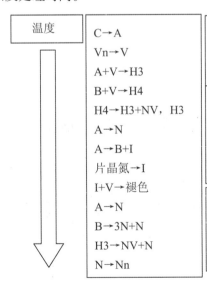

| 温度 | C→A | 低温：弱H3中心，NV中心可忽略，N3中心增强，去除部分褐色，黄色略有增强，无绿色。最终的主色是褐色。 |

图示内容：

温度（箭头向下）

- C→A
- Vn→V
- A+V→H3
- B+V→H4
- H4→H3+NV，H3
- A→N
- A→B+I
- 片晶氮→I
- I+V→褪色
- A→N
- B→3N+N
- H3→NV+N
- N→Nn

低温：弱H3中心，NV中心可忽略，N3中心增强，去除部分褐色，黄色略有增强，无绿色。最终的主色是褐色。

中温：明显消除褐色，形成C缺陷连续吸收，H3中心强，NV中心强，H2中心明显，N3中心强，绿色明显，"绿色传输"效应强。最终得到的颜色是黄绿色，可出现弱褐色伴色。

高温：去除褐色，C缺陷连续吸收强，1334 cm⁻¹峰明显，H2中心强，N3中心强，带浅绿的黄色。最终的颜色是金丝雀黄。

图 4.8　Ⅰa 型钻石经 HPHT 处理后导致颜色变化的主要缺陷转化顺序（De Weerdt et al.，2004）

4. 不规则褐色钻石

只有规则的褐色钻石经 HPHT 处理后才会发生明显的褐色减淡或去除现象。不规则褐色钻石（含 CO_2 和假 CO_2 而呈褐色的钻石）经 HPHT 处理后不会产生明显的变化，许多这类钻石的颜色根本不产生变化（Hainschwang et al.，2005，2008；Reinitz et al.，2000；Chapman，2010）。在 2000～2100℃ 的温度下 HPHT 处理这些钻石可能只会引起轻微的颜色变化。例如，不规则褐色钻石经处理后不但保持其褐色，并可能增加额外的黄色伴色；不规则浅褐色 IaB 型钻石，经 2200℃ HPHT 处理后未出现片晶氮，却可能由于产生 C 缺陷而使其褐色加深（De Weerdt and Collins，2007）。

对于含 CO_2 和假 CO_2 的钻石，即使使用光谱方法，也几乎是不可能鉴别其是否经过了 HPHT 处理的（因为即使产生了变化，其变化也太小）。仅有的可用于识别的特征是 480 nm 吸收带（Collins and Mohammed，1982），强的 480 nm 吸收带和其对应的发光可被认为是 HPHT 处理的指示性特征。在紫外光照射下，引起 480 nm 吸收的缺陷具有非常强的发光性，可使不规则褐色钻石产生强黄色荧光。有时，这些钻石从它们稍微偏黄的颜色而能被识别出经过了 HPHT 处理（Hainschwang et al.，2008）。

5. Ib 型黄色钻石

Ib 型黄钻在 1800℃ 及以上的温度下进行 HPHT 处理，可实现明显的褪色。这种钻石褪色的原理是其中的 C 缺陷聚集成 A 缺陷（Kaziutchits et al，2012）。例如，饱和黄色的合成钻石在 1700℃ 的温度下 HPHT 退火 4 h 后变为浅黄色，在 1930℃ 的温度下处理后变为浅绿色（压力均为 5.5 GPa，在石墨稳定范围内）（Yelisseyev et al.，2003）。如图 4.9a 和图 4.9b 所示，经 HPHT 处理后，由 C 缺陷所致的黄色基本上全部去除了。

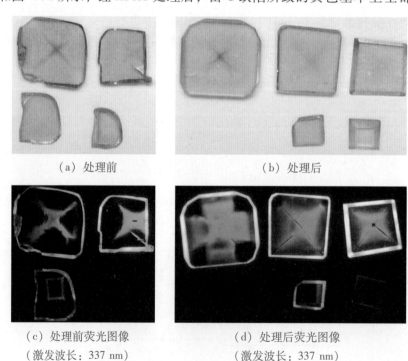

(a) 处理前   (b) 处理后

(c) 处理前荧光图像   (d) 处理后荧光图像

（激发波长：337 nm）   （激发波长：337 nm）

图 4.9　切成片状的合成 Ib 型黄钻 HPHT 处理（1900℃，6 GPa，8 h）前后对比

而在中央十字交叉区域，镍杂质含量增高，保留了黄褐色（Kaziutchits，2008）。有趣的是，富镍的中央区域由 C 缺陷所致的黄色减弱，说明在该区域的 C 缺陷聚集成 A 缺陷是在相对较低的生长温度下发生的。如图 4.9c、图 4.9d 所示，HPHT 处理后晶体上强绿色荧光区扩展是由于镍相关中心 S3 和 S2 的产生（Kaziutchits et al.，2012）。

Ib 型钻石经 HPHT 处理后深黄色明显减弱（Strong et al.，1977，1977a；Van Royen and Palyanov，2002）。经 1900℃ 热处理后，含氮高的钻石中 80% 的 C 缺陷可聚集成 A 缺陷。合成钻石经长时间 HPHT 退火，该比例甚至更高。如图 4.10 所示，几乎所有的 C 缺陷都转变成 A 缺陷，处理前 C 缺陷占主导，处理后检测不出 C 缺陷（Mudryi et al.，2004）。在这个例子中，镍的存在明显促进了褪色。然而，氮在高温下的聚集绝不可能完成。例如，在 HPHT 处理的含 15 ppm A 缺陷的褪色钻石中，总是存在几个 ppm 的 C 缺陷，而这些 C 缺陷会使钻石呈淡黄色（Claus，2005）。由于 C 缺陷的残余，对初始 A 缺陷含量在 7 ppm 以上的钻石进行商业化处理不可能改善其颜色（Claus，2005）。

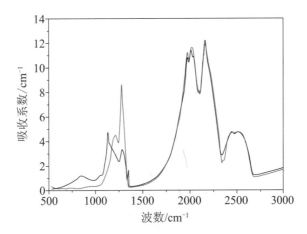

图 4.10 一颗合成钻石经 1900℃、6.5 GPa、20 h HPHT 处理前（黑线）、后（红线）的红外吸收光谱

以减淡黄色为目的的商业 HPHT 处理不会让 Ib 型钻石产生 N3 中心。缺少 N3 中心是这些钻石的一个显著特征，可作为识别经 HPHT 处理的 Ib 型钻石的特征（Collins，2003）。

结合电子辐照和低温 HPHT 退火可以让具有 Ib 成分的钻石黄色明显减淡。例如，以 2 MeV 的电子 10^{18} cm^{-2} 的剂量照射后，在 1600℃ 以上的温度、钻石稳定范围的压力下进行 HPHT 退火去除黄色；在超过 2000℃ 的温度下进行 1 h HPHT 退火可将吸收边缘从 460 nm 移至 290 nm，而使初始黄色的钻石变为无色（Evans and Allen，1981）。

Ib 型钻石经 HPHT 处理后会短暂地出现浅褐色。这种颜色转变的原因是 C 缺陷连续吸收的减弱与强 H3 中心和 H2 中心的产生。这三种吸收的结合造成了整个可见光谱范围内连续的吸收向短波方向增强。然而，进一步的高温 HPHT 处理可使这些钻石变成近无色。

HPHT 处理只能去除 C 缺陷连续吸收引起的黄色，即金丝雀黄。N3 吸收和 N2 吸收所致的开普黄不可能经 HPHT 处理或目前已知的任何多重处理方法消除。N3 缺陷非常稳定，能经受 HPHT 退火；而且 HPHT 处理可能产生相反的效果，Ⅰa 型开普黄钻在非常高的温度下进行 HPHT 退火后可能增强 N3 中心的吸收而使其颜色更深。

6. 褐色 CVD 合成钻石

HPHT 处理是改善 CVD 合成钻石颜色的有效方法。例如，它可用于去除 CVD 钻石厚膜的褐色，使其成为更具吸引力的宝石材料（Chadwick，2008；Hemley et al.，2009）。用作宝石的大颗粒单晶 CVD 合成钻石生长出来时是褐色的，去除褐色是生产 CVD 钻石的一个重要步骤。褐色 CVD 合成钻石具有特别的缺陷结构，经 HPHT 处理 CVD 合成钻石与天然钻石后获得的颜色不同。初始为褐色、掺杂氮的 CVD 合成钻石经处理后通常会发生褪色和/或产生带橙和灰色调的粉红色至绿色的变化（Twitchen et al.，2003）。

褐色 CVD 钻石的褪色开始于 1200℃ 的低温，不需要施加稳定压力。在 1500℃ 环境压力下退火数小时，可显著增加可见光的透过率，而使褐色明显变浅（Twitchen et al.，2003）。在 1900℃ 及以上的温度进行 HPHT 处理，可使低氮的褐色至黑色 CVD 钻石完全褪色。在这些钻石变成无色前，可以短暂地观察到浅蓝色（Charles et al.，2004）。不透明 CVD 合成钻石可以通过在 1500～2200℃ 的温度和 4～5 GPa 的压力下经 HPIIT 处理实现褪色。在 2400℃ 的高温下处理数小时后，深褐色的 CVD 钻石可变为近无色（Frushour and Li，2002；Twitchen et al.，2003；Anthony et al.，1994，1996）。

在合成钻石的 CVD 反应器中，通过 APHT，尤其是 LPHT 处理，也可以显著改善 CVD 钻石的颜色。图 4.11a 为单晶褐色 CVD 钻石 LPHT 退火的实例：中间的为合成原生钻石，左边和右边的钻石分别经过了 1900℃ 退火 2 min 和 1800℃ 退火 3 min。图 4.11b 为室温下测试的一颗 CVD 合成钻石经 1800℃ 2 min LPHT 处理前（黑线）、后（红线）的吸收光谱［据（Meng Yu-Fei et al.，2008）重绘］，图中可见 SiV 中心和 NV⁰ 中心的痕迹。

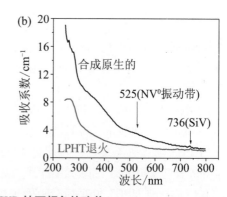

图 4.11　LPHT 处理对 CVD 钻石颜色的改善

4.5.2　彩色

经过 HPHT 处理的钻石几乎可以是任何颜色，其颜色取决于最初所含的杂质缺陷。

经 HPHT 处理的彩色钻石基本颜色组成有黄色、绿色、粉红色、红色和蓝色，其中最常见的是黄色/绿色，粉色/蓝色的 HPHT 处理钻石相当稀少。黄色/绿色钻石与粉色/蓝色钻石的比例大致与天然钻石中 Ⅰa 型与 Ⅱa 型的比例一致。如今，以上颜色的钻石都要经过"颜色成因"测试。

1. 黄色

饱和的黄色是处理过的 Ⅰa 型钻石的一种常见颜色。黄色可由不同方法获得：①辐照后在 800～1000℃的温度下退火；②低温（1900℃以下）HPHT 处理初始颜色为褐色的钻石；③HPHT 处理浅"开普黄"钻石（Collins，2001，2003；Kitawaki，2007）。最后一种情况中，浅"开普黄"钻石可以转变成鲜艳的黄色钻石（Darley，2011）。

当无色 Ⅰa 型钻石的净度等级较低时，对其进行 HPHT 处理在商业上是合理的，诱导出的鲜艳颜色可以使这些钻石更具吸引力。而对近无色的 Ⅰa 型钻石进行处理的目的是增强其已有的黄色（Collins，2003）。

在 HPHT 处理过程中，无色、近无色（无褐色成分）和浅黄色 Ⅰa 型钻石的颜色转变为黄色的原理是 A 缺陷的分解和 C 缺陷的形成（Vins et al.，2008；Darley，2011）。随着处理温度的升高和时间的增加，在原有"开普黄"的基础上增加的"金丝雀黄"彩度逐渐增强（Collins，2003；De Weerdt et al.，2004）。随着 C 缺陷含量的增加，颜色等级下降，如图 4.12 所示。如果 HPHT 处理是在较低温度下进行的，当 A 缺陷转变为 C 缺陷时，既不会产生新的色心，也不会有已存在的色心（如 N3 中心）被增强（Vins et al.，2008）。

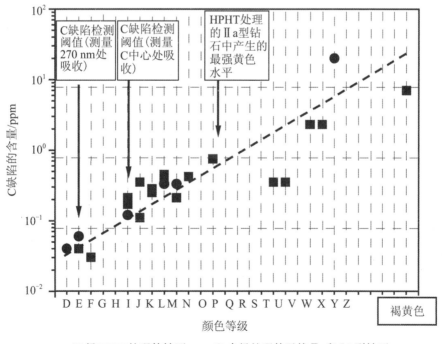

图 4.12　HPHT 处理过程中初始无色钻石的颜色变化与 C 缺陷含量的关系

非褐色Ia型钻石的各种变种都适合处理成"金丝雀黄"钻石（Overton and Shigley，2008；De Weerdt and Collins，2007）。IaA型钻石可产生纯黄色（参见：Vins and Yelisseyev，2008）。如果HPHT处理温度低于1950℃，近无色或淡黄色IaA＜B型钻石可转化为与天然"金丝雀黄"钻石相似且更饱和的黄色。高氮的IaAB型钻石经重度电子或中子辐照后，再在2300℃进行HPHT退火可获得黄/橙色，这是因为产生了高含量的C缺陷（Collins et al.，2005）。虽然经HPHT处理的黄色钻石颜色与天然的相似，但在LWUV激发下，经处理过的钻石不会发出黄色荧光，而这是天然"金丝雀黄"钻石的一个特征（Collins，2001；Tretiakova，2009）。

从1800℃起，初始无色的Ia型钻石开始产生黄色（Collins，2001），继续升温后，温度越高，金丝雀黄越深。然而，C缺陷的含量仍保持较低的水平，直到温度达2000℃。因此，低温处理钻石通常获得浅黄色（Brozel et al.，1978；Collins et al.，2000；Hainschwang，2002）。较高温度下，黄色变得更饱和，而且其形成得很快。例如，无色、含氮量高于100 ppm的Ia型钻石经2300℃ HPHT处理3 min后即转变成黄色（De Weerdt and Collins，2008）。

任何天然的Ia型钻石，无论其初始颜色如何，如果在非常高的温度下进行HPHT处理，都会获得黄色。原因是H3缺陷的破坏和空位簇的完全退火——造成绿色和褐色修饰色的两个主要缺陷。在较低温度的HPHT退火过程中，褐色Ia型钻石中容易产生H3缺陷。H3缺陷和空位簇都不能在2300℃下得以保留，而在经非常高温处理的钻石中C缺陷仍能保留大部分色心（例：De Weerdt and Collins，2007）。

Ia型黄色钻石经HPHT处理后的颜色变化见Okano等（2006）的报道。对钻石的处理会使黄色更明显。如果Ia型钻石的初始颜色是无色或近无色（非褐色），HPHT处理引起的黄色可能带有明显的绿色调。在这种情况下，导致绿色调的H3中心产生的原因可能是HPHT处理的流体静力学条件差，相当大的剪应力产生空位并因此产生H3缺陷。

在1800℃下退火Ia型褐色钻石时，可观察到黄色的产生伴有部分褐色的减弱（Collins，2001；Kim and Choi，2005）。这种黄色主要是由H3缺陷的吸收引起的，H3中心经过这种退火后主要处于中性电荷状态，也有少许C缺陷形成而增强黄色。随着处理温度的升高和时间的增加，黄色加深，直到C缺陷含量足够高，使H3缺陷变为电负性而变成H2中心。随着H2中心的出现，钻石吸收更多的红色光和橙色光而增加绿色调（Wang and Hall，2007；Tretiakova，2009）。黄色和绿色组合色是初始为褐色的Ia型钻石经HPHT处理后最可能呈现的颜色，这样的颜色是H3缺陷、H2缺陷和C缺陷连续吸收叠加的结果（例：Vins et al.，2008）。

只有无色或近无色Ia型钻石才能经处理获得纯黄色。绿色调仅在初始为褐色的Ia型钻石中生成且仅与黄色组合。因此，不存在浅绿色的HPHT处理钻石。然而，如果绿色成分很强，它可能掩盖较浅的黄、褐色而使钻石呈深绿色。深绿色在高氮Ia型HPHT处理钻石中很常见。初始色为灰色的IaA型钻石也可以通过1800～2100℃的HPHT处理转化为黄色（Vins and Kononov，2003）。

如果进行短时间 HPHT 退火，可能出现残留的褐色，最终颜色为带褐色调的黄绿色（例：Reinitz et al.，2000）。低温 HPHT 处理褐色钻石的最终颜色也会保留褐色调，光谱中有一个波长为 560 nm 的宽带是这些钻石的明显特征之一（Collins，2001）。

在极少数情况下，可能遇到经 HPHT 处理的 Ⅱa 型浅黄色钻石。这些钻石实际上是低氮 Ⅰa 型钻石，形式上归于 Ⅱa 型。这些钻石中的氮含量足以产生呈现出黄色的 C 缺陷（色级低至 P 级）（见图 4.12）。例如，有报道称，在 2300℃的温度和 7 GPa 的压力下对一些 Ⅱa 型钻石进行 HPHT 处理后，得到了"稻草黄"色（Vins et al.，2008）。尽管在这些钻石的 IR 吸收光谱中不能检测到 C 缺陷，但 UV 吸收光谱中的 270 nm 带说明有分散的氮出现。

黄色调的低色级 Ⅱa 型钻石在自然界中极少。事实上，这些钻石属于几乎不存在的氮含量非常低的 Ⅰb 型，更有可能是形式上归于 Ⅱa 型的低氮 Ⅰa 型钻石。这些钻石中，C 缺陷的含量低于红外光谱仪的检出限，因而对其颜色不产生影响。这些钻石产生黄色的唯一途径是在 HPHT 处理过程中 A 缺陷发生分解。因此，色级 H 和更低色级的 Ⅱa 型黄色调钻石很可能是经过 HPHT 处理的（Smith et al.，2000）。

HPHT 处理的 Ⅰa 型钻石中 A 缺陷的分解是形成 C 缺陷的原因。含 A 缺陷 15 ppm 的钻石经高温 HPHT 处理后，C 缺陷的平衡浓度大约为 0.3 ppm，其可致色级为 M 至 N。对于 A 缺陷含量为 7 ppm 的钻石来说，C 缺陷的平衡浓度大约为 0.2 ppm（Claus，2005）。为了达到平衡，需要延长处理时间至 1 h 或更长。由于商业处理很少是长时间的，大多数 HPHT 处理钻石的过程仅为几分钟。在 2300℃下处理 3 min 和 10 min 后，含 15 ppm A 缺陷的钻石中 C 缺陷分别增加 0.04 ppm 和 0.12 ppm，产生的黄色级别分别为 E 和 J。同样的处理条件下，含 7 ppm A 缺陷的钻石中 C 缺陷分别增加 0.042 ppm 和 0.06 ppm，色级降低 1～2 级。

空位的出现会明显促进 C 缺陷的形成。具有空位簇的钻石经 HPHT 处理后，C 缺陷含量通常远高于没有塑性变形迹象的钻石。因此，在 A 缺陷含量为 7 ppm 的褐色钻石中，通过 HPHT 处理可以产生数 ppm 的 C 缺陷。实际上，这种钻石经任何的 HPHT 处理后，C 缺陷含量都不可能低于 0.12 ppm（Claus，2005）。因此，红外吸收弱且在短波长光谱范围内透光良好的高色级 Ⅰa 型钻石可以报告为未经处理的钻石（例：Smith et al.，2000）。

HPHT 处理的普通黄绿色钻石经常出现褐黄色纹理，这是钻石经过处理的强有力的指示性特征（Reinitz et al.，2000；Collins，2001；Kitawaki，2007）。Collins 等（2000）报道，钻石经 1700～1800℃的低温 HPHT 处理后褐色条纹变得不太明显，且颜色变为黄色（见图 4.13）。研究发现，这种颜色变化是由于 H3 中心产生而呈现的（Fisher，2008）。

HPHT 处理后褐色条纹转化为黄色表明致色的 H3 缺陷优先在空位簇饱和的区域内形成。这说明在低温 HPHT 退火过程中，所产生的单个空位不会在钻石整体内迁移。然而，在 2000℃下进行 HPHT 处理后，在褐色规则的 Ⅰa 型钻石中，颜色的条带分布实际上可以消除，并且在钻石整体上颜色的分布变得相当均匀（Hainschwang et al.，2005）。这种黄色变均匀的原因是 A 缺陷分解成了 C 缺陷。氮的分布与褐色条带的细微图案无关，通常在钻石整体上的分布比塑性变形的分布更均匀。因此，形成的 C 缺陷和与其相关的黄色的分布是相当均匀的。

Ⅰa 型褐色钻石的 HPHT 退火按以下顺序改变其颜色：黄绿色/黄色→黄绿色→绿色→带黄色调的绿色。在此过程中，褐色逐渐消失。颜色变化始于 1800℃，即 H3 中心开始形成时。

（a）处理前　　　　　　　　（b）处理后

图 4.13　HPHT 处理 Ⅰa 型钻石前后对比

黄色归因于 H3 中心吸收，HPHT 形成的黄色与起始为褐色的位置吻合（Fisher，2008）。

2. 绿色

通常情况下，Ⅰa 型褐色钻石经中温 HPHT 处理后转变成黄绿色，这种颜色由占主导地位的 H3 中心和 H2 中心所致（Overton and Shigley，2008；De Weerdt and Collins，2007）。这些钻石被称为"苹果绿"钻石（Kitawaki，2007），具有非常强的 H3 中心和 H2 中心的高氮钻石可获得暗绿色。然而，纯的绿色在 HPHT 处理形成的颜色中并不常见，通常 HPHT 处理钻石形成的绿色带有黄色调。

如果 H2 中心的强度小，处理的 Ⅰa 型钻石趋向于呈带有绿色调的黄色，绿色调归因于 H3 中心的发光（即"绿色传输"）效应。经 HPHT 处理的"绿色传输者"的黄色通常具有高饱和度，有时显示出褐橙色调。然而，在日光下它们看起来为绿黄色，也可具有绿黄色磷光（Buerki et al.，1999）。由于 H3 中心的发光效应，当在日光下观察时，经 HPHT 处理的黄绿钻的绿色成分更多（Anthony et al.，2000）。H2 中心吸收对经 HPHT 处理的具"绿色传输"效应的钻石体色的贡献通常很小。明亮的"绿色传输者"仅含有少量的 A 缺陷，因此 HPHT 处理产生的 C 缺陷也很少。在 C 缺陷少的钻石中，大多数 H3 缺陷处于电中性态，产生光学 H3 中心。"绿色传输者"通常是 B 缺陷占优势的 ⅠaAB 型钻石。具有强 H3 吸收和弱"绿色传输"效应的高氮 Ⅰa 型钻石与典型的 HPHT 处理钻石相比具有更深的绿色（Wangand Hall，2007）。不过，上述特征既适用于 HPHT 处理钻石，也适用于天然的"绿色传输者"，故不能用于鉴别钻石是否经过处理。

为了产生绿色，Ⅰa 型褐色钻石必须在较高温度下进行处理，处理过程中要能产生足量的 C 缺陷。如果在 2000℃ 及以上的温度下进行处理，ⅠaAB 型褐色钻石将转变成绿色（Collins，2001；Kim and Choi，2005；Collins et al.，2005）。在钻石晶格中，C 缺陷的产生至关重要，因为它能作为供体和提高 H2 中心相对强度。H2 中心的吸收可降低钻石在红色和黄色光区的透光性，让绿色光占优势。

许多经过 HPHT 处理的黄绿色钻石显示出清晰的八面体颜色分区，这种分区在强光照下产生强发光效应（Henn and Milisenda，1999；Anthony et al.，2000）。这一特征与光谱数据相结合，可用来确定绿色钻石的颜色成因。

黄绿色 HPHT 处理钻石的一个有趣特征是加热过程中颜色的变化。当加热到约 600℃ 时，这些钻石的颜色从黄绿色变为纯"祖母绿"。冷却至室温，绿色持续 10～15 min 后恢复为起初的黄绿色（Anthony et al.，2000）。引起这种变化的原因很可能是 H3 中心和 H2 中心的相对强度的变化，以及 C 缺陷连续吸收强度的增加。这种现象对于天然的绿色钻石来说并不典型，因此可以用于识别 HPHT 处理钻石颜色的成因。

HPHT 处理不是唯一使钻石产生绿色的方法。通过对具有高 Ⅰb 组分的 Ⅰa 型钻石进行电子辐照，随后在高于 1500℃ 的温度下退火，可以获得亮绿色。这种处理抑制了 NV 中心的吸收并产生了占优势的 H2 中心。为了获得独特的绿色，退火必须持续至少 10 h。需要进行长时间的热处理才能明显降低 NV 中心和 H3 中心的强度，去除黄色（Shuichi and Kazuwo，1990）。

含氮量低而被归为 Ⅱa 型的钻石，经 HPHT 处理可产生氮相关中心，其强度足以改变钻石颜色。例如，基于这种假设，一颗实际上是"绿色传输者"的深绿黄色 Ⅱa 型钻石被报告为是经过 HPHT 处理的（Wang et al.，2003）。

3. 红色/紫色

红色/紫色是天然钻石中最罕见的颜色。相比之下，红色钻石很容易通过人工的多重处理获得。通过选择合适的钻石和处理参数，可以很好地控制 HPHT 处理诱导的红色强度和光谱纯度。通常，人工红色比自然红色的钻石看起来更具吸引力。图 4.14a 为大小为 0.6～1.5 ct 的"帝王红"钻石，这些 Ⅰa 型钻石的红色是由 HPHT 退火伴随电子辐照和热处理产生的（图片来源：S. Z. Smirnov）。图 4.14b 为 Lucent Diamonds 公司推广 HPHT 处理钻石的一个"帝王红钻石"商标（图片来源：www. lucentdiamods. com）。图 4.14c 是一颗典型的深红色 HPHT 处理钻石的 FSI 吸收光谱。光谱中强的 638 nm（NV⁻）中心为主导，可观察到其吸收波长为 470～638 nm，发光波长为 638～850 nm。正是这种吸收和发光的特殊组合，使钻石呈现深红色。因为 NV⁻ 中心高强度的发光（"红色传输"）效应，白天时钻石看起来特别鲜红。在 450～500 nm 的光谱范围内的弱吸收可在红色主色中增加粉色调。图 4.14d～f 为制作"帝王红"钻石的过程中，初始色为深褐色的钻石的颜色变换，其中图 4.14d 为最初的预成形褐色钻石；图 4.14e 为这颗钻石经 HPHT 退火后最终切磨，呈绿黄色；图 4.14f 为经过辐照＋常规退火后，这颗钻石变成了深粉红色。

如图 4.14 所示，钻石 HPHT 处理后产生红色的主要原因是 638 nm（NV⁻）中心的强吸收和发光。

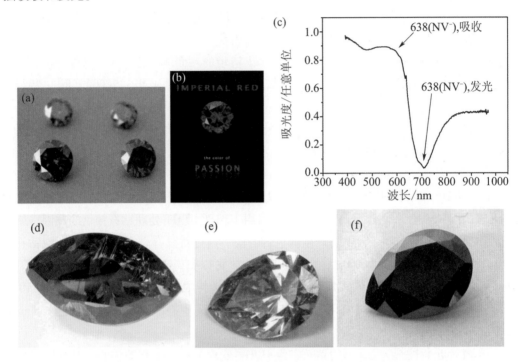

图 4.14　"帝王红"钻石的颜色变化和深红色钻石吸收光谱

在褐色 Ib 型钻石或具有明显 Ib 组分的 Ia 型钻石中，NV⁻ 中心可由 HPHT 处理直接产生。HPHT 退火过程中，当空位簇分解释放的单个空位与 C 缺陷结合时，NV⁻ 中心的形成就开始了。为了形成深红色，必须进行快速 HPHT 退火。快速退火可防止 NV 缺陷的反向分解。以这种方式处理的红色钻石的缺陷结构处于非常不平衡的状态，通过比较不同氮相关光学中心的相对强度可以容易地识别出来，这些特征在天然未处理的钻石中通常不能同时观察到。

红色钻石更常见的获得方式是，通过多重处理在常规 IaAB 型（优选 IaA＞B 型）钻石中诱导出红色，处理工序包括 HPHT 退火、辐照、常规低温退火。整个过程中，导致 NV 缺陷形成的三个主要缺陷转换分别是：①C 缺陷的产生；②空位的形成；③空位和 C 缺陷的结合。此过程的可控性和可重复性很好。第一步：HPHT 退火（通常在高温下），是为了分解氮集合体（主要是 A 缺陷）产生高含量的 C 缺陷。第二步：辐照（通常用能量为 1～3 MeV 的电子），目的是产生独立的空位。第三步：低温退火（在真空或惰性气体中温度范围为 700～1200℃），可使 C 缺陷与空位结合成 NV 缺陷。由于这种方式处理的钻石含有大量 C 缺陷，因此大多数 NV 缺陷带负电而产生 NV⁻ 光学中心。

为了获得高浓度的 C 缺陷，HPHT 处理温度应在 2100℃以上。据 Vins（2007）报道，在非褐色 Ⅰa 钻石中，高于 2150℃的温度下，高达 20% 的 A 缺陷会分解并形成 C 缺陷，而当温度低于 2150℃时则没有形成明显的 C 缺陷。为了将大部分 C 缺陷转变成 NV 缺陷，需要有高含量的空位，故应使用高剂量的辐照。电子能量不是关键的因素，但建议能量至少为 2 MeV。一方面，2 MeV 能量的电子能穿透钻石的深度有数毫米，可均匀地照射数克拉大的钻石。另一方面，2 MeV 能量足够低，可以确保仅产生点缺陷（主要是孤立的空位）。也可用高达 $10^{19}\,cm^{-2}$ 剂量的电子，如此强烈的辐照可使钻石变成不透明的黑色。在 1100℃的温度下退火 24 h 后，这些钻石会变成深紫红色。

为了提高 A 缺陷的分解速率，在 HPHT 退火之前进行高剂量电子辐照。在经预辐照的 Ⅰa 型钻石中，HPHT 退火首先将 A 缺陷转化为 H3 缺陷，然后将 H3 缺陷分解成 C 缺陷。H3 缺陷的高温稳定性低于 A 缺陷，因此它们会分解出更多的 C 缺陷。对于含氮量中等的钻石，推荐使用预电子辐照，因其直接通过 HPHT 退火不一定能产生高含量的 C 缺陷（Vins，2007）。对于含氮量非常高的钻石，可能根本不需要 HPHT 退火这一步骤，只需经电子辐照后在 1100℃下退火就足以在这些钻石中产生红色（Vins，2007）。

NV$^-$ 中心是钻石呈现"帝王红"色的主要原因，但不是唯一的原因。通过多重处理在 Ⅰa 型钻石中产生的其他光学中心还有 H3、H4、H2、NV^0 和 595 nm 中心。在这些中心的吸收的共同作用下，可能会产生非常迷人而独特的、在天然钻石中不会出现的粉红色/红色（Vins，2007），这些颜色从紫色/红色到橙色/红色都有。

即使预先进行了高强度的辐照，用 HPHT 处理 Ⅰa 型钻石也不可能分解全部的氮集合体。在多数情况下，HPHT 处理后 A、B 缺陷的含量仍高于 C 缺陷的含量。然而，HPHT 处理后的辐照和退火通常使这些钻石呈紫色/红色。这似乎有些奇怪，因为与预期中"形成的 H3 中心和 H4 中心占主导而使钻石呈现黄绿色"不符合。然而，C 缺陷捕获空位的效率非常高，比 A 缺陷和 B 缺陷高出一个数量级，这就解释了这种看似矛盾的现象。因此，即使在 C 缺陷的含量显著低于 A 缺陷和 B 缺陷的含量时，NV 缺陷的形成也优先于 H3 缺陷的形成（Vins et al.，2008）。

NV$^-$ 中心的吸收将钻石的可见光透过范围分成两个区，波长大于 650 nm（红光）的区域和小于 450 nm（蓝光）的区域。因此，由 NV$^-$ 中心吸收占主导的钻石呈粉红色（红色和蓝色的组合）。H3 中心和 H4 中心以及吸收绿蓝光的 N3 中心的存在可以抑制由 NV$^-$ 中心产生的蓝色透射区，并使颜色变为纯红色，有些罕见的天然粉红色钻石颜色就归因于 NV$^-$ 和 NV^0 中心的吸收。然而，与 HPHT 处理的红色钻石相比，这些天然的红色钻石属于 Ⅱa 型且颜色较浅，不受 H3 中心和 N3 中心吸收的影响。而 HPHT 处理的红色钻石的颜色更深，饱和度更高（Wang et al.，2005）。此外，经处理的钻石的红色经常具有褐色调的残余，这种褐色组分是人工红色钻石的一个显著特征。

与天然紫色钻石（其颜色的特征是条带状）相比，HPHT 处理钻石的紫色要么均匀地分布于整体内，要么位于一些生长区域（Titkov et al.，2008；Wang et al.，2005）。"帝王红"钻石中，颜色可能非常不均匀地分布在不规则生长区内，颜色分区具有清晰的边界，类似于 DiamondView 图像中观察到的发光区域。红色分区显示出由不同缺陷占主导的生长分区特征，产生边界分明的红色、橙色、绿色和蓝色发光。这种颜色的几何形状主要遵循八面体生长面（Wang et al.，2005），如图 4.15a 所示。经处理的红色钻石中的颜色分区反映了氮的分布特征，因此遵循生长区特征。而天然红色钻石中的颜色呈条带状是由塑性变形引起的，沿结晶滑移面分布，通常仅在一个方向上延伸。经处理的红色钻石的颜色分区形状与天然粉红色/红色钻石的不同，是用于识别经处理的红色钻石的重要特征。

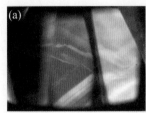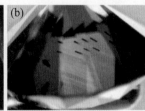

图 4.15　红色钻石的颜色分区特征

（a）HPHT 处理的"帝王红"钻石的颜色分区特征，HPHT 处理诱发的红色分区遵循不同方向的八面体晶面；这种现象与天然的粉红色至红色的条带形成对比，后者通常仅在一个方向上延伸（Wang et al.，2005）。（b）多重处理的钻石中看起来"自然的"粉色条带，色带沿一个方向延伸（Erel，2009）。（c）一些帝王红钻石的颜色分区呈现交替的红色和黄色（图片来源：S. Z. Smirnov）。

在一些经三步法处理的钻石中，红色/粉红色的分布呈现出与经过强烈塑性变形的天然粉红钻石相似的分带现象（Erel，2009）（图 4.15b），这些经多重处理的钻石看起来非常"自然"。然而，色带中缺陷的含量测试显示色带不是由变形本身引起的（天然钻石中的色带就是），而是由于氮在不同变形程度的区域内分布不均匀，这一现象见 Nailer 等（2007）的报道。荧光图像显示氮在不同色带内的聚集状态不同，其中浅色区 H3 中心的绿色荧光较强，红色带内 NV 中心的橙色荧光较强。尽管 HPHT 处理诱导的红色看起来很"自然"，还是可以通过吸收/发光光谱的不同将其与天然的粉带区分开来：经处理的钻石中有较强至很强的 638 nm 中心（NV⁻），天然红色/粉色钻石中粉带占主导且有 576 nm 中心。此外，天然红色/粉色钻石通常不具有高浓度的氮，而经处理的钻石大多为高氮钻石。

初始色为无色或近无色的 Ia 型钻石可以诱导出光谱纯的红色/紫色。褐色 Ia 型钻石不是理想的初始材料，它们中只有 2%～3% 可变为不带褐色调的红色（Vins，2004a）。造成这种褐色的原因是在整个可见光谱范围内产生了大量强吸收的色心。

1）"帝王红"钻石的颜色分级

红色钻石分级的困难之一是准确地描述它们的颜色。由于缺乏天然红色钻石比色石，用于粉红色、褐粉色和红褐色钻石的颜色尺度通常没有很好地标准化。King 等（2002）尝试开发用于红色钻石的颜色分级体系。在 GIA 钻石颜色分级系统的基础上，红色被称为"粉红色"，包括色相、明度和饱和度三个参数（King et al.，1994）。根据这个系统，红色可分为三个色相："较冷"的色相称为紫粉色，实际上也被描述为略带紫色的红色；"较暖"的色相被描述为橙粉色，也称为橙红色；不带修饰色调的"红"色相被描述为粉色。尽管这种方法很方便，但是在实际中对一些颜色无法准确分级。例如，低饱和度的色相（应该描述为褐色或褐色调）可能会被视为"较暖"的色调并被错误地描述为橙色（King et al.，2002）。

建立用于比较的相应参考是钻石颜色分级要解决的主要问题之一。传统上钻石的颜色通过与比色石的颜色进行比较来分级。当比色石的光学特性与分级钻石的光学特性相似时，该方法很有效，这种相似性表明决定透射光谱的是同一组光学中心。"比色石法"非常适用于开普黄钻石，因为其颜色仅由 N3/N2 光学中心的吸收决定。天然开普黄钻石价格便宜，黄色比色石很容易买到。相比之下，天然红色钻石非常昂贵，因此红色比色石不用于实际分级。

除了黄色钻石外，合成钻石和颜色改善钻石的分级问题更加棘手。如果采用同样的颜色分级方法对这些钻石进行分级，会使它们的价格大幅上涨。此外，使用天然钻石的特征对合成/处理钻石进行分级本身是错误的，因为这就默认了它们是"一致"的。

目前，"帝王红"钻石的颜色分级方法为将其与 GIA 宝石系列的比色石进行比较。虽然这种制作比色石的材料与红色钻石在光学上并不相同，但它是唯一可用的选择。"帝王红"钻石的颜色分级基于 Munsell 颜色系统，相关色调为橙色、橙红色、红色和紫红色。术语"粉色"没有被采用，因为它没有明确的颜色定义。低饱和度的红色、浅红色、橙色或紫色调通常都会被认为是粉红色。

"绿色传输"和"红色传输"效应可能会对"帝王红"钻石的外观颜色产生重大影响。红色发光加强了红色，而绿色发光增加了暖色调，使钻石看起来更接近黄色/橙色（见图 4.16a）。

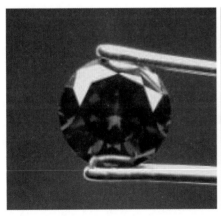

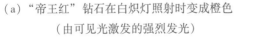

（a）"帝王红"钻石在白炽灯照射时变成橙色 　　　　（b）极好的"帝王红"钻石
　　　（由可见光激发的强烈发光） 　　　　　　　　　（由 S. Z. Smirnov 提供）

图 4.16　"帝王红"钻石外观颜色

"帝王红"钻石的外观颜色从紫红色到橙红色不等，这两种颜色是根据色调和饱和度进行划分的（Vins et al.，2005）。图 4.17 归纳了"帝王红"钻石的颜色类别。色调为浅到中等、饱和度为适中到高的钻石看起来更具吸引力，归于"极好"级别（见图4.16b）；浅至中等色调的褐红色钻石被分为"明亮"级别；适中深到非常暗色调的钻石被定为"深"和"暗"级。较低饱和度对应较浅的等级，高饱和度对应较暗的等级。

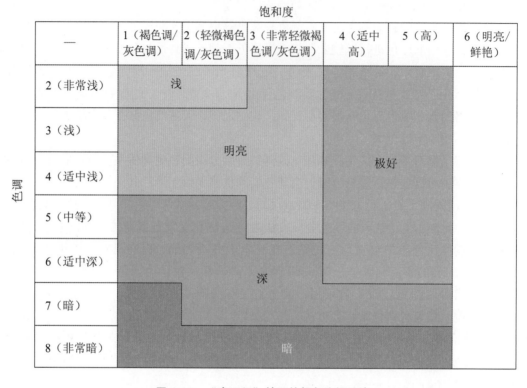

图 4.17 "帝王红"钻石的颜色分级系统

2）"帝王红"钻石的放射性

在颜色增强的处理过程中，"帝王红"钻石被高能电子照射。人们可能会产生疑问：这些钻石是否具有放射性残余？我们使用测量土壤、食物和家用物品放射性污染的标准辐射计/放射性测量计 ANRI - 01 - 02 - SOSNA 检查了几颗较大的帝王红钻石。这种装置可检测所有类型的辐射，包括 γ 射线和 β 射线。测试的所有钻石都显示出8～13微伦琴/h[①]的 γ 辐射强度，与 10 微伦琴/h 的环境照射强度没有明显差异。γ 辐射和 β 辐射的总强度的值相同，说明"帝王红"钻石中没有残留的放射性。

4. **粉色**

HPHT 处理有时可将一些褐色Ⅱa型钻石的颜色转变成粉色（Collins，2003；Kitawaki，2007）。由于合适的初始Ⅱa型钻石较为稀缺，HPHT 处理粉钻只占市场上的很小一部分（Hall and Moses，2000）。这些特别的钻石是Ⅱa型褐色的，其吸收光谱以褐色连续吸收以及 550 nm 带（粉带）和 390 nm 带（紫带）为主导。虽然这些吸收带的强

---

① 伦琴为非法定计量单位，1 伦琴 = 10^6 微伦琴 = 2.58 × 10^{-4} 库伦/千克。

度不相关，但粉带总是伴随有 390 nm 紫带，它们是一个组合，也因此使Ⅱa型钻石呈现特征的粉色（Fisher，2009）。在 HPHT 处理过程中，由于褐色连续吸收的减弱，390 nm 带和 550 nm 带的相对突出，褐色钻石转变为粉色（Burns et al.，2000a）。

几乎在每颗褐色Ⅱa钻石中都可以发现粉带的痕迹。然而，要能通过 HPHT 处理产生粉色，粉带的吸收强度必须至少为 0.5 cm^{-1}。在未处理的褐色钻石中，如果在褐色连续吸收的背景中可清晰地看到这种强度的粉带，就是适合处理的指标。通常，粉带的强度不会因 HPHT 处理而降低，并且粉色是由于褐色连续吸收减弱而显现的（Vins and Yelisseyev，2010）。

为了使初始色为褐色的Ⅱa型钻石获得粉色，必须在特定温度下退火，在大多数情况下，温度范围为 2000～2100℃。对于深褐色钻石，温度可能要更高。据 Schmetzer（2010）报道，中等褐色钻石在 2300℃、8 GPa 下退火 18 min 后获得粉色，而同样的处理会使初始为浅褐色的钻石转变为无色。

图 4.18 显示褐色连续吸收快速减弱、粉带增强发生在 1900～2200℃间的窄温度范围内。这一过程很可能是，空位簇分解释放的单空位被一些未知的缺陷/杂质捕获，并形成导致粉带的缺陷。这些未知的缺陷可能是在褐色带中形成的强烈扭曲的 NV⁻ 中心。实际上，粉带的吸收范围与 NV⁻ 中心的吸收范围一致，并且两种缺陷具有相似的高温稳定性。

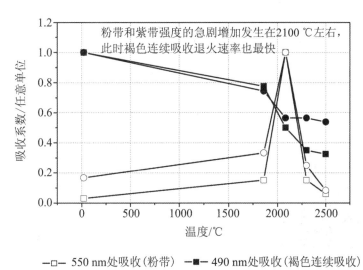

图 4.18 Ⅱa 型钻石褐色连续吸收粉带和紫带相对强度的变化（Fisher et al, 2009）

导致粉带的缺陷比产生褐色连续吸收的大多数空位簇具有更高的高温稳定性。因此，通过适当的 HPHT 处理，吸收光谱中具有粉带的褐色钻石可以转变成褐粉色或粉色。在退火过程中加压对粉带的稳定性至关重要。我们的实验表明，真空中的高温退火会显著降低粉带的强度。

HPHT 处理已经被成功地用于将褐色 CVD 合成钻石转换成粉色，处理参数根据

CVD 合成钻石的质量和所需的最终颜色来进行调整。由于 CVD 合成钻石生长迅速，在生长过程中未经长时间退火，因此它们的褐色不像天然钻石的那么稳定。在多数情况下，通过 1400～1700℃ 退火可以显著减少 CVD 合成钻石的褐色，不需要施加稳定压力。Twitchen 等（2003）给出了粉色 CVD 合成钻石的生产实例。例如，在经过温度为 1700℃、压力为 6.5 GPa 的 HPHT 退火后，Ⅱa 型褐色 CVD 合成钻石（含氮量为 0.4～0.5 ppm）转变成浅粉褐色或浅橙粉色。在 1600℃ 的温度和 6.5 GPa 的压力下退火后，含有 3.8 ppm 低氮的褐色 CVD 合成钻石转变成粉色（Kiflawi and Bruley，2000）。

钻石的粉色可以通过生成带之外的光学中心来产生。稀有的高氮天然 Ⅰb 型钻石因具有很强的 C 缺陷连续吸收和 610 nm 的宽吸收带而呈现粉褐色。据 Breeding（2005）报道，这些钻石可能出现不规则的颜色区，但在标准紫外灯激发下没有表现出荧光。然而，当在 DiamondView 中观察时，这些钻石可能表现出边界窄而亮的弱绿色荧光。

褐色 ⅠaB 型钻石经多重处理后能产生粉红色。在这种情况下，钻石通过产生氮相关的光学中心，主要是 NV⁻ 中心和 N3 中心来实现所需的吸收（见图 4.19）。低氮 ⅠaB 型钻石最适合进行此类处理，原因有：首先，这些钻石具有强的 N3 中心。其次，它们不会产生过强的 NV⁻ 中心，否则会使钻石呈现深红色。再次，低氮钻石中 B 缺陷的分解与 A 缺陷的形成可忽略不计，因此，NV⁻ 中心的"红色传输"效应和 N3 中心的"蓝色传输"效应都较明显。

图 4.19a 是一颗经 HPHT 退火后再经过电子辐照和低温退火的低氮钻石（含数 ppm 的 B 缺陷的 ⅠaB 型）。图 4.19b 为此钻石的 FSI 吸收光谱，可见强 638 nm（NV⁻）中心和 N3 中心产生特征的"传输"效应（负吸收），以及 575 nm（NV⁰）中心发光谱。当在白天明亮光下看时，NV⁻ 中心的"红色传输"和 N3 中心的"蓝色传输"明显增加了钻石的粉色，红色和蓝色条显示"蓝色传输"和"红色传输"条带，产生粉红色。

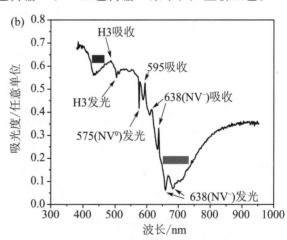

图 4.19　多重处理后的低氮钻石及其 FSI 吸收光谱

5. 橙色

一些 HPHT 处理钻石具有独特的橙色，这种颜色的主要成因是 H3 和/或 H4 的强吸收。强 H3 中心在 HPHT 处理 Ⅰa 型钻石中是非常常见的特征，而强 H4 中心在低温短时

间处理的 ⅠaB 型钻石和多重处理的 Ⅰa 型钻石中很少见。这些钻石中的绝大多数含氮量中等，并且 H3 中心的吸收和发光都很强，产生"绿色传输"效应。当在由不同光谱组成的光下交替观察时，可以清楚地看到"绿色传输"对 HPHT 处理的橙色钻石颜色的影响。这些钻石的颜色在日光下变为褐黄绿色，在白炽灯下变为橙褐色。这些钻石可通过光谱中强 H3、NV^0、NV^-、H1a、H1b 和 595 nm 中心进行鉴别（Reinitz，2007）。经 HPHT 处理后，一些橙色钻石可能要进行辐照和退火。这是一种多重处理，类似于制造"帝王红"钻石的方法。因此，也可以说橙色是失败的"帝王红"。

经 HPHT 处理的橙色钻石与天然的钻石很容易区分，天然的橙色归因于最大吸收位于 480 nm 处的宽吸收带。尽管 480 nm 带的吸收与强而宽的 H3/H4 中心的吸收重合度很高，但这三个中心彼此无关（Collins，2003；Kitawaki，2007）。导致 480 nm 带吸收的缺陷暂时被认为是氧，而在人工钻石中尚未出现 480 nm 带。因此，由 480 nm 带诱导的橙色可以报告为天然的。然而，由于 480 nm 带是热稳定性较高的光谱特征，在通过 HPHT 处理去除褐色组分时，会增强天然的橙色。

经 HPHT 处理的具有 NV 缺陷的红橙色钻石不应与稀有的天然红橙色 Ⅰb 型钻石相混淆。后者可能含有 30 ppm 的 C 缺陷和约 10 ppm 的 A 缺陷，导致出现从 600 nm 附近开始并且向更短的波长增强的连续吸收（Wang，2008）。

6. 蓝色

在极少数情况下，HPHT 处理会使初始为灰色和褐灰色的 Ⅱb 型钻石产生蓝色。HPHT 处理诱导的蓝色特征与天然的蓝色相同，都来自硼受体产生的连续吸收。HPHT 处理不会引起硼受体的吸收，而是会减少褐色相关的缺陷含量进而消除褐色连续吸收，正是由于褐色连续吸收与硼连续吸收共同在整个可见光范围内产生均匀的吸收，才产生了灰色。因此，导致蓝色的吸收早已存在于天然灰色钻石中（Okano et al.，2006；Kitawaki，2007；Overton and Shigley，2008）。这种现象类似于褐色 Ⅱa 型钻石转变成粉色的情形。然而，用于生产蓝色钻石和粉色钻石的 HPHT 处理方式可能非常不同。硼在钻石中是非常稳定的缺陷，蓝色中心能经受任何温度的退火。因此，蓝色的增强可以在非常高的温度下进行，这样的高温足以去除所有不需要的色心。相比之下，粉带不是一个非常稳定的特征，要得到其最佳的增强效果需在特定温度下精确退火，温度不超过 2200℃。由于这一特性，经过精心处理的蓝色钻石不带褐色修饰色，而经 HPHT 处理的粉红色钻石经常在其颜色中显现出褐色的残余。

HPHT 处理 Ⅱb 型钻石诱导蓝色的另一种机制是通过将硼原子置于规则的晶格位置来增加未补偿的硼受体的含量（Burns et al.，2000）。硼置换原子是钻石晶格中非常稳定的缺陷。Chepurov 等（2008）报道，Ⅱb 型合成钻石在 2100℃ 下进行 HPHT 处理后，颜色没有变化。即使是经过 2650℃ 的 HPHT 处理，也未观察到钻石中硼杂质的转变。因此，天然 Ⅱb 型钻石的硼所致蓝色不受常规 HPHT 处理的影响。硼原子的聚集类似于氮原子，仅在极高的温度下才有可能发生（Kupriyanov et al.，2008），但这种温度不用于钻石的商业处理。

适合用于 HPHT 处理而产生蓝色的天然钻石很罕见，因此经 HPHT 处理的蓝色 Ⅱb 型钻石也难得一见（Hall and Moses，2000）。鉴别蓝色钻石是否经 HPHT 处理的标准方法是检查其磷光的颜色。红色磷光是未经处理的特征，而蓝色磷光是经 HPHT 处理的典型特征。

蓝紫色（violet）的天然钻石可能看起来与蓝色钻石相似，但是蓝色和蓝紫色的成因是不同的。蓝紫色大多由高含量的氢引起（Kitawaki, 2007），而 HPHT 处理不能诱导出这种颜色，因此天然钻石的蓝紫色可以安全地报告为天然成因。不过，与硼致蓝色情况一样，HPHT 处理也可能增强蓝紫色。

7. 灰色

Vins（2001）报道了关于含石墨的灰色天然钻石的 HPHT 退火研究，Vins 和 Kononov（2003）提出了其中的缺陷转变和颜色变化的机制。灰色来源于大量的微小石墨包体，它们是在有碳氢化合物存在的情况下由钻石和石墨共同结晶而形成的。在结晶过程中释放的氢原子在钻石表面和石墨微晶的侧面边缘形成 CH·自由基。HPHT 处理过程中，当温度达到 1900℃ 时，C—H 键断裂，释放的氢原子扩散形成氢相关缺陷。由于氢的移除，微小石墨包体失去稳定性，并通过多态化重结晶转化为钻石。最后灰色消失，处理后的钻石变得更透明。

中温 HPHT 处理可将低氮灰色钻石转变成无色/近无色。然而，如果处理温度达到 2100℃ 及以上，或钻石本身含氮量高时，则钻石变为黄色（Vins and Kononov, 2003）。这种黄色的成因是很明显的：由于天然灰色钻石多倾向为 IaA 型，HPHT 退火可导致 A 缺陷分解形成 C 缺陷。C 缺陷含量的增加可从 C 缺陷连续吸收的增强和黄色的加深看出。

初始色为灰色、经 HPHT 处理变成无色/近无色的钻石的吸收光谱在处理前后不会发生定性的变化。然而，红外光谱显示氢相关中心 3235 cm^{-1}、3107 cm^{-1}、2786 cm^{-1} 和 1405 cm^{-1} 峰的吸收强度急剧增强（超过一个数量级），3107 cm^{-1} 中心强度可达 30 cm^{-1}，N3 中心和 C 缺陷连续吸收的强度也有较大的增加（见图 4.20）。3107 cm^{-1} 中心在天然 IaA 型钻石中强度几乎从不超过 5 cm^{-1}，因此在 IaA 型近无色钻石（可能含有细微石墨包体）中，如果该中心的强度非常高（超过 10 cm^{-1}），就是其为经 HPHT 处理的、初始色为灰色的钻石的强有力证据。

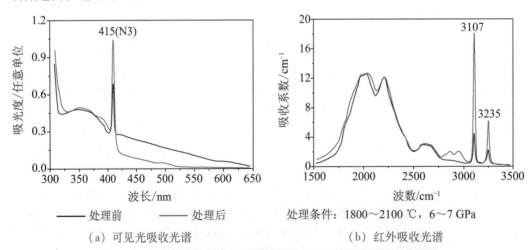

（a）可见光吸收光谱   （b）红外吸收光谱

图 4.20 初始色为灰色的 IaA 型钻石经 HPHT 处理前后的吸收光谱

HPHT 处理去除了可见光范围内的连续吸收，激发/增强了 C 缺陷连续吸收以及 N3 中心和氢相关缺陷，最强吸收在 3107 cm^{-1} 处。经处理后，这些钻石由灰色转变成淡黄色［据（Vins and Kononov, 2003）重绘］。

经 HPHT 处理的、初始色为灰色的 ⅠaA 型钻石的一个特征是在 A、B 和 C 中心的光谱范围内形成许多窄吸收线，这些线可能会完全掩盖与氮相关的吸收。

8. 黑色

关于通过 HPHT 处理方法获得黑色钻石的报道很少。一般认为 HPHT 处理与在真空中退火相比，能更有效地产生黑色。诱导出黑色的机理是钻石内部的石墨化。天然钻石中存在的点缺陷似乎并不影响其石墨化，但扩展缺陷却起主要作用（Hall and Moses，2001a）。

微小石墨包体所致的"浅"黑色看起来是暗灰色，具有很高的高温稳定性，经 HPHT 处理后不能轻易减弱。实际上，与石墨相关的灰色可通过在石墨稳定压力范围内进行 HPHT 退火而明显加深，而且几乎可转变成黑色。但是，与石墨无关的暗灰色，尤其是氢相关缺陷所致的颜色可经 HPHT 处理去除。

4.6 商业 HPHT 处理过程中典型缺陷的转变

每一颗天然钻石都有其独特的杂质缺陷结构。因此，HPHT 处理过程中的缺陷转变，以及由此产生的杂质－缺陷的结构和颜色，对每一颗钻石都是独特的。虽然任何天然钻石都可以进行 HPHT 处理，但大多数用于商业 HPHT 处理的钻石都属于本节中的四个特定种类之一。每个种类的钻石杂质组成和内在缺陷相似，经 HPHT 处理后呈现出相似的杂质缺陷结构和颜色。这些种类的划分如下。

4.6.1 初始色为褐色的Ⅱa型钻石

HPHT 处理褐色Ⅱa型钻石的目的是将它们转变成无色或粉色。自然界中Ⅱa型钻石的比例非常低。因此，无色和粉色Ⅱa型钻石的相对数量也少。然而，由于鉴别经 HPHT 处理的Ⅱa型钻石最为困难（即与天然钻石差异最小），而且只有Ⅱa型钻石经过 HPHT 处理后才能得到高色级，因此褐色Ⅱa型钻石是最理想的原材料。我们估计，目前至少有 10% 的高色级、高净度Ⅱa型成品钻石是经过 HPHT 处理的。然而，这一比例对应的数量在市场上只占所有成品钻石中微不足道的一小部分。

约 80% 的Ⅱa型褐色钻石可被 HPHT 处理成无色钻石，约 10% 变成粉色钻石，剩余 10% 变成浅黄色钻石。为了得到粉色钻石，褐色Ⅱa型钻石必须在褐色连续吸收背景上呈现出强度至少 $0.5\ \text{cm}^{-1}$ 的粉带吸收（见图 4.21a）。如果粉带吸收的强度小于 $0.5\ \text{cm}^{-1}$，钻石变成无色（见图 4.21b）。黄色是 C 缺陷形成的结果，它可通过紫外吸收光谱测到（270 nm 带）（见图 4.21c）。由于大多数Ⅱa型钻石在 2300℃ 的温度下经过短时间的处理后褐色完全消失，这些钻石很少在更高的温度下处理。因此，HPHT 处理Ⅱa型钻石所得的杂质缺陷结构高度不平衡，是典型的 2000～2300℃ 温度下由空位和杂质原子形成的缺陷。

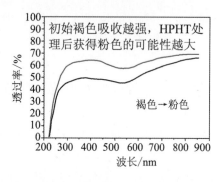

（a）一颗低氮具有强褐色连续
吸收和强粉带吸收的Ⅱa型钻石
转变成粉色

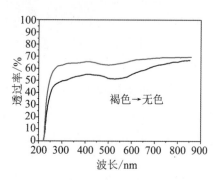

（b）一颗低氮具有弱粉
带吸收的Ⅱa型钻石转变
成无色

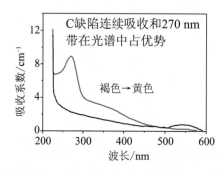

（c）一颗含氮较高的褐色Ⅱa型钻石 HPHT 处理后转变成黄色

—— 处理前　—— 处理后

图 4.21　初始褐色的Ⅱa型钻石经 2200℃、7 GPa HPHT 处理后透射/吸收光谱的变化

4.6.2　初始无色的ⅠaAB 型钻石

绝大多数用于 HPHT 处理的无色Ⅰa型钻石是多包体的，处理的目的是产生较深的彩色，并掩盖内部包体。因此，HPHT 处理的ⅠaAB 型钻石往往净度较低。由于 HPHT处理往往会使ⅠaAB 型钻石呈现黄绿色，因此只要是无色的ⅠaAB 型钻石，就应该是从未经过 HPHT 退火处理的。

HPHT 处理多包体的ⅠaAB 型钻石很少在超过 2300℃的温度下进行。过高的温度会导致过深的黄色。而且，高温退火会增加多包体钻石内部大量石墨化和破裂的风险。因为 C 缺陷含量的增加，无色Ⅰa型钻石经 HPHT 处理后的最终颜色是黄色，这种黄色与Ⅰb型钻石的"金丝雀黄"相似。

这些钻石的红外光谱有一个特征——片晶氮的峰反常地强，该峰在 A 缺陷含量低于 400 ppm 的钻石中非常弱，在 A 缺陷含量高于 400 ppm 的钻石中非常高。HPHT 处理不会明显地改变这些钻石中的其他光学缺陷（例如 N3 中心）的强度（见图 4.22）。

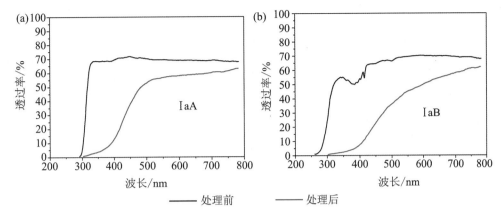

图 4.22　HPHT 处理初始无色的Ⅰa 型钻石的透射光谱变化

（a）ⅠaA > B 型，（b）ⅠaB > A 型。两者都无可测到的 H3 中心。因 A 缺陷分解成 C 缺陷而产生的 C 缺陷强连续吸收均出现在两者经处理后的光谱中。N3 中心特征完全被 C 缺陷连续吸收掩盖。

无色Ⅰa 型钻石是生产"帝王红"钻石的原料。"帝王红"钻石的主要鉴别特征是 NV⁻ 中心，它的发光和吸收都很强，但其 ZPL 强度却不成比例地低（见图 4.19b）。

高温 HPHT 处理可使初始无色的Ⅰa 型钻石转变成自然界罕见的 ABC 钻石。因此，ⅠaABb 型钻石经 HPHT 处理的可能性非常高。

4.6.3　初始色为褐色的Ⅰa 型钻石

HPHT 处理初始色为褐色的Ⅰa 型钻石的目的是使其黯淡的颜色转变为明亮的黄绿色。这些钻石可在 1800～2500℃的宽温度范围内处理。低至 1800℃的温度下，褐色就开始显著减少并产生主导的绿黄色。初始色为褐色的Ⅰa 型钻石在低温下处理过的鉴别特征是异常的 H3 中心强吸收和非常明亮的绿色荧光（见图 4.23）。随着处理温度的升

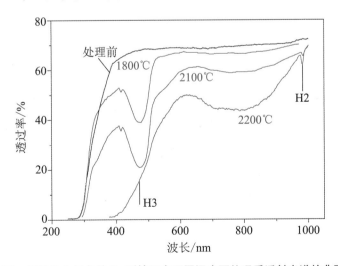

图 4.23　初始色为褐色的Ⅰa 型钻石在不同温度下处理后透射光谱的典型变化

占优势的 H3 中心和 H2 中心产生的最强吸收分别在 480 nm 和 800 nm 的宽吸收带。2200℃处理后 H2 中心的 ZPL（986 nm 线）显著。

高，由于 H2 中心吸收的增强，钻石获得更深的绿色。2200℃退火后，主要吸收特征是 C 缺陷连续吸收和 H2 中心吸收，颜色中出现橙色修饰色。高温会破坏 H3 中心和 H2 中心，剩余的强 C 缺陷连续吸收使钻石呈"金丝雀黄"。高温 HPHT 处理初始褐色 Ia 型钻石，最终形成深黄色的 ABC 型钻石——这是天然钻石中一种非常罕见的缺陷组合。

初始色为褐色的 Ia 型钻石也用于多重处理生产"帝王红"钻石。然而，在这种情况下，钻石的最终颜色受 H3 中心和 H2 中心吸收的影响。这种额外的吸收会降低钻石的透明度，而且得到的红色可能会失去纯净感和明度。

4.6.4 初始色为褐色的低氮 IaB 型钻石

HPHT 处理初始色为褐色的 IaB 型钻石的目的是使其变成近无色或粉色。为了获得近无色的钻石，初始色为褐色的 IaB 型钻石含氮量必须低于 70 ppm。在中温下进行 HPHT 处理可在明显减轻褐色的同时不产生大量的 C 缺陷和 H3 缺陷，这些缺陷会带来过多的黄色。氮含量过高和/或处理温度过高（2100℃以上）会导致产生强的 C 缺陷和 H3 中心，使钻石变成绿黄色。如图 4.24 所示，强的 C 缺陷连续吸收和 H2 中心（负电性的 H3 缺陷）在 2100℃ 以上开始形成。如果氮含量低，温度低于 2100℃ 的处理可减弱褐色连续吸收，同时在可见光范围内不产生强的光学中心，因此这些处理过的钻石看起来接近无色。事实上，几乎任何 Ia 型钻石，无论氮的聚集状态如何，经高温退火后都会变成相同的绿黄色（对比图 4.23 和图 4.24）。

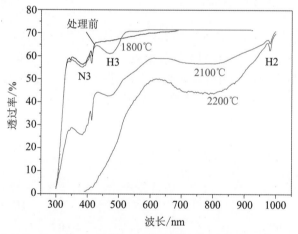

图 4.24　初始色为褐色的 IaB 型钻石在不同温度下处理后透射光谱的典型变化

初始色为褐色的 IaB 型钻石经高温 HPHT 处理过的特征是 N3 中心强度增加。N3 中心吸收与 C 缺陷连续吸收共同产生一种不同于大多数经 HPHT 处理的 IaAB 型钻石的黄色。这种黄色的深浅取决于总氮含量，但它绝不会过浅而看不出。通常，如果氮含量超过 50 ppm，HPHT 处理就不能将褐色 IaB 型钻石转化为近无色。

为了将初始色为褐色的 IaB 型钻石转变成粉色，可采用类似于生产红钻石的多重处理，通过原本就存在并被加强的 N3 中心和被诱导出的 NV⁻ 中心的共同吸收而获得粉色。这两种光学中心在波长 430 nm（蓝光）和 670 nm（红外光）处产生两个"透明窗"，从而使钻石呈粉色。

5 HPHT 处理钻石的结构特征

HPHT 处理为一种在高压下进行的过程，容易引起钻石塑性变形和机械损伤。由于大多数天然钻石内部是非均质的，因此施加外部压力（即使是完全静水压力）会使钻石内部产生相当大的不均匀应力。这种应力与高温的综合作用会造成可以在光学显微镜下看到的宏观结构缺陷和残余塑性变形区域。

HPHT 处理钻石中，主要的宏观瑕疵有表面纹理、裂隙、围绕包体的盘状裂隙、纹理线、针尖状包体、云状物、石墨化包体等。双晶纹也可见于许多 HPHT 处理钻石中，但在 HPHT 处理的深色钻石中可能不容易看到。针尖状包体和云状物看起来是微小的暗色或浅色晶体内含物。

由于 HPHT 处理和自然 HPHT 退火的压力 – 温度 – 时间参数的范围差别非常大，HPHT 处理钻石中产生的宏观缺陷和内应力特征可能与天然未经处理的钻石中观察到的不同。了解这些差异对于识别 HPHT 处理非常重要。

HPHT 处理钻石可显现出许多特殊的视觉特征：石墨化的包体、内部解理、表面破损、增强的异常消光。然而，这些缺陷也可以在天然未经处理的钻石中见到，所以单独出现的宏观缺陷不能作为钻石经过了 HPHT 处理的有力证据。因此，结构特征能且仅能作为"支撑"依据，以下探讨其中最重要的特征。

5.1 断裂和裂隙

在 HPHT 处理过程中，即使在塑性温度、压力范围内加热，钻石也可能会发生解理。HPHT 处理诱发的机械损伤可用多种方法识别。首先，HPHT 处理诱发的解理常常与钻石的形状有关。例如，钻石腰围可见小裂纹、放射状裂隙和其他缺陷形成的"须状腰"（Buerki et al.，1999；Hainschwang，2001），"须状腰"在未经重新抛磨的 HPHT 处理钻石中尤其明显（Reinitz and Moses，1997）。然而，重新抛磨能很好地去除这些处理诱发的证据（Chalain et al.，1999）。

另一种由 HPHT 处理引起的机械损伤，是遵循钻石的形状，从表面开始延伸至一定深度的半月形小裂隙。当沿对称面分布时，这些裂隙是钻石经 HPHT 处理的特别指示性特征。

原生破损的钻石可以很好地承受 HPHT 处理，而不会造成进一步的更大损坏（Smith et al.，2000）。不过，最初存在的破口和裂隙外观可能会发生改变，而这些视觉变化是 HPHT 处理的良好指示。高温可能会改变破口和裂隙的内部结构，使其纹理化或呈"霜状"（见图 5.1a）。这种纹理是裂隙表面部分溶解/蚀变的结果，这些延伸至钻石表面的裂隙显示出全范围蚀变（Wang et al.，2005）。

在 HPHT 处理过程中，原先的破口和裂隙可能会扩大。这种扩大现象被看作是产生了"新鲜的"明亮的外边缘（Smith et al.，2000）。在未处理钻石中，"旧"裂隙被"新"边缘包围的情况很少见，可看作钻石经过了 HPHT 处理的有力证据。在 HPHT 处理后，原生明亮且反光的天然裂隙可能会变得粗糙（"霜状"）、纹理化并有明亮的透明延伸（边缘）。在这些裂隙中很少或没有石墨化现象。

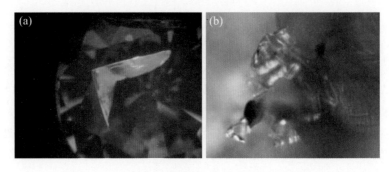

图 5.1　经 HPHT 处理的钻石与天然钻石的裂隙对比

（a）在一颗经 HPHT 处理的"帝王红"钻石中观察到的裂隙具有霜状的外观。这种宏观缺陷是"帝王红"钻石中典型的特征，一些裂隙中会出现石墨化。由于存在霜状表面，这些裂隙不反射光，而是分散/散射光线，因此不易识别（图片来源：S. Z. Smirnov）。（b）未经处理的钻石中，伴有石墨化包体的裂隙干净、透明。

5.2　包体

解理面、裂隙、非金刚石相包体等宏观缺陷是在 HPHT 处理中最易诱导石墨化的部位。商业 HPHT 处理的压力 – 温度条件通常设在石墨稳定范围内，因而往往会诱发石墨化。HPHT 处理的多包体钻石常常沿着内部裂隙、延伸至表面的解理，以及在未抛光面上出现石墨化（见图 5.2）。被向外放射状的裂隙晕圈围绕的黑色包体或出现环腰的石墨化裂隙是钻石经过高温热处理的有力证据（Kim and Choi，2005；Reinitz et al.，2000）。

图 5.2a 中的黑色包体是在一颗"帝王红"钻石中观察到的，它与 HPHT 处理过程中形成的钻石 – 包体界面的石墨化相关。数个透明的微裂隙围绕着该包体——非常典型的 HPHT 处理特征。在大多数处理的深色钻石中，这些包体勉强可见。有时，石墨化的包体经重新抛磨后暴露在钻石的表面上，当其内部破碎时，会留下特有的空洞。从图 5.2b 中可看出，经 HPHT 处理的钻石，盘状裂隙常常围绕着黑色晶体状的包体。有时裂隙表面会被石墨染色（见图 5.2c），这种特征是在 HPHT 退火过程中形成的（图 5.2 由 S. Z. Smirnov 提供）。

天然钻石处于金刚石相稳定范围内的温度 – 压力条件下。因此，天然钻石在整体内或表面上不会出现过度的石墨化。天然石墨化可能出现在包体和裂隙中，没有暴露于高温条件下的迹象。相反，许多经 HPHT 处理的钻石显示出钻石自发转化为石墨的石墨化特征。

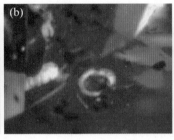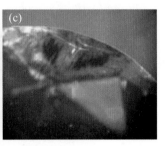

图 5.2　HPHT 处理钻石中观察到的典型宏观缺陷

研究显示，Ⅱb 型合成钻石在稳定压力为 7 GPa、温度高于 2100℃ 的条件下处理后，表面出现广泛的石墨化，甚至会导致随后钻石大部分石墨化。如果在 HPHT 处理过程中施加的压力不足以稳定钻石晶格，则在 2300℃ 的温度下钻石可能在 1 min 内完全石墨化（Chepurov et al.，2008）。石墨化是超高温 HPHT 处理的特别典型的特征。Kupriyanov 等（2008）报道，在 2650℃ 的温度下退火 1 h 可导致钻石在裂隙和表面上产生相当明显的石墨化。

非金刚石相和石墨相可以在低至 1500℃ 的温度下在钻石晶格受损的"薄弱"位置开始形成，甚至在 7.7 GPa 以上的稳定压力下，这种石墨化也可能产生，如此高的压力足以使完美的钻石保持在其相稳定的范围内（Balzaretti and da Jornada，2003）。因此，即使在高稳定压力下进行低温 HPHT 处理，内部的石墨化也可能在钻石中晶格不规则的部位发生（Okano et al.，2006）。

纹理粗糙的石墨化可围绕天然包体沿相关的应力裂隙扩张，也有沿内应力裂隙的石墨化被狭窄的高反射条纹所包围的情况（Wang et al.，2005）。

黑色石墨包体在未经处理的 Ⅱb 型蓝色钻石中相当常见，在未经处理的黄色钻石中则不那么普遍。这些包体可被盘状裂隙（晕圈）包围。未经处理的钻石中，这些围绕的盘状裂隙薄而亮；而 HPHT 处理钻石中，它们看起来呈"糖浆状"和"霜状"，纹理粗糙（Gelb and Hall，2002）。这种糖浆状晕圈的"环礁"状构造是 HPHT 处理钻石的典型特征。这种包围包体的裂隙的形成是钻石在加热和冷却过程中产生高机械应力的结果，因为钻石和非金刚石相的热膨胀系数不同（Chalain，1999）。因此，钻石中出现边缘清晰而没有任何受损的包体可被认为是未经处理的良好证据。

一些情况下，石墨化作为识别 HPHT 处理钻石的特征，在判断某些天然多包体的钻石时可能会产生误导作用，因其可能含有与在 HPHT 处理钻石中观察到的完全相同的石墨化包体。Wang 等（2005）报道，在许多未经处理的钻石中可以发现结构"薄弱"部位的石墨化，如包体和主晶钻石之间的界面，也具有塑性变形的特征（褐粉色钻石）（图 5.3 中，一些包体被条纹围绕，看起来与在 HPHT 处理钻石中观察到的相似）。同样，在原始未处理的钻石和经 HPHT 处理的钻石中，包体周围的张力裂缝和石墨化现象经常看起来很相似。因此，仅对石墨化特征进行显微镜观察可能无法提供完全有说服力的证据（Tretiakova，2009）。

图5.3　天然褐粉色钻石中呈现的天然石墨化包体的显微照片

尽管石墨化是 HPHT 处理的一个特征，但其在许多处理钻石中并未出现，特别是那些结构完美的钻石。当发现 HPHT 处理钻石包含石墨化包体时，必须考虑到有可能大多数包体在处理之前就存在于钻石中，且 HPHT 退火可能仅对其产生较小的影响。因此，基于包体观察的表征作用非常有限（Smith et al.，2000；Overton and Shigley，2008）。然而，精细测试包体的内部结构仍然是识别"天然"呈色钻石是否经过 HPHT 处理的重要方法，对于Ⅱa型无色钻石来说尤为重要。即使对于配备有良好光谱仪的实验室而言，HPHT 处理的识别有时也是一个极大的挑战。

尽管天然的和 HPHT 处理诱发的石墨化看似相同，但也有一些特征性差异。实际上，天然钻石的石墨化是在相对低的温度下、很长时间内产生的，而 HPHT 处理诱发的石墨化是在高温下、非常短的时间内形成的。遗憾的是，到目前为止没有关于这些差异的系统研究，也还没有辨别 HPHT 处理诱发的石墨化的明确标准。

除了石墨化包体外，在 HPHT 处理钻石中可能还会出现一些特别的包体，其结构与石墨化没有直接关系。HPHT 处理通常进行得很快，并且施加的压力在钻石周围具有相当大的非流体静力分力。因此，即使在钻石塑性变形范围的压力和温度下进行 HPHT 处理，就算是看似完美的钻石，其内部也可能形成裂隙。无包体的钻石经 HPHT 处理后产生包体的情况并不常见，在处理的钻石中观察到的绝大多数包体都是在处理之前就存在的。然而，钻石中可能具有一些光学显微镜下不可见的晶格畸变。这些畸变就是"薄弱"部位，可能引发更明显的晶格破坏，并将起初肉眼不可见的缺陷变成可见的特征。

指纹状包体是 HPHT 处理钻石中最常见的包体。图5.4a 和图5.4b 为一颗经 HPHT 处理的褐－橙黄色钻石中的指纹状包体，这种类型的包体在未处理的无色、近无色钻石中也可见［更多实例见（Moses et al.，1999；Breeding，2006）］。图5.4c 是在 HPHT 处理钻石中发现的具有须边的指纹状包体，是典型的多包体钻石高温退火的结果。这种类型的包体在未处理钻石中也可见，它们形成于不同类型的钻石中。但在经处理的钻石和未经处理的钻石中，它们的外观通常不同。尽管"指纹状"包体与 HPHT 处理有关，其在高色级的天然未处理Ⅱa型钻石中也可见（Breeding，2006）。天然的和 HPHT 处理诱发的"指纹状"包体乍看起来完全相同，但仔细观察，仍可发现它们在结构上的一些细微差别。

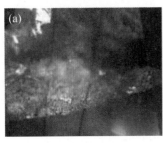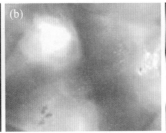

图 5.4　指纹状包体

HPHT 处理可能导致镜像状的裂隙、侵蚀通道和针状包体（Hainschwang et al.，2002），这些包体在天然未处理钻石中并不常见。HPHT 处理钻石特征的包体实例可参阅相关文献（Moses et al.，1999）。

5.3　纹理

HPHT 处理有时会让天然钻石形成绿、黄、褐和白色的特殊纹理。这些纹理的外观不同于天然未处理钻石中的颜色纹理。经 HPHT 处理的"苹果绿"钻石中，可见黄色或绿色纹理沿八面体面分布（Shigley，2001；Kitawaki，2007）。在许多经 HPHT 处理的 Ⅰa 型钻石中，沿八面体方向也可以观察到类似的，但颜色是褐至黄色的纹理图案（Reinitz，2007）。具有沿八面体方向分布的褐至黄色平面纹理的黄至绿色深色调的钻石很可能是经 HPHT 处理的。

有些 HPHT 处理钻石中也可见发白的内部纹理（Dale and Breeding，2007）。这种纹理可降低净度非常高的钻石的净度（例如，从 IF 降到 VVS1）（King et al.，2006；Dale and Breeding，2007）。在大多数 HPHT 处理 Ⅱa 型钻石中可观察到白色纹理。沿白色纹理偶尔也可见一种特殊的褐色纹理，但这种褐色纹理在外观上与天然褐色纹理不同，且通常呈现为平行的带状图案。由于这种纹理的存在，当在显微镜下观察时，半数的 HPHT 处理 Ⅱa 型钻石看起来有些模糊（Moses et al.，1999）。

在初始色为褐色的 Ⅱa 型钻石中可以看到这种白色的纹理，经 HPHT 处理后这种纹理没有明显变化。由于这种白色/银色纹理在未经处理的无色 Ⅱa 型钻石中相当罕见（Smith et al.，2000），所以必须对有这种纹理的钻石进行 HPHT 处理的可能性检测。有趣的是，具有浓密"棉花状"白色纹理的钻石在 X 射线形貌中也显示出高度的晶格扭曲（Smith et al.，2000）。

5.4　表面蚀变

表面蚀变是鉴别 HPHT 处理钻石最重要的特征之一。1997 年，Reinitz 和 Moses 描述了一颗显示出经 HPHT 处理的光谱特征和微观特征的黄绿色处理钻石。当时，人们对 HPHT 处理知之甚少，得出的结论是，这颗钻石使用了一种"新的"钻石处理方法，在处理过程中钻石被"烧"过（某些面上出现霜状区域，严重的出现"须状腰"）。实际上，HPHT 退火会对钻石表面造成严重损坏，经退火的钻石看起来总是呈半透明的（见图 5.5）、被侵蚀的状态，凹痕中有许多石墨化微裂隙。霜状和有麻点的原始晶面、霜状的羽裂纹和霜状的刻面腰被一些文献报道为 HPHT 处理钻石的特征（见图 5.6）（Buerki et al.，1999；TM and IR，1999；Reinitz et al.，2000）。图 5.6a 为一颗经 HPHT 处理的 0.59 ct 绿黄色钻石，在连接两侧上腰面的刻面具有霜状、烧灼的外观；从图 5.6b 可看出，未重新抛光部位被强烈熔蚀的面是高温 HPHT 处理的指示性特征，因为如此粗糙的侵蚀面不太可能出现在未经处理的钻石的原始晶面上。

 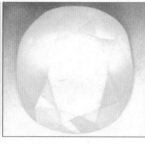 

（a）处理前　　　　　　（b）处理后　　　　　（c）重新抛光后

图 5.5　美国 Suncrest Diamonds 公司经 HPHT 处理的一颗 Ⅱa 型天然褐色钻石

 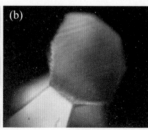 

图 5.6　HPHT 处理钻石的表面蚀变特征

经 HPHT 处理的钻石都需重新抛光。如抛光得好，可完全去除表面损伤。然而，有时在抛光面上可发现一些侵蚀的迹象（Reinitz et al.，2000；Okano，2006）。从图 5.6c 可以看出，经 HPHT 处理的钻石，在小刻面连接处显示出霜状表面的迹象，即使重新抛光也未完全去除。无论在什么介质中进行 HPHT 处理，钻石表面都会受损（Collins et al.，2000；Hainschwang et al.，2005；Okano et al.，2006）。相比之下，未经加工的钻石的原始晶面上几乎不会出现 HPHT 处理钻石表面的侵蚀现象。因此，当在钻石表面上见到熔融痕迹时，应怀疑该钻石经过 HPHT 处理。相反，如果钻石的刻面为自然原始晶面（自然生长表面）而没有高温熔蚀的痕迹，则可以可靠地报告该钻石未经处理（Reinitz et al.，2000；Shigley，2001；Okano，2006）。不过，还是有一些原始晶面看起来像被 HPHT 侵蚀的面。因此，"要从钻石的众多天然侵蚀结构中区分出灼烧的特征，经验是必要条件"（Reinitz et al.，2000）。

　一些经 HPHT 处理并重新抛光的钻石表面会出现原始刻面连接线/面的痕迹，这些连接线/面是在 HPHT 过程中被熔蚀的。在偏光显微镜下观察，它们是沿着新的刻面连接线延伸的光亮线。在紫外激发的荧光显微镜下观察，这些线更加明显（见图 5.7）。

　　表面蚀变（熔蚀）是钻石经过 HPHT 处理的非常有力的证据，甚至仅凭此证据即可确认钻石经过了 HPHT 处理。然而，它只能在切工差的钻石表面被发现，在切工好的钻石表面几乎从未出现。因此，检查表面蚀变的方法在 HPHT 处理钻石的鉴别中适用性非常有限。

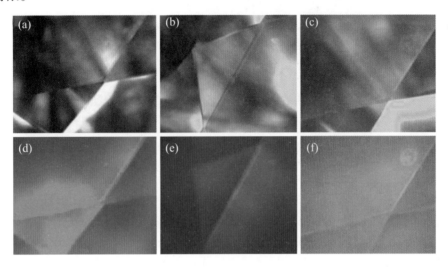

图 5.7　在重新抛光的 HPHT 处理钻石上观察到的原刻面棱线的痕迹

　　图（a）、（b）、（c）所示为在偏光下拍摄的钻石，从图（d）、（e）、（f）中可以看出钻石相同的部位在汞灯紫外光的激发下有荧光。在后一种情况下，与新的刻面棱线平行的发白的荧光线更加清晰，类似于"荧光笼"图案（见 7.4 节"荧光笼"）。

5.5　内应力

　　HPHT 处理过程中，内应力的变化是一个复杂的过程，取决于钻石原始的结构完整性、钻石的类型、处理的温度和压力产生的静水力学性质。在许多实例中，商业 HPHT 处理可使钻石在整体内产生塑性变形，这些变形可因内应力的存在而被检测出。当在正交偏光下观察时，内应力会导致强双折射图案出现（Kanda et al.，2005；Howell，2009）（见图 5.8）。

　　HPHT 处理 Ⅱa 型钻石的应力图中，显示出相当强的一级和二级灰、蓝或橙色干涉色。彩色干涉色占主导是 HPHT 处理钻石的一个特征（Chalain et al.，1999），而天然未处理钻石的双折射图案通常较弱，以灰色和褐色占优。尽管强度不同，但经处理的和未经处理的 Ⅱa 型钻石的双折射图案在空间分布上看起来非常相似。例如，天然 Ⅱa 型钻石中典型的"榻榻米"图案也是许多 HPHT 处理钻石的特征（Moses et al.，1999）。因此，基于双折射法对处理过的钻石进行鉴别时，需要对经处理的和未经处理的钻石进行仔细的对比。

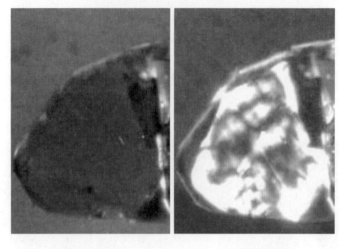

（a）处理前　　　　　　　　（b）处理后

图 5.8　一颗合成Ⅱa型钻石经 1600℃ 、6 GPa、2 h HPHT 处理前后在正交偏光镜下的照片

处理后的照片显示强双折射图案，归因于塑性变形产生的内应力（Kanda et al.，2005）。

　　HPHT 处理也可能反过来降低高形变钻石的内应力，这种现象在 HPHT 处理的多晶 CVD 钻石中得到了证实。因为存在纹理结构，合成的多晶 CVD 钻石具有高度的形变。HPHT 退火能将这种应力明显降低到单晶钻石的水平（Kanda et al.，2003）。天然褐色Ⅱa型钻石经 HPHT 处理后，内应力的降低在光谱中也表现为光学中心 ZPL 的非均匀宽化程度的降低（Fisher et al.，2006）。对未经处理和经 HPHT 处理的褐色和无色Ⅱa型钻石中 GR1 中心的 ZPL 非均匀宽化的比较研究表明，褐色钻石内部具有更大的应力，这种应力通过 2500℃ HPHT 处理后只能在一定程度上降低。因此可以得出结论，天然褐色Ⅱa型钻石中的应力不仅由造成褐色的缺陷（空位簇）引起，也涉及位错和其他缺陷的衍生缺陷。空位簇在高温下的分解不会完全形成单一空位。相反，单一空位的释放可能是大型空位簇以小型空位簇塌陷成位错环及堆积层错为代价而增长的过程中出现的副产物。这些衍生缺陷很可能导致机械应力。

　　对于含氮的钻石，HPHT 处理过程中内应力的变化可能被氮缺陷的聚集/分解明显改变。遗憾的是，我们没有任何可靠的数据预测这种变化。然而，我们推测，在高氮褐色钻石中，HPHT 处理后内应力会增加，这种内应力在ⅠaB型钻石中增加的例子如图 5.9 所示。然而，也有经 HPHT 处理后ⅠaA型钻石中内应力未变化的相反例子（见图 5.10）。

　　到目前为止，关于 HPHT 处理钻石异常双折射的有效信息不多。因此，基于这种特性的鉴别方法不能被认为是鉴定 HPHT 处理钻石的可靠方法。然而，在高色级Ⅱa型钻石中观察到具有高级干涉色的强而斑驳的应变图是很不寻常的，可被认为是钻石经过 HPHT 处理的指示（Moses et al.，1999；Smith et al.，2000）。

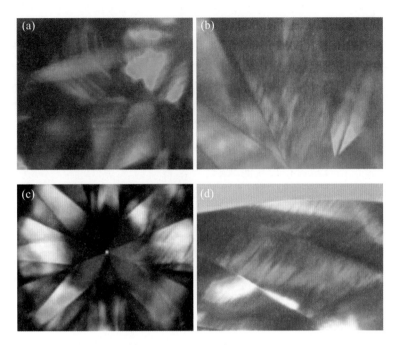

图 5.9　正交偏光下从台面方向拍摄的 HPHT 处理钻石的照片

　　HPHT 处理诱发的内应力导致的异常双折射清晰可见，图（a）、（b）所示为两颗ⅠaB 型紫粉色钻石，（c）所示为Ⅱa 型 D 色级钻石，（d）所示为Ⅱa 型褐粉色钻石。有趣的是，图（d）中的这颗钻石也显示出"荧光笼"现象，这在Ⅱa 型处理钻石中非常罕见。

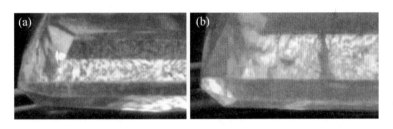

（a）处理前　　　　　（b）处理后，HPHT 处理没有改变
　　　　　　　　　　　　内应力的强度和分布

图 5.10　一颗ⅠaA＞B 型钻石 HPHT 处理前后的异常双折射图

5.6　位错

　　TEM 研究表明，在经过温度高达 2500℃的 HPHT 处理后，初始色为褐色的Ⅱa 型钻石的位错密度或位错分布没有显著变化（Willems et al.，2006）。因此得出的结论是，褐色钻石的颜色不是由位错造成的（Fisher et al.，2006）。这一结果与很多研究人员的观察结果形成了强烈的矛盾，后者报道天然褐色钻石在 HPHT 退火后位错密度急剧下降（Mora et al.，2005；Vins et al.，2006；Vins et al.，2008）。在 2300～2500℃的高温下进行 HPHT 处理后，位错密度可能降低 3～5 个数量级（Mora et al.，2005；Vins and

Yelisseyev，2008a）。

研究发现，钻石中的位错在 1800℃ 时变得可移动（Vins et al.，2006）。Vins 等（2008）讨论了位错在褐色钻石形成中的作用，表明位错的可动性在不同的钻石中可能非常不同，特别是在具有不同塑性变形水平的钻石中。塑性变形钻石中，位错的活化能高达 6.4 eV，而在非塑性变形钻石中，位错的活化能仅为 2.2～2.6 eV。因此，在经HPHT 处理的钻石中，位错的显著差异可能不是由于处理温度的不同，而很可能是由于其他缺陷的存在，这些缺陷起着抑制位错的作用。因此，考虑 HPHT 处理对位错密度的影响时，必须考虑钻石是否存在其他缺陷。

天然 Ⅱa、Ⅱb 和 ⅠaB 型钻石以朝不同方向延伸的位错网络（三维网络）为特征。这些网络可以在短波紫外光激发的 DiamondView 下观察到。与天然钻石相比，HPHT 合成钻石显现出更完美的晶体结构，不会出现致密的位错网络。CVD 合成钻石具有与生长方向平行排列的位错（De Corte et al.，2006）。由于高温 HPHT 处理可以显著降低位错密度，如在钻石中观察到致密的位错网络，更有可能是未经处理的钻石。

6 HPHT 处理钻石的光谱学特征

光学特性是钻石最重要的特性。独特的透光性和高折射率是使钻石成为优质宝石的光学特性。颜色也是钻石的一个非常重要的参数，而钻石的改色增强是 HPHT 处理的目的。

钻石的颜色取决于具有光学活性的缺陷，这些缺陷能吸收可见光光谱范围内的光。当进行 HPHT 处理时，HPHT 退火的参数应设置为能产生想要的和/或去除不想要的缺陷的最优值。

在吸收和发光光谱中，具有光学活性的缺陷产生特定的谱带，这些谱带被称为光学中心。可见光光谱范围内的光学中心及其缺陷称为色心。吸收和发光光谱带通常分布在几十纳米的光谱范围内，并具有复杂的结构。每个光学中心的光谱结构都是独特的。大多数色心谱带的结构是由电子 – 声子相互作用决定的，因此这些谱带常被称为电子 – 声子谱带。每个电子 – 声子带一般都有一条特征的窄线，称为零声子线（ZPL）。在低温条件下，ZPL 往往也是光谱中最强的特征线。光学中心通常是由其 ZPL 的光谱位置来标记的。任何光学中心的 ZPL 在吸收光谱和发光光谱上的光谱位置都是一致的。然而，在吸收光谱和发光光谱中测量到的光学中心，其电子 – 声子带的光谱位置（以及光谱结构）是非常不同的。吸收光谱中，电子 – 声子带从 ZPL 向短波方向扩展；而发光光谱中是向长波方向扩展。例如，NV⁻中心（即 638 nm 中心）的 ZPL 在波长 638 nm 处，伴随着一个电子 – 声子带，其发光范围从 638 nm 扩展到 800 nm 左右，吸收范围从 638 nm 扩展到 500 nm 左右。

钻石中具有光学活性的缺陷可能有不同的来源。内在缺陷（intrinsic defects，或称本征缺陷）由不规则晶格位上的碳原子（间隙，或称间隙碳）和/或晶格空位（空位）组成。外来缺陷（或与杂质相关的缺陷）包含杂质原子。光学活性缺陷的内在/外来的性质是理解它们在 HPHT 处理过程中的转变，进而理解 HPHT 引起的颜色变化的关键因素。

通常，光学中心的强度可用来估算相应缺陷的含量。一般来说，在吸收和发光光谱中测量的光学中心强度是不相关的。吸收强度只取决于缺陷含量；而发光的强度很大程度上依赖于许多其他参数，因此它可能不取决于缺陷含量。这种差异的一个例子是 ⅠaB 型和 ⅠaA 型钻石中 NV 中心的发光效率非常不同。氮的 A 缺陷是一种非常有效的发光猝灭剂。因此，在 NV 缺陷含量相等的情况下，ⅠaB 型钻石的 NV 中心发光强度高，而 ⅠaA 型钻石的 NV 中心发光强度低得多。然而，它们的吸收强度是相等的。A 缺陷的猝灭效率随其含量的增加而迅速提高：含 100 ppm A 缺陷的钻石发光强度预计会降低

15%，而含 300 ppm A 缺陷的钻石发光强度可能会降低两个数量级。

经 HPHT 处理后的钻石，其缺陷结构的变化可以通过光学光谱的变化来检测。在大多数情况下，缺陷结构的变化与光学中心强度的变化有关。在某些情况下，还可以观察到电子－声子结构的变化。由于许多这样的变化都是 HPHT 退火的特征，因此光谱学似乎是鉴定钻石是否经 HPHT 处理的最可靠方法。发光光谱具有特别重要的意义，它是所有光谱方法中最灵敏、信息量最大的技术。一些光学中心的发光效率非常高，可用于检测含量低至 1 ppb 的相应缺陷。这种独特的高灵敏度是发光光谱法在识别 HPHT 处理的杂质含量极低的 Ⅱa 型钻石时的一大优势。即使是单独使用发光光谱，也可以在最具挑战性的情况下，得出可靠的结论，例如对结构完美的 Ⅱa 型钻石的鉴别。

目前，许多光学中心被认为与 HPHT 处理有关。它们要么是直接导致 HPHT 处理后颜色变化的光学中心，要么是在光谱法中用于表征和识别 HPHT 处理的光学中心。详细讨论如下。

6.1 UV-Vis-NIR 范围的光学中心

与 HPHT 处理相关的光学中心是在 230～20,000 nm 的宽光谱范围内检测到的。然而，最集中的光谱范围是 230～1000 nm 的 UV-Vis-NIR 范围，在这个范围内的大多数光学中心在发光和吸收方面都是具有活性的。

1. 236 nm（N9 中心）

236 nm 峰是 N9 氮相关缺陷吸收系最强的特征峰。N9 中心几乎在所有经 HPHT 处理的钻石中都能测到，即使是高色级钻石。N9 中心是一个氮杂质处于高度集合态的特征，在绝大多数 HPHT 处理钻石中都会产生。在 Ⅱa 型钻石中测到 N9 中心可作为经 HPHT 处理的指示性证据（Smith et al.，2000）。但天然的 Ⅱa 型钻石常常显示一些弱的 ⅠaB 型特征，所以这些钻石虽然未经处理，也会显示 N9 特征。

2. 251.2 nm 和 254.2 nm

这两个峰在褐色Ⅱa 型钻石的 PL 光谱中可以被观察到。很低的温度（NV 中心稳定温度）就能将其破坏（Smith et al.，2000），故其出现可作为钻石未经处理的指示性证据。

3. 260 nm，270 nm 和 285 nm（2DB 中心）

2DB 中心是褐色天然钻石的特征，可能与塑性变形有关（Kanda et al.，2005）。HPHT 可诱导出 2DB 中心，在 CL 光谱中很容易被测到。天然Ⅱa 型钻石中常常可见 2DB 中心。2DB 中心的高温稳定性中等，但是通过低温 1600℃ HPHT 处理也可诱导出。2DB（以及 5RL）中心经中高温 HPHT 处理后，其在 CL 光谱中的峰消失（Kanda and Watanabe，2004）。如果同时检测出 2DB 和 5RL 中心与自由激子发射，可以认为钻石没有经过高温 HPHT 处理。这对于显示塑性变形迹象的钻石尤其重要（Kanda and Watanabe，2004），如图 6.1 所示，经 HPHT 处理后观测到窄的自由激子线，表明内应力降低。

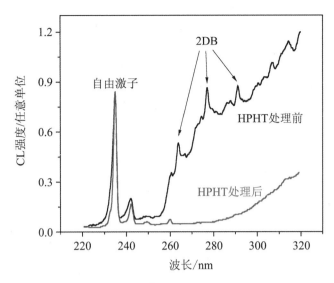

图 6.1 一颗天然Ⅱa钻石经 2000℃、6 GPa 的 HPHT 处理前后的 CL 光谱
(Kanda and Watanabe,2004)

4. 263.9 nm,265.1 nm,267.3 nm,277.4 nm,286.0 nm 和 291.6 nm

这些谱线是在褐色Ⅱa型钻石的 PL 光谱中被检测到的。它们在相对较低的温度（NV 稳定温度）下即可被破坏（Smith et al.,2000），它们的出现可作为钻石未经 HPHT 处理的依据。

5. 270 nm 带

最强吸收在 270 nm 处的宽吸收带是由价电子转移至氮的 C 缺陷而产生的吸收（见图 6.2）。几乎所有 HPHT 处理钻石中都可测到该带的迹象，即使是Ⅱa 型 D 色钻石。尽管偶尔能在Ⅱa 型未经处理的钻石中发现 270 nm 带，它仍是 HPHT 强有力的指示性特征（Smith et al.,2000）。即使是含氮量非常低的钻石，270 nm 带也能由 HPHT 处

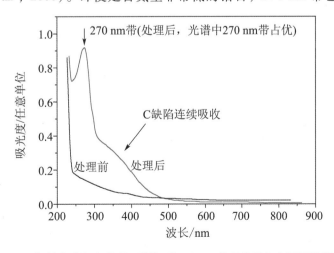

图 6.2 一颗初始色为褐色的Ⅱa型钻石经 HPHT 处理前后在室温下的吸收光谱

理而产生。由于电子光学跃迁比声子光学跃迁有效得多，在 C 缺陷含量低至 0.01 ppm 的钻石中也可见到 270 nm 带，该含量远低于红外吸收光谱对 C 缺陷的检出限。通常情况下，未经处理的Ⅱa 褐色钻石不显示 270 nm 带；而经 2500℃ HPHT 处理后，60% 的钻石可出现 270 nm 带，其强度对应的 C 缺陷含量水平为 0.1ppm（Fisher et al.，2006）。因此，无色或近无色Ⅱa 型钻石中检测到 270 nm 带可作为钻石经过了 HPHT 处理的强有力的证据。

6. 300 nm 带

在褐色Ⅱa 型钻石的光谱中，在褐色连续吸收的背景中可以观察到一个最大吸收在波长 300 nm 处的宽吸收带（见图 6.3）。该带能经受 1850℃ 的 HPHT 处理，但温度达 2080℃ 及以上则消失（Fisher et al.，2009）。300 nm 带的出现表明钻石未经高温 HPHT 处理。

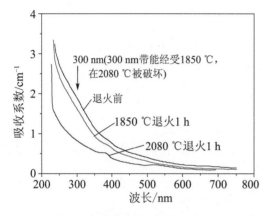

图 6.3 一颗Ⅱa 型褐色钻石 HPHT 退火前后的吸收光谱（Fisher et al.，2009）　　图 6.4 辐照钻石测得 389 nm 中心的发光光谱

7. 389 nm 中心

389 nm 中心是一个与氮有关的间隙型中心，该中心具有两个非常具有特征性的电子 – 声子谱带，最大发光强度分别在 400 nm 和 410 nm 处，经常出现在天然和合成钻石的阴极发光光谱中（见图 6.4），也可能跟位错有关。1800℃ 及以上温度的 HPHT 处理容易将其破坏（Kanda and Jia，2001）。导致这种破坏的一个可能原因是 HPHT 处理后位错含量的剧烈下降。然而，有些情况下，HPHT 退火可能不影响起始褐色钻石中的位错含量。因此，这些钻石中，389 nm 中心在 HPHT 处理后仍可见。天然Ⅱa 型钻石中，389 nm 中心可经受短时间真空中高达 1650℃ 的退火。它的出现可作为钻石未经高温 HPHT 处理的证据。

8. 400 nm（3.1 eV）中心

400 nm 中心可在吸收光谱被观测到，它与含镍缺陷相关。钻石在 1700℃ 下退火可被破坏（Yelisseyev and Kanda，2007），故其可作为钻石未经处理的证据。

9. 404.8 nm，405.5（406）nm，409.6 nm 和 412.3 nm 中心

这四个中心在天然钻石的 PL 光谱中可见，常见于天然Ⅱa 型钻石中（Gaillou et

al.，2010；Titkov et al.，2010；Simic and Zaitsev，2012）。许多天然未处理的褐色 ⅠaA
型钻石可出现 406 nm 中心（见图 6.5a）。406 nm 中心也是天然 ⅠaAB 型粉色钻石的一
个常见特征（Gaillou et al.，2010）（见图 6.5b）。所有这些中心在相对较低温度的
HPHT 处理过程中会被破坏。尽管它们的最高稳定温度还未知，但它们的出现被认为是
钻石未经 HPHT 处理的信号（Smith et al.，2000；Nadolinny et al.，2009）。

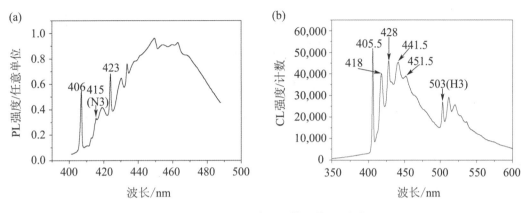

图 6.5　两颗天然未处理钻石的 PL 光谱

（a）一颗天然 ⅠaA 型褐色钻石的 PL 光谱，显示占主导的是 406 nm 和 423 nm 中心。除了弱的
415 nm 线（N3 中心），光谱中所有的特征都是由 406 nm 和 423 nm 中心的电子振动引起的。（b）从
一颗粉色天然 ⅠaAB 型钻石中单独的粉色带上测得的 CL 光谱。406 nm 中心是其中占优势的特征之
一。除 503 nm 线（H3 中心）外，图中所有标记的线都是 406 nm 中心的电子振动特征［根据（Gail-
lou et al.，2010）重绘］。

10.　415.2 nm（N3 中心）

N3 中心是钻石光谱研究中最早被发现的光学中心之一。N3 中心的原子结构是
N_3V，由 3 个氮原子围绕 1 个空位组成（见图 6.6）。

绝大多数天然钻石光谱中都显示有 N3 中心的吸收和发光。除 N3 中心外，N_3V 缺
陷在 477.6 nm 波长处还会产生具有光学活性的电子振动跃迁，即 N2 中心，仅具有吸
收活性。N3 中心和 N2 中心的强度相关。N3 中心和 N2 中心的吸收产生特有的黄色
——"开普黄"。N3 中心的发光性很强，是钻石蓝色荧光最大的贡献者；在一些钻石
中强到可在日光下呈现肉眼可见的蓝光，类似于 H3 中心的"绿色传输"效应，因此也
被称为"蓝色传输"效应。

N3 中心是钻石中典型的与杂质－空位相关的光学中心，退火过程中它的演变很
复杂：它的强度先是随着温度上升而增强，然后可能完全消失。这种现象在天然褐
色钻石的 HPHT 处理中特别明显，温度到 2500℃时 N3 中心可完全消失（Mora et al.，
2005）。然而，也有人观测到 ⅠaA 型无色钻石经 2100℃ HPHT 退火不发生变化（Vins
and Yelisseyev，2008），以及无色 Ⅰa 型钻石（无塑性变形）经 1800～2300℃ HPHT 处
理后 N3 中心强度无变化（Vins and Yelisseyev，2010）。同样，含 CO_2 和假 CO_2 的钻石
经 2000℃ HPHT 处理后也未观测到 N3 中心的形成和加强（Hainschwang et al.，2005）。

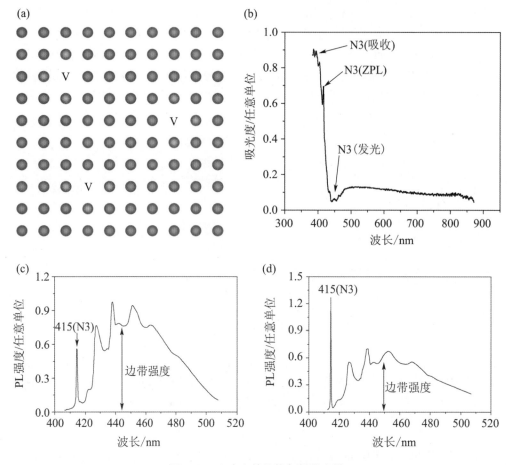

图 6.6　N3 中心的结构与相关光谱

（a）N3 中心的原子模型：三个相邻的替位氮原子结合在同一个空位上。蓝色和黄色圆点分别表示碳原子和氮原子。（b）一颗天然钻石显示强 N3 吸收和发光（"蓝色传输"效应）的吸收光谱。该钻石呈现高色级（F 色级）的部分原因是 N3 中心的蓝色发光。（c）天然未处理的 I aB 型钻石 N3 中心的 PL 光谱，其 ZPL 最大强度低于边带强度是由于钻石内部存在较大的非均匀内应力。（d）图（c）中同一颗钻石经 2000℃ HPHT 处理后的 PL 光谱，ZPL 强度大于边带。ZPL 强度看起来增加了，但实际上是因为钻石经处理后谱带变窄。（根据［Nadolinny et al.，2009）重绘］

　　I a 型钻石中，经约 1800℃ 的低温 HPHT 处理后，当有强 H3 中心而无 H2 中心形成时，可观测到 N3 中心稍有增强（Collins，2001）。I aA 型灰色钻石在经 1800～2100℃ HPHT 处理后 N3 中心明显增强：温度越高，强度越大（Vins and Kononov，2003；Nadolinny et al.，2009）。I b 型合成钻石经 1800℃ 及以上温度 HPHT 处理后也可见 N3 中心的产生和增强（Kanda and Jia，2001）。初始色为褐色的 II a 型钻石经 2300℃ 及以上温度的 HPHT 处理后可见 N3 发光强度明显的增强（同时 H3 中心消除），这种增强在 I a 型钻石中特别明显（Collins et al.，2005）。随着 N3 中心的产生，也观测到 B 缺陷吸收强度略有降低（Vins，2002；Vins and Kononov，2003）。因此，塑性变形褐色钻石在

HPHT 处理过程中释放的空位可能是 N3 中心形成的主要原因之一。

尽管 HPHT 处理后 N3 中心强度可发生改变，在非常高温的情况下甚至退火消失，但商业 HPHT 处理对 N3 中心强度的影响不大。至少，这些变化小得不足以影响 HPHT 处理Ⅰa 型钻石的黄色（Vins et al.，2008）。

辐照可破坏 N3 中心，富氮的ⅠaAB 型钻石经高剂量电子或中子辐照，再经 2300℃ HPHT 退火后，N_3V 缺陷含量过低而不被检测出 N3 中心吸收。然而，这种 N_3V 缺陷的含量却足以产生发光。因此，一些经辐照和 HPHT 退火后的钻石在 CL 光谱中仍然可测出很强的 N3 中心（Collins et al.，2005）。

HPHT 处理后 N3 中心 ZPL 产生轻微的收窄（液氮温度下测量时为 0.35～0.42 nm），这一现象在 2000℃及以上温度处理的钻石中很明显（Smith et al.，2000；Nadolinny et al.，2009）。然而，必须牢记，光学中心 ZPL 的光谱宽度很大程度上取决于晶格结构的完美程度，所以上述的数值应作为定性参数。事实上，完美的未处理钻石的 N3 中心可展示出非常窄的 ZPL，其光谱宽度在经处理钻石的特征范围内。N3 中心出现非常宽的 ZPL（超过 0.45nm）仍是一个钻石未经处理的可靠证据。由于光谱宽化降低了窄谱线的峰值强度，与窄谱相比，宽化的 ZPL 总是显示出相对强度较低的峰值。当其峰值强度小于振动边带的强度时，可以认为 N3 中心 ZPL 宽化。相应地，如果 ZPL 非常窄，其峰值强度远高于振动边带强度，应被视为可能经 HPHT 处理的指示性特征（图 6.6c、d）。

N3 中心强度增加和窄的 ZPL（以及 638 nm 中心的宽 ZPL）不是很可靠的 HPHT 处理钻石的鉴别方法（Smith et al.，2000）。然而，具有强而清晰的 N3 中心的钻石，必须对其进行详细的测试，才能判别其是否经 HPHT 处理。

N_3V 缺陷的含量 X_{N3}（ppm）可用下式估算（Davies，1999；Davies et al.，1992）：

$$X_{N3}(ppm) = 0.2I_{ZPL-N3}(cm^{-1})$$

式中，I_{ZPL-N3} 是在液氮温度下测得的 N3 中心 ZPL 的吸收强度，单位为 cm^{-1}。
或：

$$X_{N3}(ppm) = 0.2I_{393\,nm}(cm^{-1})$$

式中，$I_{393\,nm}$ 是在室温下测得的 N3 中心在 393 nm 波长处的吸收强度，单位为 cm^{-1}。当使用该式时，N3 中心的背景吸收必须被扣除。

11. 417.5 nm **中心**

417.5 nm 中心的 ZPL 双峰 417.5 nm（强）和 418.5 nm（弱），可出现在未经处理的天然钻石或合成钻石中（见图 6.7），为 Ni 相关缺陷（Yelisseyev and Kanda，2007）。天然钻石的 PL 光谱中，417.5/418.5 nm 中心通常伴随 N3 中心。417.5 nm 中心在钻石经 1700℃ HPHT 处理后增强，但当温度达 1900℃及以上时被破坏（Yelisseyev and Kanda，2007）。

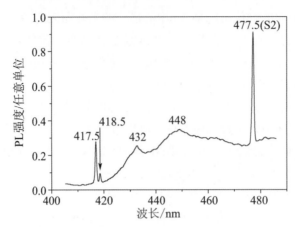

图 6.7　一颗合成钻石经 1700℃ HPHT 处理后的 PL 光谱

417.5 nm 中心和 S2 中心在图中占优〔据（Yelisseyev and Kanda，2007）重绘〕。

12. 421.3 nm,423.0 nm,430.9 nm 中心

此三条谱线见于褐色Ⅱa 型钻石的 PL 光谱中。较低温（NV 稳定温度范围）的 HPHT 处理可破坏它们。它们的出现是Ⅱa 型钻石未经处理的较为可靠的证据（Smith et al.，2000）。

13. 439 nm 中心

在天然Ⅰ型钻石的发光光谱中可检测到 439 nm 中心，在 CL 光谱尤其明显。在钻石经过 HPHT 处理后可产生或加强 439 nm 中心，在Ⅰb 型钻石中，该中心可以和 N3 中心同时被增强（Collins et al.，2005）。

14. 467 nm 中心

在原始 CVD 合成钻石和一些天然钻石的 PL 光谱中可见 467 nm 中心。该中心在钻石经低温 HPHT 处理后被消除（Crepin et al.，2012），因此可作为钻石未经处理的特征。

15. 470 nm（TR12 中心）

TR12 中心是钻石典型的本征辐射中心。其稳定温度相当低，不超过 800℃。在吸收光谱和发光光谱中均能被检测到。其中，发光光谱，尤其是 CL 光谱，是检测 TR12 中心最敏锐的技术。TR12 中心的出现被看作是钻石未经 800℃ 热处理的可靠证据（De Weerdt and Van Royen，2000；Zaitsev，2002）。尽管如此，必须注意的是 HPHT 处理钻石中 TR12 中心可以经低剂量电子辐照后 400～600℃ 退火重新引入。

16. 473.5 nm 中心

473.5 nm 为 Ni 相关缺陷，在未经处理的天然钻石的吸收光谱中可被测出（Chalain，2003）。含 Ni 的钻石在 1700℃ 低温 HPHT 处理下很容易诱导出 473.5 nm 中心，其强度随 HPHT 处理的进一步升温（1900℃ 以上）而增强（Yelisseyev and Kanda，2007）。强的 473.5 nm 中心是钻石可能经 HPHT 处理的指示。

17. 477.5 nm（S2 中心）

S2 中心是包含 Ni 和 N 原子的复杂缺陷所致的光学跃迁。与 S2 中心相关的二次 ZPL 波长分别为 489.1 nm 和 523.3 nm。在未经处理的天然钻石和合成钻石的 PL 光谱和

吸收光谱中均可观察到 S2 中心（Chalain，2003）（见图 6.8）。已经证实，S2 中心是在高温退火过程中产生的（自然退火或实验室退火）（Lang et al.，2007；Yelisseyev and Kanda，2007）。在经 1700℃ 处理的钻石中很容易见到该中心，1900℃ 以上的高温 HPHT 可使其增强。所以，尽管在天然未经处理的钻石中常常测到 S2 中心，但高强度的 S2 中心是钻石可能经 HPHT 处理的证据。

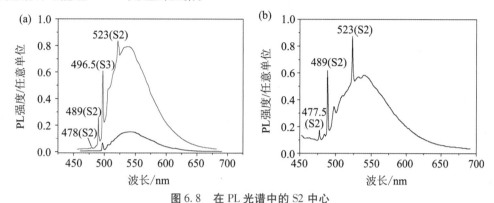

图 6.8 在 PL 光谱中的 S2 中心

（a）两颗合成钻石的 PL 光谱：合成原生的钻石光谱为黑线，经 1900℃、6.5 GPa HPHT 处理 16 h 后的钻石光谱为红线［据（Mudryi et al.，2004）重绘］。（b）天然钻石中激发的 S2 中心的 PL 光谱，注意 S2 中心相对无结构的声子边带［基于（Lang et al.，2007）和（Yelisseyev and Kanda，2007）的数据重绘］。

18. 477.6 nm（N2 **中心**）

N2 中心是 N_3V 缺陷除了 N3 中心（见 415.2 nm 中心部分介绍）之外的另一个光学中心，是 N_3V 缺陷的电子振动跃迁。N2 中心仅在吸收光谱中可见（见图 6.9）。强的 N2 中心导致钻石呈深黄色（该类钻石为"开普黄"钻石）。N2 中心受 HPHT 的影响不大，但在 HPHT 处理钻石中也可见增强现象。

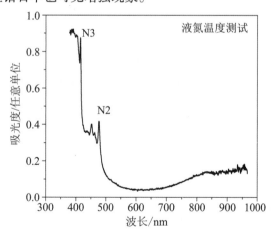

图 6.9 一颗显示 N2 中心和 N3 中心强吸收的深黄色 ⅠaAB 型钻石的吸收光谱

19. 479 nm **中心**

479 nm 中心归属于 Ni 相关的缺陷，可在吸收光谱中被测到。钻石经 1700℃ 处理时可产生 479 nm 中心，进一步进行 1900℃ 高温 HPHT 处理可使其增强（Yelisseyev and

Kanda，2007）。强的 479 nm 中心是钻石可能经 HPHT 处理的证据。

20. 480 nm（2.6 eV）带

480 nm 带是一个无结构、不显示 ZPL 的宽吸收带（见图 6.10a）。导致这一吸收带出现的原因暂时被认为是氧原子取代产生的电子跃迁（Hainschwang et al.，2008），理论上推测为钻石晶格中带正电荷的取代氧原子产生了 480 nm 的光谱带（Gali et al.，2001）。480 nm 吸收带是高饱和橙黄色至橙红色具有中等含量的 A 缺陷和 C 缺陷的 I 型钻石的普遍特征。这一吸收带也见于"变色龙"钻石和"金雀黄"钻石的吸收光谱中（Collins and Mohammed，1982；Neal，2007；De Weerdt and Van Royen，2001）。

产生 480 nm 吸收带的缺陷在 PL 光谱中也很活跃，可产生最大强度在 680 nm 处的具有多峰位振动结构的宽带（见图 6.10 b）（Hainschwang et al.，2012）。680 nm 带的发光性强，即使在低氮无色的、480 nm 吸收带强度低于检出限的钻石中也可轻易被观测到。含 CO_2 和假 CO_2 的钻石的光谱中，480 nm 吸收带和 680 nm 发光带都可被观测到。680 nm 带的 ZPL 非常弱，因而不能直接检测到，它的位置估计在波长 565 nm 处。

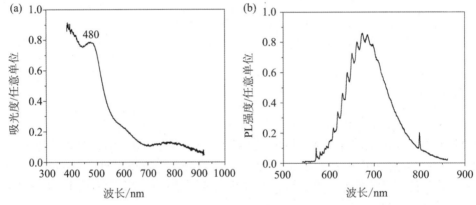

图 6.10　吸收光谱中的 480 nm 吸收带和 PL 光谱中的 680 nm 发光带

（a）一颗具有强 480 nm 吸收带的天然钻石的 FSI 吸收光谱。注意该带不显示精细结构，覆盖 440～550 nm 范围，波长约 680 nm 处的吸收强度下降是 480 nm 带对应的发光所致。（b）一颗具有 680 nm 带的深褐橙黄色天然钻石的 PL 光谱。

天然钻石中，导致 480 nm 带和 680 nm 带的缺陷仅限于褐色区域中，无色区域中没有这些缺陷。有趣的是，无 480/680 nm 带的无色区域可出现弱的 GR1 中心。

所有具有发育良好的 480 nm 吸收带的钻石在长波紫外灯下均有亮黄色荧光（Collins，1982）。这种荧光并不归属于 480 nm 带的缺陷，而是由总是伴随 480 nm 带但吸收很弱的缺陷产生的。680 nm 带较强时可产生"传输"发光效应（见图 6.10 a），因此 680 nm 带的荧光可增加钻石的红色调。680 nm 带的发光在含镍的钻石中可能特别强。

含 CO_2 和假 CO_2 的褐色钻石中，480 nm 吸收带在 2100℃ HPHT 处理后增强。具有明显 Y 中心[①]的天然钻石，经辐照和高温 HPHT 退火后可显示高强度的 480 nm 带和 680 nm 带（Hainschwang et al.，2012）（见图 6.11）。这一现象与在具有塑性变形的褐色钻石中观察到的相反（Hainschwang et al.，2008）。在高温加热时，480 nm 带的增强

———————————

① Y 中心的 IR 吸收峰为 1145 cm^{-1}——译者注。

可能是由氧转移到间隙位置所致。680 nm 带可经受的 HPHT 处理温度为 2100℃（Hain-schwang et al.，2008）。

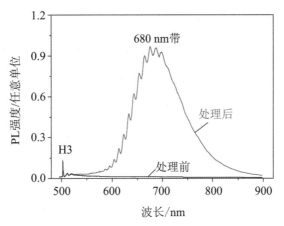

图 6.11　一颗红外光谱显示强 Y 中心的 I b 型钻石经电子辐照和 2250℃ HPHT 处理前后的 PL 光谱［据（Hainschwang et al.，2012）重绘］。

21. 482 nm 中心

482 nm 中心为 Ni 相关缺陷在吸收光谱中显示的吸收，经 1800℃ HPHT 处理可被破坏（Lawson and Kanda，1993），故其出现可作钻石未经处理的证据。

22. 488 nm 中心

488 nm 中心为 Ni 相关中心，见于未处理的天然钻石和合成钻石的 PL 光谱中。经 1700℃ HPHT 处理可产生，进一步的 1900℃ HPHT 处理可使其增强（Yelisseyev and Kanda，2007）。强 488 nm 中心是可能经 HPHT 处理的指示性特征。

23. 489.1 nm（S2 中心）

见 477.5 nm（S2 中心）部分内容。

24. 490.7 nm（491 nm 中心）

许多褐色 II a 型（具有微量 B 缺陷）、I aB 型和 I aAB 型钻石呈现 491 nm 中心发光，在 CL 光谱中尤其强，在 PL 光谱中也可见（见图 6.12a）。491 nm 中心总是出现在未

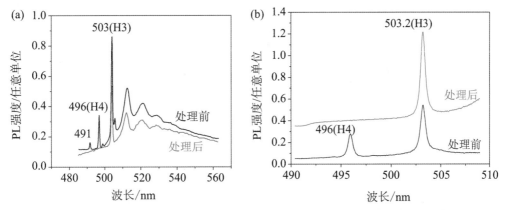

图 6.12　一颗 I a 型（a）和一颗 II a 型（b）钻石 HPHT 处理前后的 PL 光谱处理后 H4 中心完全消失［据（Anthony et al.，1999；Simic and Zaitsev，2012）重绘］。

处理的天然ⅠaA型钻石中，起因为一些钻石塑性变形产生的缺陷（Collins，2001；Collins et al.，2005）。491 nm中心仅在出现B缺陷的钻石中可见。天然未处理、具有塑性变形的ⅠaA型钻石中，491 nm中心总是伴有423 nm、406 nm中心，经HPHT处理后消失（Nadolinny et al.，2008）。

低温（NV中心稳定温度范围）HPHT处理后，491 nm中心强度明显降低。1700～1800℃下491 nm中心完全消失。压力不会改变491 nm中心的高温稳定性。对于褐色Ⅰa型钻石，无论是在真空中还是在大气压下，温度为1700℃时，491 nm中心都会完全消失（Collins et al.，2005）。491 nm中心的强度伴随着强H3中心和N3中心的形成以及最大强度在740 nm处的宽带的减弱而降低（Collins et al.，2000，2005；Collins，2001，2003；Nadolinny et al.，2009）。

ⅠaB型钻石中491 nm中心由高温下的塑性变形产生（Brookes et al.，1993）。然而，商业化的HPHT处理是不可能产生或加强491 nm的，所以491 nm中心的出现可作为钻石未经处理的证据（Smith et al.，2000；Van Royen and Palyanov，2002；Nadolinny et al.，2009）。

25. 491.5 nm 中心

491.5 nm中心可见于钻石的吸收光谱，与含Ni缺陷相关，经1800℃ HPHT处理后被破坏（Lawson and Kanda，1993），因此可作为钻石未经HPHT处理的证据。

26. 494 nm（2.51 eV）中心

494 nm中心可见于钻石的吸收光谱，与含Ni缺陷相关，经1700℃ HPHT处理后被破坏（Lawson and Kanda，1993；Yelisseyev and Kanda，2007）。然而，也有些合成钻石经2000～2200℃ HPHT处理后可产生494 nm吸收（Shigley et al.，1993），故494 nm中心不作为钻石是否经处理的证据。

27. 494.5 nm 中心

494.5 nm中心在未经处理的褐色钻石的PL光谱中可见。在HPHT处理中会被破坏，不会经辐照和传统退火工序被重新引入（Simic and Zaitsev，2012）（见图6.13），故

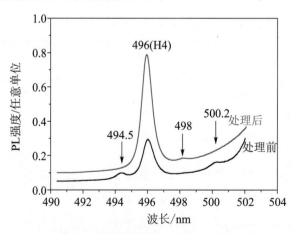

图6.13 一颗经多重处理前后的"粉色"钻石的PL光谱

处理后494.5 nm中心消失，辐照退火形成弱的498 nm中心。光谱在液氮温度下用激发波长488 nm测得（Simic and Zaitsev，2012）。

494.5 nm 中心是钻石未经处理的很好的证据。

28. 496.2 nm（H4 中心）

当 B 缺陷（N_4V）捕获一个空位后会转变成 N_4V_2 缺陷，在电中性条件下产生 H4 中心，在电负性条件下产生 H5 中心（Vins et al.，2011b）。除了 ZPL 的位置外，H4 中心与 H3 中心的光谱相似（H4 中心的 ZPL 为 496 nm，H3 中心的 ZPL 为 503 nm）（见图 6.12）。注意 H4 中心的 ZPL 吸收不能与 H3 中心的第一级振动吸收（495 nm）混淆：二者几乎在 495 nm 处重合。H3 中心和 H4 中心的相似性在发光光谱中尤其明显。

H3 中心在天然钻石中很常见且特征很明显，而 H4 中心通常很弱。因为 H4 中心的吸收特别弱，故在绝大多数钻石的吸收光谱中都测不到，即使是在 IaB 型彩钻的吸收光谱中也未出现 H4 中心的强吸收（Collins et al.，2000；Collins，2003）。相比之下，几乎所有天然钻石的 PL 光谱中都能检出 H4 中心的痕迹（Anthony et al.，1999）。

天然钻石中，产生 H4 中心的缺陷倾向于靠近表面，可能被辐照。因此，该中心在成品钻石的吸收光谱中（因表皮被切磨去除）几乎总是检测不到（Collins，1982）。H4 中心对钻石颜色的影响类似于 H3 中心，除了不存在"绿色传输"效应之外——从未有关于 H4 中心导致的这一效应的报道。H4 中心的强吸收可贡献黄、橙和褐色（Collins et al.，2000）。

H4 中心的稳定温度大约在 1500℃，更高温度下 H4 中心被破坏，释放出的 N 有助于形成 H3 中心和 NV 中心（Collins et al.，2000；Collins，2001，2003；Vins and Yelisseyev，2008；Vins and Yelisseyev，2010）。H4 中心退火也会产生 ZPL 在 536 nm、576 nm、454 nm 和 439 nm 的吸收中心。536 nm 和 576 nm 中心常见于褐色钻石的 PL 光谱中（Collins et al.，2005）。

由于稳定温度低，H4 中心在 HPHT 处理后会消失，即使是在含 B 缺陷多的处理钻石中也检测不到它（Collins et al.，2000，2005；Collins，2003；Okano，2006）。H4 中心被认为转变成了 H3 中心，这种转变非常快，在 1600℃ 以上处理时用时不超过 30 s（Vins et al.，2008）。天然钻石的 PL 光谱中缺失 H4 中心和 491 nm 中心是其经过了 HPHT 处理的强有力证据。只有非常稀少的、含氮量低于 0.01 ppm 的 IIa 型钻石不显示这些中心的发光（Anthony et al.，1999）。

含 B 缺陷的钻石经辐照后在 800℃ 以上退火容易产生 H4 中心。因此，H4 中心常见于多重处理钻石的吸收光谱和 PL 光谱中（Erel，2009）。例如，H4 中心是"帝王红"钻石 PL 光谱中的一个常见特征（Wang et al.，2005）。因此，具有 H4、H2、H1b、H1c 或 594 nm 中心吸收的黄/绿色钻石基本可以肯定其颜色是经辐照处理产生的（Collins，2003）。

当 B 缺陷被活动的位错破坏时，H4 中心也可由 B 缺陷转变而成（Nadolinnyi et al.，2004）。由此可推测，在低温 HPHT 退火处理的褐色钻石中至少有微量的 H4 中心产生，特别是 IaB 型褐色钻石。由于商业 HPHT 处理不是在低温下进行的，故 H4 中心的出现可被认为是钻石未经处理的有力证据，尤其是低氮、未处理钻石的特征（Smith et al.，

2000）。不过，同时还要考虑在 HPHT 处理后使用辐照加低温退火的方式在钻石中重新引入 H4 中心的可能性。

使用下列关系式可估算 H4 中心的缺陷含量［基于（Davies，1999；Davies et al.，1992）的数据］：

$$X_{H4}（ppm）= 0.25I_{ZPL-H4}（cm^{-1}）$$

式中，I_{ZPL-H4} 为液氮温度下测得的 H4 中心 ZPL 的吸收强度，单位为 cm^{-1}。

29. 496.7 nm（S3 或 NE1 中心）

S3 中心与包含 Ni 和 N 原子的缺陷有关，见于天然和合成钻石的 PL 光谱中（见图 6.9）。钻石中的 S3 中心形成于自然界或实验室的高温退火过程中（Lang et al.，2007；Yelisseyev and Kanda，2007），自 1700℃ 开始产生，进一步加热至 1900℃ 及以上后增强（Yelisseyev and Kanda，2007）。出现 S3 中心不是钻石经过 HPHT 处理的证据，然而，如果出现高强度的 S3 中心，则必须进一步检测钻石经 HPHT 处理的可能性。

30. 498 nm 中心

498 nm 中心见于褐色钻石的 PL 光谱中（Simic and Zaitsev et al.，2012）。钻石经 HPHT 处理后 498 nm 中心可被破坏，但也能经辐照＋常规退火重新引入（见图 6.13）。产生 498 nm 中心的缺陷暂时被认为是陷于褐色带内的 H4 缺陷的变体。因此，498 nm 中心随着褐色的去除而被破坏。当钻石的 PL 光谱中出现 498 nm 中心而无证据表明其经过人工辐照时，可认为未经处理。

31. 500 nm 中心

500 nm 中心与 Ni 相关，见于钻石的 PL 光谱。这一中心经 1700℃ HPHT 处理产生，在 1900℃ HPHT 处理中会被破坏（Yelisseyev and Kanda，2007）。500 nm 中心的出现意味着钻石可能经低温 HPHT 处理，同时可排除钻石经高温 HPHT 处理的可能性。

32. 500 nm 带

500 nm 带为 Ⅱb 型钻石磷光光谱中最大发光强度在 500nm 处的宽带（详见下文中图 6.44），与 660 nm 磷光发光带相关（见下文）。500 nm 带暂时归因于涉及硼受体的供体－受体辐射复合缺陷和一些具有取代氮原子作为深供体的缺陷（Watanabe et al.，1997；Eaton-Magana and Lu，2011）。与 660 nm 带相比，500 nm 带源于热稳定性较高的缺陷，可经受 HPHT 处理。磷光光谱中占优势的 500 nm 带是经 HPHT 处理的 Ⅱb 型钻石的典型特征和主要的鉴别证据。

33. 501 nm 中心

501 nm 中心为 Ni 相关吸收峰，经 1800℃ HPHT 处理可被破坏（Lawson and Kanda，1993），故可作为钻石未经 HPHT 处理的证据。

34. 500.2 nm 中心

500.2 nm 中心见于天然未处理褐色钻石的 PL 光谱中（见图 6.12）。该中心在钻石经 HPHT 处理后会被破坏，经多重处理不能再引入（Titkov et al.，2010；Simic and

Zaitsev, 2012), 故其是钻石未经 HPHT 处理的有力证据。

35. 502.5 nm (2.468 eV) 中心

502.5 nm 中心与 Ni 相关可见于钻石的 PL 光谱, 经 1700℃ HPHT 处理被破坏 (Yelisseyev and Kanda, 2007), 可作为钻石未经 HPHT 处理的证据。

36. 503.2 nm, H3 中心

H3 中心是钻石中研究最深入的光学中心之一, 也是涉及 HPHT 处理过程最常见的氮相关中心之一。H3 中心可见于任何含氮的钻石中: 包括天然未处理的、HPHT 合成的、CVD 合成的、天然经 HPHT 处理的等。H3 中心缺陷的原子结构是 NVN——两个取代氮原子联结一个共同的空位。在液氮温度下测量吸收光谱时, H3 中心表现为一个最强吸收在 480 nm 处的宽振动结构带, ZPL 在 503.2 nm 处。在室温下测量时, ZPL 和振动结构带几乎消失, 显示为 420~510 nm 间分散的无结构谱带。因 H3 中心吸收绿、蓝色光, 会让钻石显现黄、橙或褐色 (Collins et al., 2000)。强的 H3 中心吸收 (天然未经处理的钻石中非常少见) 让钻石在绿色和蓝色光谱区几乎不透明, 而使钻石呈橙色。这种 H3 中心呈现出的橙色看起来与 "自然的" 橙色不同, 因而易于区分 (Collins, 1982)。这种橙色常见于辐照 + 退火处理的钻石中。

钻石晶格中的 NVN 缺陷可存在中性和负电性两种状态。两种状态均具有光学活性, 中性 NVN 形成 H3 中心, 负电性 NVN 形成 H2 中心 (详见下文)。NVN 缺陷的电性取决于是否存在可以在室温下释放自由电子的供体缺陷, 天然钻石中最常见的这种供体缺陷是 C 缺陷。因此, 大量的 C 缺陷可增加 H2 中心的相对强度, 同时降低 H3 中心的相对强度。

H3 中心具有很高的量子效率, 因此其发光效率非常高。任何钻石中, 即使只有微量的 N, 基本都能检测到 H3 中心的发光。然而, H3 中心的吸收并不易被测到。H3 中心的强吸收在天然未处理钻石中是非常少见的, 目前还未在天然原生钻石中发现强度达到数 cm^{-1} 的 H3 吸收 (Collins, 2003)。然而, 天然褐色钻石经常显示弱的 H3 中心吸收, 可被认为是这类钻石的普遍特征。一些褐色和黄色的未处理 I 型钻石可出现相当明显的自然形成的 H3 中心吸收 (Collins, 1982, 2003; Collins et al., 2000)。天然粉色钻石中也可见低含量的 H3 中心 (De Weerdt and Van Royen, 2001)。

在具有高内部应力和塑性变形的天然钻石中, H3 中心特别强 (例如, 带壳钻石的壳/核分界处) (Yelisseyev et al., 2004)。绝大多数显示 H3 中心的钻石是具有强塑性变形的褐色钻石 (具有褐色色带), 这些钻石不显示 "绿色传输" 效应 (Collins et al., 2000)。塑性变形钻石中 H3 中心的增强可用 A 缺陷与产生空位的移动位错的相互作用来解释 (Kiflawi and Lang, 1976; Van Enckevort and Visser, 1990)。

H3 中心是典型的辐照中心。在辐照处理钻石中, NVN 缺陷由 A 缺陷捕获辐照引起的空位形成。任何高能量的辐照伴随超过 500℃ 的退火都能导致含氮钻石中形成 H3 中心 (见图 6.14)。辐照和退火的作用是产生单一空位并传送给已经存在的 A 缺陷。

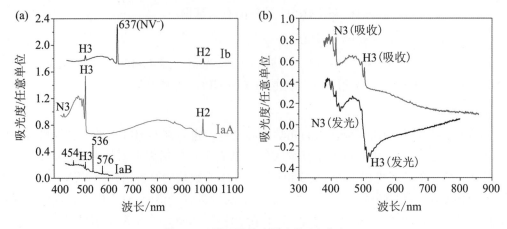

图 6.14　钻石吸收光谱中的 H3 中心

（a）ⅠaA 型、ⅠaB 型和 Ⅰb 型钻石经辐照后再经 1600～1650℃退火处理的吸收光谱［据（Collins，2007）重绘］。占优势的中心分别是：ⅠaA 型中是 H3 中心和 H2 中心、ⅠaB 型中是 536 nm 中心、Ⅰb 型中是 638 nm 中心（NV$^-$）。（b）两颗显示相同强度 H3 中心吸收的 HPHT 处理钻石的 FSI 吸收光谱：含 340 ppm A 缺陷和 450 ppm B 缺陷的高氮钻石不显示"绿色传输"效应（红线）；含 10 ppm A 缺陷和 310 ppm B 缺陷的中等氮含量的钻石显示非常强的 H3 中心"绿色传输"效应和 N3 中心"蓝色传输"效应（黑线）。强"传输"效应的原因是 A 缺陷含量低，A 缺陷能高效地猝灭发光。

　　除了辐照外，在塑性变形的褐色钻石中，还可以通过加热分解空位簇产生单一空位。H3 中心的形成和增强是 HPHT 处理规则褐色钻石的特征。Brookes 等（1993）报道了高温下 ⅠaA 型钻石中 H3 中心在塑性变形过程中的形成。大多数情况下，在低于 1900℃的温度下对褐色 Ⅰa 型钻石进行 HPHT 处理，钻石颜色不发生明显变化，H3 中心略有增加。当温度升至 2100℃，褐色消失，H3 中心剧烈增强（De Weerdt et al.，2004）。这些钻石中，H3 中心的强度和粉带相关，这表明"粉带缺陷"和"褐色连续吸收缺陷"释放的空位是 HPHT 处理后 H3 中心增强的主要原因（De Weerdt and Collins，2007）。褐色对 H3 中心的产生至关重要。在无褐色调的"开普黄"钻石中，HPHT 处理不产生 H3 和 H2 中心。然而，这些钻石经 HPHT 处理后形成 C 缺陷，其含量足以加深原来的黄色，红外光谱中出现 1344 cm^{-1}吸收峰（Collins，2001；Collins et al.，2005）。与褐色钻石相反，含 CO_2 和假 CO_2 的钻石经 2000℃ HPHT 处理后 H3 中心并不增强（Hainschwang et al.，2005）。

　　在含氮量高的 ⅠaA 型 HPHT 处理钻石中，如果这些钻石没有与空位相关的缺陷（没有褐色），可能根本就不形成 H3 中心。因此，一些 ⅠaA 型无色钻石经 HPHT 处理后并未检测到 H3 中心的强度变化（Vins and Yelisseyev，2008）。尽管这些钻石可能含有大量 C 缺陷，但它们仅有极少量的 NV 中心。相反，含有大量 A 缺陷的钻石在 HPHT 处理过程中产生塑性变形时会出现含量非常高的 H3 中心，含有大量 B 缺陷的钻石在经 HPHT 处理产生塑性变形时也会出现增强的 H3 中心。注意，由于 H4 中心的高温稳定性低，IaB 型钻石在经过 HPHT 处理后检测不到 H4 中心（Brookes et al.，1993）。

压力不是 H3 中心形成的重要参数。褐色 Ia 型钻石在真空或常压下 1700℃退火很容易形成 H3 中心。这样的退火通常会使 491 nm 和 H4 中心消失，H3 中心增强。进一步在 1750℃退火可能使 H3 中心强度增加一个数量级（Collins et al.，2005）。

因为 H3 中心的高量子效率，在日光照射下可产生肉眼可见的绿色发光。一些钻石中，这种发光强得足以使钻石呈现绿色。具有 H3 中心所致的绿色成分的钻石被称为"绿色传输者"。H3 中心的"绿色传输"效应在许多 Ia 型 HPHT 处理钻石的 FSI 吸收光谱中可见，表现为 500～600 nm 范围的负吸收带（De Weerdt and Van Royen，2000）（见图 6.14b）。极少有未处理的褐色至黄色成品钻石的正面颜色强度会被"绿色传输"效应影响（Moses，1997；Buerki et al.，1999；Fritsch，1998；Reinitz et al.，2000）。但是，"绿色传输"效应是 HPHT 处理 Ia 型钻石中一个非常典型的特征。"绿色传输"效应也是 HPHT 处理黄/绿色钻石中最先被发现的特征之一，并被用于 HPHT 处理钻石的鉴别。褐色 Ia 型钻石经 HPHT 处理后几乎都变成了"绿色传输者"（TM and IR，1999；Haske，2000；Reinitz et al.，2000；Collins et al.，2000）。

天然"绿色传输者"往往显示弱 H2 中心（Buerki et al.，1999；Wang and Moses，2004）。在少数情况下，具有"绿色传输"效应的天然 Ib 型钻石可出现 H2 中心和 638 nm 中心吸收。这一特征在高氮和低氮 Ib 型钻石中都可见（Hainschwang and Notari，2004）。经 HPHT 处理的"绿色传输者"显示出增强的 H2 中心（Haske，2000）。尽管 H2 中心是"绿色传输者"的典型特征，但也有报告报道了存在"绿色传输"效应而无 H2 中心的钻石（Buerki et al.，1999）。

尽管 H3 中心的发光并不取决于它的形成过程，但是天然的和 HPHT 处理形成的"绿色传输者"钻石在视觉外观上可不同。研究发现，在日光下发亮绿色的光是天然的"绿色传输者"的特性，而 HPHT 处理诱导的"绿色传输者"在 LW-UV 和 SW-UV 激发下呈现强的白垩状黄绿色发光，并有余辉（Collins，2003；Tretiakova，2009）。

初始色为褐色的钻石经 2000℃以上（Collins et al.，2000；Collins，2001）HPHT 处理时，大量 A 缺陷被破坏，"绿色传输"效应增强。如果处理温度不够高，例如 1800℃左右，H3 中心可产生强吸收，但发光相对较弱（Collins，2001）或几乎无"绿色传输"效应。因此，"绿色传输"效应是中温 HPHT 处理的特征。

"绿色传输"效应明显受 A 缺陷的抑制（Wang and Moses，2004；Hainschwang，2002）。因此，"绿色传输者"只能含有低至中等含量的 A 缺陷（Collins，2003）。A 缺陷的抑制作用随其含量增加显著增强：如果 A 缺陷的含量低于 50 ppm，钻石中几乎所有的色心都远离 A 缺陷，观测不到明显的猝灭现象（Davies et al.，1978；Anthony et al.，1999）；100 ppm 的 A 缺陷会降低约 15%的发光强度；A 缺陷含量升至 300 ppm 时会使钻石发光强度降低两个数量级。尽管高氮 Ia 型钻石中"绿色传输"效应被抑制，但 H3 中心的吸收强度仍保持在非常高的水平。这些高氮钻石的特征之一是呈暗绿色，比 HPHT 处理 Ia 型钻石的典型绿色还深（Wang and Hall，2007）。因此，高氮钻石中

H3 中心吸收强而无"绿色传输"效应并不意味着钻石未经 HPHT 处理。

　　"绿色传输"效应经 HPHT 处理增强，而经辐照并常规退火后可能减弱甚至消失。退火后残余的辐照损伤会抑制 H3 中心发光。图 6.15 中，谱线 a 为一颗 HPHT 处理钻石的吸收光谱，595 nm 中心的出现表明钻石经 HPHT 处理、辐照和低温退火［数据来源（Hainschwang et al.，2002）］。谱线 b 为一颗经辐照和退火后显示强 H3 中心的高氮 Ia 型钻石的吸收光谱。两颗钻石均无明显的"绿色传输"效应。

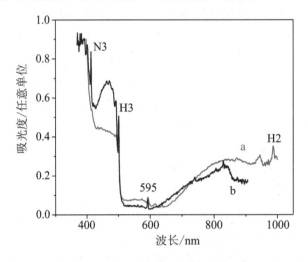

图 6.15　钻石的"绿色传输"效应被抑制

　　H3 中心的高温稳定性相对较高。褐色 Ia 型钻石在 HPHT 处理过程中，H3 中心开始形成的温度是 1700℃；褐色 IaB 型钻石在 HPHT 处理过程中诱导 H3 中心形成的温度在 1800℃及以上（Vins and Yelisseyev，2010）。Ib 型合成钻石在处理过程中，H3 中心形成和含量明显增加的温度超过 1800℃（Kanda and Jia，2001）。掺杂氮的 CVD 合成钻石经 1900℃及以上温度的 HPHT 处理会产生 H3 中心强发光（Twitchen et al.，2003），经 2025℃处理后可同时出现 H2 中心和 H3 中心（Collins et al.，2000）（见图 6.16）。褐色 Ia 型钻石中，2000℃是 HPHT 处理过程中形成 H3 中心的一个临界值：低于该温度，H3 中心含量随处理时间延长而渐渐增加；温度超过 2000℃，H3 中心在最初的几分钟内形成，之后渐渐被破坏；温度超过 2100℃，H3 中心含量明显降低（Vins and Yelisseyev，2008；Vins et al.，2008）。HPHT 处理过程中 H3 中心的破坏在初始色为褐色的 IIa 型钻石中尤为明显，并可完全消失（Smith et al.，2000）。H3 中心的活化和破坏的温度临界值取决于 HPHT 处理时间：处理时间越长，H3 中心稳定的温度临界值越低。如果热处理是短时间的，H3 中心可经受非常高的温度。例如褐色 Ia 型钻石，当 HPHT 处理处于"脉冲状态"时，H3 中心的强度可随温度上升而升高，最高可达 2300℃。然而，H3 中心通常不能经受高温退火。大多数钻石经 2300℃下 10 min 的 HPHT 处理后，H3 中心就会被破坏（见图 6.17）。在接近褐色的钻石中，H3 中心强度随 B 缺陷含量的增加而增大（De Weerdt and Collins，2007）。

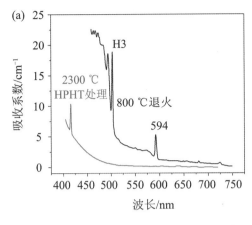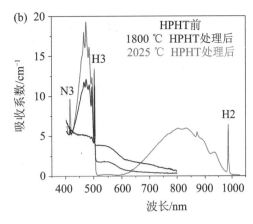

图 6.16 同时出现的 H2 中心和 H3 中心

（a）一颗中子辐照钻石经 800℃ 退火（黑线）和 2300℃、5 GPa HPHT 退火（红线）后的吸收光谱（Collins et al.，2005）。（b）初始色为褐色的 Ia 型钻石 HPHT 处理前（黑线）与 1800℃ 处理后（蓝线）和 2025℃ 处理后（红线）的吸收光谱。第一步 1800℃ HPHT 处理将褐色转变成黄褐色，第二步 2025℃ 处理实质上消除了褐色连续吸收而形成了带残余褐色调的绿色（Collins et al.，2001）。

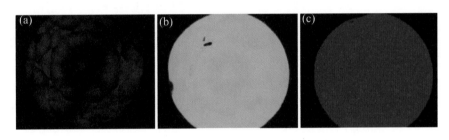

图 6.17 H3 中心和"绿色传输"效应的破坏

（a）一颗初始色为褐色的天然 Ia 型钻石；（b）该钻石经第一步 1900℃ HPHT 处理后；（c）该钻石经第二步 2400℃ 处理后。经第一步低温处理，钻石显示出 H3 中心的强绿色荧光，再经 2400℃ 处理后荧光消失。

辐照可促进 H3 中心在高温下的破坏。例如，高氮 IaAB 型钻石经电子或中子重度辐照后，再经 2300℃ HPHT 退火，光谱中不再出现 H3 中心（Collins et al.，2005）。

褐色钻石中，H3 中心形成的活化能在 2～4 eV 之间，并随褐色强度的增大而降低；H3 中心的分解活化能更高，为 8 eV。

H3 中心是彩色 Ia 型钻石经 HPHT 处理后的典型产物。然而，H3 中心的出现只有在下列情况下才能作为钻石经 HPHT 处理的证据：①吸收强度高（Collins，2003）；②显示明显的"绿色传输"效应；③与 H2 中心同时出现。因为 H3 中心可在 2000℃ 以上退火消失，必须牢记出现强的 H3 中心和强"绿色传输"效应是低中温 HPHT 处理的证据（见图 6.18）。电中性的 NVN 缺陷（H3 缺陷）的含量 X_{H3}（ppm）可用下列关系式估算（Davies，1999；Davies et al.，1992）：

$$X_{H3}(\text{ppm}) = 0.25 I_{\text{ZPL}-H3}(\text{cm}^{-1})$$

式中，$I_{\text{ZPL}-H3}$ 是在液氮温度下测得的 H3 中心 ZPL 的吸收强度（单位：cm^{-1}）。

或：

$$X_{H3}(\text{ppm}) = 0.5 I_{485\,\text{nm}}(\text{cm}^{-1})$$

式中，$I_{485\,\text{nm}}$ 是 H3 中心在波长 485 nm 处在室温下的吸收强度（单位：cm^{-1}，使用这个公式时，必须正确地扣除 H3 中心的背景吸收）。

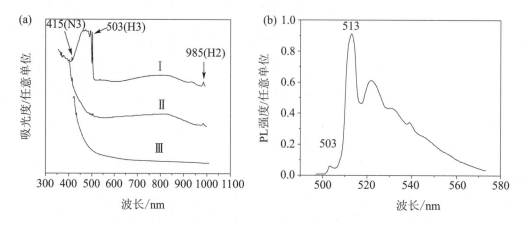

图 6.18　含 H3 中心的钻石的吸收光谱和 PL 光谱

图 6.18a 是经 HPHT 处理成黄绿色的Ⅰa 型钻石的吸收光谱。图中，Ⅰ为最常见的光谱，显示强 H3 和 H2 中心、弱 N3 中心，这种是典型的温度低于 2300℃ HPHT 处理Ⅰa 型钻石的光谱。Ⅱ为某些 HPHT 处理钻石的光谱，经 2300℃ 及以上 HPHT 处理的Ⅰa 型钻石可能显示这种光谱。Ⅲ为 HPHT 处理黄至褐黄色钻石的典型光谱，这是常见的含氮高温 HPHT 处理钻石的光谱（Reinitz et al.，2000）。图 6.18b 是一颗初始色为褐色的ⅠaA 型钻石经 1850℃ HPHT 处理后的 PL 光谱。H3 中心是光谱中的主要特征，ZPL 线的强度因为再吸收效应而被极大地减弱（Nadolinny et al.，2009）。H3 中心 ZPL 相对弱是经 HPHT 处理的初始色为褐色的ⅠaA 型钻石的特征之一。

37. 503.5 nm（3H 中心）

与 GR1 中心和 TR12 中心相同，3H 中心是辐照钻石中一种典型的特征。大约 70% 的天然钻石光谱中显示 3H 中心。特别是，在天然未处理的Ⅱa 和Ⅱb 型钻石中可检测到 3H 中心（Eaton-Magana and Lu，2011）。

3H 中心在吸收光谱和发光光谱中均可被检测到。PL 光谱中有 3H 中心的钻石也显示有 540.7 nm 峰，540.7 nm 峰被认为与 3H 中心有关（Choi et al.，2011），也许 540.7 nm 峰是由 3H 中心在 170 meV 处的局部振动导致的。

3H 中心与钻石的一个内在间隙缺陷有关，因此它的高温稳定性低。3H 中心的出现是钻石未经 800℃ 以上热处理的可靠证据，也即未经 HPHT 处理（De Weerdt and Van Royen，2000；Zaitsev，2002）。钻石中的 3H 中心可通过机械损伤（研磨、抛光）和离子束抛光形成（Mora et al.，2005），因此在经 HPHT 处理后重新切磨的钻石的光谱中也偶尔见到弱的 3H 中心。此外，还有人通过低剂量电子辐射在 HPHT 处理钻石中故意诱导出弱的 3H 中心（连同 GR1 中心）——这也是一个用于隐瞒 HPHT 处理的伎俩。

38. 505 nm 中心

505 nm 中心见于天然褐色钻石的 PL 光谱中（Gaillou et al. , 2010；Titkov et al. , 2010；Simic and Zaitsev，2012）。它可被 HPHT 处理破坏，但又可由电子辐照 + 退火重新产生（Simic and Zaitsev，2012）（见图 6.19）。505 nm 中心目前被认为是陷于褐色带中的改性 H3 中心。因此，505 nm 中心随着褐色的去除而被破坏。如果钻石在 PL 光谱中显示 505 nm 中心，并且没有人为辐照的迹象，那么它可以肯定地被鉴定为未经处理。

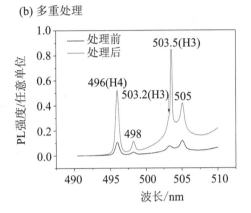

图 6.19   两颗钻石经处理前后的 PL 光谱

两颗钻石最终的颜色是无色（a）和粉色（b）。经 HPHT 处理后辐照和常规退火处理，粉钻显示 3H 中心和 505 nm 中心。光谱在液氮温度下用 488 nm 波长激发测得（Simic and Zaitsev，2012）。

39. 511 nm 中心

511 nm 中心是 1700℃ HPHT 处理产生的 Ni 相关的吸收中心，在 1800℃ 以上的进一步处理后可被破坏（Lawson and Kanda，1993；Yelisseyev and Kanda，2007）。因此，511 nm 中心可看作钻石经低温 HPHT 处理的证据，排除中高温处理。

40. 515 nm 中心

515 nm 中心与 Ni 相关，可见于钻石的 PL 光谱。经 1700℃ HPHT 处理可被破坏（Lawson and Kanda，1993；Yelisseyev and Kanda，2007），因此 515 nm 中心的出现可表明钻石未经 HPHT 处理。然而，为了肯定地排除钻石经低温 HPHT 处理的可能性，发现 515 nm 中心后还必须结合其他光学中心进行分析。

41. 516 nm 中心

516 nm 中心为 Ni 相关吸收中心，在 1700℃ 热处理下产生，经进一步的 1900℃ HPHT 处理会被破坏（Yelisseyev and Kanda，2007）。516 nm 中心的出现可看成是钻石经低温 HPHT 处理的证据。

42. 518.5 nm 中心

518.5 nm 中心为 Ni 相关吸收中心，在 1800℃ HPHT 处理后会被破坏（Lawson and Kanda，1993），故可作为钻石未经 HPHT 处理的证据。

43. 519.7 nm 中心

519.7 nm 中心出现在一些天然褐色钻石中，其性质目前尚不清楚。它在 1700～1800℃ HPHT 处理后消失（Collins et al，2000）。它的出现可作为钻石未经 HPHT 处理的确切证据。

44. 520.5 nm 中心

520.5 nm 中心是 Ni 相关吸收中心，经 1800℃ HPHT 处理后会被破坏（Lawson and Kanda，1993）。它的出现也可作为钻石未经 HPHT 处理的证据。

45. 523.3 nm（S2 中心）

参见 477.5 nm 中心部分。

46. 523.6 nm 和 626.3 nm 中心

523.6 nm 中心和 626.3 nm 中心可见于经电子辐照的Ⅰb 型钻石的吸收光谱和 PL 光谱中（Collins and Rafique，1979；Fisher et al.，2006）。这些中心是氮－间隙复合体的两种不同的电荷态。对于具有低含量 C 缺陷的Ⅱa 型钻石，经低剂量的电子辐照后，这两个中心都在 PL 光谱中有活性，容易被测到。523.6 nm 和 626.3 nm 中心出现在无色Ⅱa 型钻石的光谱中可被认为是钻石经 HPHT 处理后再经低剂量辐照的强有力的指示。这些被处理过的钻石的 PL 光谱中也应可检测出弱的 GR1 中心（见图 6.20）。

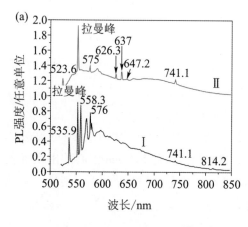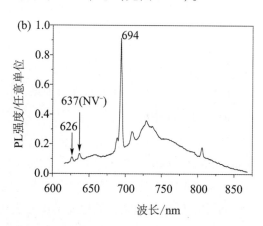

图 6.20　PL 光谱中的 GR1 中心

图 6.20a 为Ⅱa 型褐色钻石处理前（Ⅰ）和 HPHT 处理后并辐照（Ⅱ）的 PL 光谱，两条谱线都显弱的 GR1 中心。536 nm（ZPL 535.9 nm）和 558 nm（ZPL 558.3 nm）中心被彻底破坏［据（Fisher et al.，2006）重绘］，处理后的钻石的光谱出现 523.6 nm 和 626.3 nm 中心。图 6.20b 为经 HPHT 处理后的褐绿黄色钻石的 PL 光谱，出现三个

HPHT 处理的特征光学中心：626 nm、638 nm 和 694 nm。

47. 527.5 nm 中心

527.5 nm 中心为 Ni 相关吸收中心，经 1700℃ 热处理后产生，在 1900℃ HPHT 处理后被破坏（Yelisseyev and Kanda，2007），可被认为是钻石经低温 HPHT 处理的证据。

48. 536 nm 中心

许多未经处理的褐色、粉色 IaAB 型钻石的吸收光谱和 PL 光谱中都可出现 536 nm 中心，有的甚至很强（见图 6.21）。536 nm 中心是阿盖尔粉钻中常见的一个特征（Gaillou et al.，2010），表明钻石中 B 缺陷及其衍生物的存在（Iakoubovskii and Adriaenssens，2002）。褐色钻石中 575 nm 中心（NV^0）常常伴随 536 nm 中心出现。536 nm 中心可经 1500℃ 热处理产生（Collins，1982）。经高达 2000℃ 的 HPHT 处理的 IaAB 型钻石中 536 nm 中心还可以很强，相比之下，HPHT 处理 IIa 型钻石中 536 nm 中心很弱（Shiryaev et al.，2001；Tretiakova and Tretyakova，2008），这表明 536 nm 中心与氮缺陷有关。536 nm 中心是天然"绿色传输者"中的一个特征（Tretiakova，2009）。高温 HPHT 处理可破坏 536 nm 中心，故 536 nm 中心的出现可作为 IIa 型钻石未经高温 HPHT 处理的证据，但不排除经低温处理或处理后又经辐照和退火的可能。例如，"帝王红"钻石中出现 536 nm 中心是其普遍特征（Wang et al.，2005）。

536 nm 中心属于刚性原子结构缺陷。与许多其他光学中心不同，536 nm 中心在不同内应力的钻石中，其 ZPL 的光谱宽度不改变（Eaton-Magana，2011）。

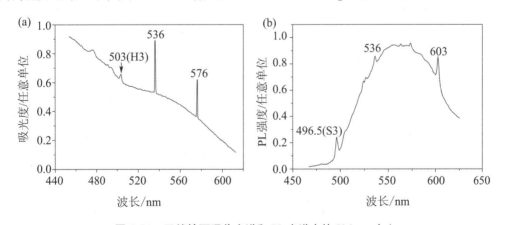

图 6.21　天然钻石吸收光谱和 PL 光谱中的 536 nm 中心

（a）一颗未经处理的天然褐色钻石在液氮温度下测试的吸收光谱［据（Collins and Ly，2002）重绘］，536 nm 中心是其中一个主要特征。（b）一颗未经处理的阿盖尔绿灰色钻石的 PL 光谱［据（Iakoubovskii and Adriaenssens，2002）重绘］。

49. 537.5 nm 和 549 nm 中心

537.5 nm 和 549 nm 中心是两个独立的、与 Ni 相关的、由 1700℃ 处理产生的 PL 光谱中心，进一步的 1900℃ HPHT 处理可将其破坏（Yelisseyev and Kanda，2007）。它们

的出现可看作低温 HPHT 处理的证据，然而，它们未出现并不能排除钻石经处理的可能性。反之，含 Ni 钻石的 PL 光谱中缺失 537.5 nm 和 549 nm 中心可作为高温 HPHT 处理的提示性特征（见图 6.22）。图 6.22a 是一颗经 HPHT 处理的 IaAB 型钻石的 PL 光谱，显示强 549 nm 中心和其他与 Ni 相关中心在 603.5 nm、639.5 nm 的 ZPL。这些中心的出现表明 HPHT 处理在低温（大约 1800℃）下进行。这颗钻石显示出独特的"荧光笼"，这也是钻石经 HPHT 处理的证据。图 6.22b 是一颗初始为褐色的 IIa 型钻石（黑线）经 HPHT 处理转变为无色（红线）的 PL 光谱，HPHT 处理消除了 536 nm、537.5 nm 和 576 nm 中心（Simic and Zaitsev，2012）。

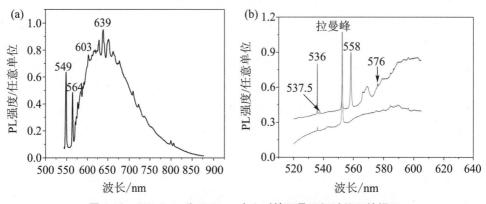

图 6.22　537.5 nm 和 549 nm 中心对钻石是否经过处理的提示

50. 550 nm（粉带）

粉带是最强吸收在 550 nm 处的宽吸收带，是塑性变形的天然粉钻和一些褐色钻石的典型特征（Collins，1982）（见图 6.23），也是天然粉色钻石的致色原因。其原子模型还不清楚，只有关于其空位性质的假设（De Weerdt and Collins，2007），还有观点认为

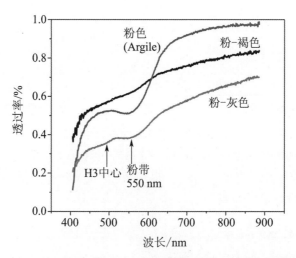

图 6.23　三颗显示"粉带"的不同颜色钻石在室温下的透射谱

粉带与塑性变形产生的顺磁 M2 中心有关（Titkov et al.，2008；Titkov et al.，2010）。粉带和褐色连续吸收有密切相关性。褐色连续吸收的理论模型假设其具有多波段结构，粉带可能就是其中的一个带。天然褐色和粉色钻石中观测到的粉带可能通过冷却或 SW 紫外光照射而被漂白（De Weerdt and Van Royen，2001）。这种漂白现象表明，粉带的强度取决于相关缺陷的电荷状态。由于这种电效应，经过 HPHT 处理的 Ia 型钻石的粉带强度可以通过提高 C 缺陷的含量加以控制。

粉带是一个高温稳定性良好的特征，通常能耐受中等温度的 HPHT 处理（见图 6.24a）。然而在某些钻石中，经真空常压下 1600℃ 低温退火后粉带可明显减弱（见图 6.24b），在 2200℃ 以上退火则显著减弱甚至完全消失（De Weerdt and Van Royen，2000；Hainschwang et al.，2008）（见图 6.24d）。粉带的出现是钻石未经高温 HPHT 处理的有力证据，但是经中低温 HPHT 处理的可能性却很大。而且，中温 HPHT 处理可增强粉带、掩盖减弱的褐色而使天然褐色钻石转变为粉色（见图 6.24a）。因此，对于褐粉色钻石，尤其是浅粉色钻石，应更仔细地检验其是否经 HPHT 处理。

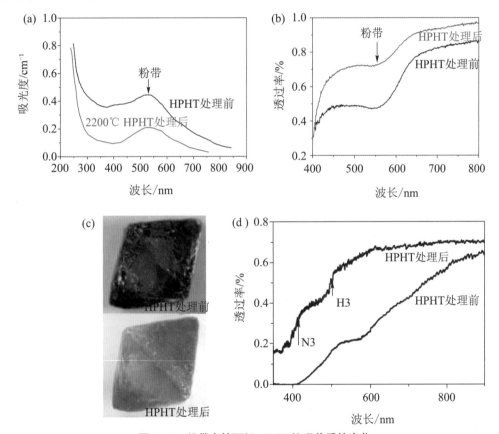

图 6.24 粉带在钻石经 HPHT 处理前后的变化

（a）这颗初始色为褐色的 Ⅱa 型钻石的吸收光谱中显示粉带，HPHT 处理明显减弱了褐色连续吸收的强度，粉带吸收强度几乎无变化［据（Vins and Yelisseyev，2010）重绘］。（b）一颗天然彩粉色钻石处理前和真空 1580℃ 处理 2 h 后的透射谱，处理后 550 nm 粉带减弱，钻石最终颜色为浅粉色。（c）褐色毛坯钻石在 2000℃、大气压下处理 15 s 前后的照片。（d）一颗钻石在 HPHT 处理前后的透射光谱，处理前粉带清晰可见，处理后完全消除了粉带［据（Vins et al.，2010）重绘］。

无论是在天然未经处理的还是经过处理的钻石中，粉带的吸收强度都不高。因此，粉带不会产生深粉红色。为了获得明显的粉红色，Ⅱa 钻石在 HPHT 处理后粉带的吸收强度必须至少比褐色连续吸收背景高 0.5 cm^{-1}。

51. 553（554）nm 中心

553（554）nm 中心为 Ni 相关缺陷，可见于天然/合成钻石的 PL 光谱中（见图 6.25a），钻石在 1700℃ 热处理下可产生此中心，进一步的 1900℃ HPHT 处理可使其加强（Yelisseyev and Kanda，2007）。因此，强的 553 nm 中心是 HPHT 处理的指示性特征。

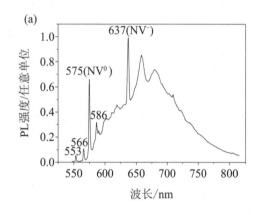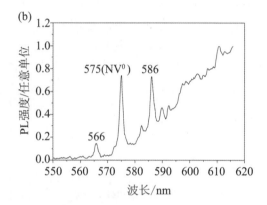

图 6.25 PL 光谱中与 Ni 相关的缺陷中心

（a）一颗深褐黄色 HPHT 处理钻石的 PL 光谱，显示许多 HPHT 处理特征中心：553 nm、566 nm、575 nm、586 nm 和 638 nm。638 nm（NV$^-$）中心强度远高于 575 nm（NV^0）中心，这是 HPHT 处理钻石的一个典型特征。（b）一颗 HPHT 处理深褐橙黄色钻石的 PL 光谱，显示 566nm 和 586 nm 中心。该钻石也呈现强的 NV 中心发光（光谱中不显现 NV$^-$ 中心）。

52. 555.8 nm 中心

在 Ib 型天然钻石中，电子辐照后在 2250℃ 下进行 HPHT 退火，可以产生波长为 555.8 nm 的一条弱线，出现与氮相关的 Y 中心（Hainschwang et al，2012）。

53. 558 nm 中心

558 nm 中心常见于褐色未处理 IaAB 型钻石 PL 光谱中（Tretiakova and Tretyakova，2008；Fisher and Spits，2000；Fisher et al，2006）（见图 6.22、图 6.32、图 6.36），在未经处理的 Ⅱa 型钻石中也可见。低温（NV 中心稳定温度）HPHT 即可将其破坏。558 nm 中心的出现可作为天然钻石未经处理的证据（Smith et al.，2000）。

54. 559.6 nm 中心

在 Ib 型天然钻石中，电子辐照后在 2250℃ 下进行 HPHT 退火，可以产生波长为 559.6 nm 的一条弱线，显示存在与氮相关的 Y 中心（Hainschwang et al.，2012）。

55. 563 nm **中心**

563 nm 中心在 CVD 合成钻石和一些天然钻石的 PL 光谱中可见，经低温 HPHT 处理后消失（Crepin et al.，2012）。563 nm 中心的出现是钻石未经处理的证据。

56. 566（565）nm **中心**

566（565）nm 中心为与 Ni 相关的缺陷，在天然钻石的 PL 光谱中可见（见图 6.25、图 6.26）。在未经处理的 Ⅱa 型钻石中常见，在经 HPHT 处理的钻石中也可见（Epelboym et al.，2011）。566 nm 中心伴有 553 nm 和 586 nm 的出现，但它们的强度不相关。如果 565 nm 中心明显，可作为钻石可能经 HPHT 处理的指示性特征。

57. 567 nm **和** 569 nm **中心**

567 nm 和 569 nm 中心出现在一些 Ⅱa 型钻石的 PL 光谱中（见图 6.26），经 HPHT 处理后被破坏。它们的出现是 Ⅱa 型钻石未经处理的指示（Smith et al.，2000），然而，567 nm 中心也可出现在具有很明显的 HPHT 处理特征的钻石中，推测这些钻石可能经短时间的低温处理（见图 6.26、图 6.27）。

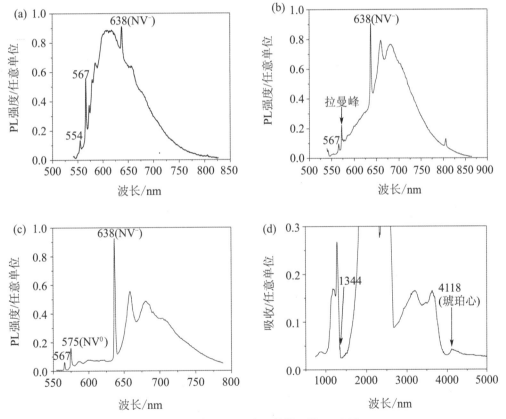

图 6.26　含 567 nm 中心的钻石的 PL 光谱

图 6.26 中，（a）和（b）分别为两颗显示 567 nm 中心（Ni 相关缺陷）的天然 ABC 钻石的 PL 光谱。尽管 638 nm（NV⁻）中心较强，在这一案例中它并不是钻石经 HPHT

处理的证据。除了 567 nm 中心的存在外，这颗钻石还因出现琥珀心和深褐色而被确认为未经处理。两个光谱中均缺失 575 nm（NV^0）中心，表明有相当大量的 C 缺陷。（c）和（d）分别为一颗深褐黄色 HPHT 处理钻石的 PL 和 IR 光谱。根据 PL 光谱中同时出现 638 nm 和 575 nm 中心（$NV^- \gg NV^0$），吸收谱中出现 NV^- 中心，红外光谱中出现 1344 cm^{-1}（C 缺陷）以及两个霜状的小刻面，可以确认这颗钻石是经过处理的。这颗钻石显示 567 nm 中心，推测其 HPHT 处理是在低温下进行的。

图 6.27a 所示为低氮 IaAB 型深绿黄色 HPHT 处理钻石的 PL 光谱，光谱中出现 567 nm 中心，表明该钻石经低温 HPHT 处理。NV^0 心相对强，表明 HPHT 处理未产生很多 C 缺陷。图 6.27b 所示为辐照的低氮钻石（约含 4 ppm B 缺陷和 0.5 ppm A 缺陷）PL 光谱。辐照后，NV^- 中心完全消失，NV 缺陷仅以 NV^0 的形式出现。588 nm 带和 600 nm 带是 575 nm 中心的振动特征。非常强的 GR1 中心表明钻石未经退火。

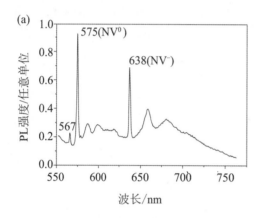
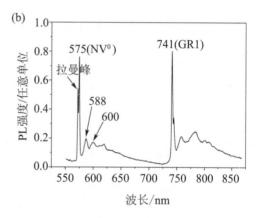

图 6.27　两颗显示强 575 nm（NV^0）中心的 HPHT 处理钻石的 PL 光谱

58. 575 nm（NV^0 中心）

575 nm 中心与电中性的氮 – 空位缺陷——NV^0 缺陷相关。当移动的空位遇到单原子氮时会形成 N – V 复合体（NV 缺陷）。当 NV 缺陷处于两种电性状态时具有光活性：中性（NV^0 缺陷）和电负性（NV^- 缺陷）。NV^0 缺陷产生 ZPL 波长为 575 nm 的光学中心；NV^- 缺陷产生 ZPL 波长为 638 nm 的光学中心（见图 6.27）。

NV 缺陷的价态取决于是否出现作为电子受体和/或电子供体的其他缺陷。例如，氮的 C 缺陷是供体，使 NV 缺陷呈负电性。575 nm 和 638 nm 中心都吸收黄色和绿色光谱范围内的光，如果强度足够，可使钻石增加红和/或粉红色（Collins et al.，2000）。通常 638 nm 中心的吸收远远强于 575 nm 中心。然而，在发光方面，两者活性都很高。

天然钻石中，NV 中心一般较弱，大多数钻石只有在发光光谱中能检测出 575 nm 和 638 nm 中心。而对于 HPHT 处理钻石，在其发光和吸收光谱中常常能见到这两个中心。经多重处理的 Ia 型钻石的吸收光谱中，575 nm 和 638 nm 中心特别强。

未处理钻石的 PL 光谱中，575 nm 中心通常强于 638 nm 中心（Collins，2003；Vins，2008）。未处理 IIa 型褐色钻石的 PL 光谱中通常只见 575 nm，检不出 638 nm（Sriprasert et al.，2007）。未经处理的 IIa 型钻石中 NV 缺陷优先形成电中性，可能是由于位错的含量高，而位错是钻石晶格中的深受体（Samsonenko et al.，2010）。因此，位错对缺陷电性状态的影响与 C 缺陷的影响相反，C 缺陷是供体，会使缺陷产生负电性。

PL 光谱中强的 575 nm 中心是天然未处理 Ⅱa 型钻石的指示性特征。然而这一指标要谨慎对待，在低氮 HPHT 处理钻石中 NV^0 的含量也可以比 NV^- 高。在含氮量高的 Ⅰb 型钻石（大约 200 ppm 的 C 缺陷）中，NV 缺陷以带负电荷的 NV^- 为主要形式存在，在光谱中表现为 638 nm 中心。而在低含氮量的 Ⅰb 型钻石（低于 10 ppm 的 C 缺陷）中，大约有一半的 NV 中心为中性，产生明显的 575 nm 中心（Collins et al.，2005）。

NV 缺陷的稳定温度相当低，1500℃可完全退火消失。因此它们在 Ⅱa 型钻石 PL 光谱中出现可作为钻石未经高温 HPHT 处理的指示性特征（Smith et al.，2000）。但这一特征不适用于 Ⅰa 型 HPHT 处理钻石，因其已有的 NV 缺陷随着退火消失的同时又会产生新的 NV 心。这种现象可以在短时间的 HPHT 处理后清楚地见到，当产生的缺陷结构保持高度非平衡状态时，许多高温稳定性低的缺陷得以保存。

经 2100℃热处理的褐色 ⅠaA 型钻石中，A 缺陷分解为 C 缺陷而产生高浓度的 NV 中心。褐色调越深，A 缺陷分解率越高（Vins and Yelisseyev，2008）。经 HPHT 处理的无色 ⅠaA 型钻石中未检测到 NV 中心强度的明显变化（Vins and Yelisseyev，2008），这可能是 NV 缺陷的退火消除与产生两个过程达到了动态平衡所致。Ⅰb 型合成钻石经 1800℃及以上温度的处理也会产生强的 575 nm 中心（Kanda and Jia，2001），含 C 缺陷的钻石在高温塑性变形过程中同样会产生 575 nm 中心（Brookes et al.，1993）。因此，含有 Ⅰb 组分的钻石，在 HPHT 处理过程中产生塑性变形，应该会出现增强的 575 nm 中心。

尽管强的 575 nm 中心是 HPHT 处理的特征，它还是可能在高温下完全被破坏，即使只是短时间的高温处理。在高温下，NV 中心的去除受到上一步辐照的强烈激发。例如，人们已经注意到高氮 ⅠaAB 型钻石在经过电子或中子的大剂量辐照，再经过 2300℃的温度退火后，在其光谱中没有 NV 中心（Collins et al.，2005）。

在处理钻石的 FSI 吸收光谱中经常能观察到 575 nm 中心的发光（负吸收），而在未经处理的钻石的光谱中很少能观察到（见图 6.28）。

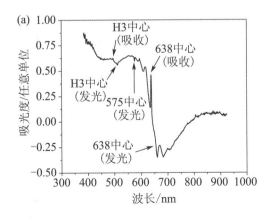
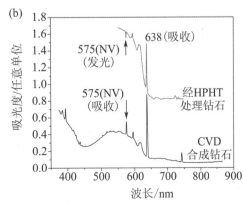

图 6.28　吸收光谱中的 575 nm 中心

图 6.28a 所示为一颗深紫红色"帝王红"钻石的 FSI 吸收光谱。638 nm（NV⁻）中心的吸收和发光都很强（即"红色传输"效应——HPHT 处理红色钻石的一个典型特征）。弱的 H3 中心也显"绿色传输"效应，也可见 575 nm 发光，无吸收——"帝王红"钻石 FSI 吸收谱中的一个典型特征。图 6.28b 所示为一颗经 HPHT 处理的红色钻石和 CVD 合成原生粉色钻石的吸收光谱对比图。HPHT 处理钻石 575 nm 中心可见发光，而原生 CVD 合成钻石显 575 nm 吸收［数据来源（Wang，2009b；Johnson and Breeding，2009）］。

536 nm 和 575 nm 中心的强度比是鉴别 HPHT 处理的一个有用的特征。据文献报道，经 HPHT 处理的"苹果绿"钻石在 514 nm 波长下激发的 PL 光谱中，I_{536}/I_{575} 比值小于天然未处理钻石的（Kitawaki，2007）。然而，利用这一特征鉴别时应当慎重，要考虑 576 nm 中心的 ZPL 是否已正确地从 575 nm 中心的 ZPL 中分离出来。

59. 576 nm 中心

576 nm 中心是天然褐色、粉色钻石的 PL 光谱中非常具有特征性的谱峰（Collins，1982；Smith et al.，2000；Epelboym et al.，2011）（见图 6.29）。未经处理的褐色 IaAB 型钻石中经常显示强的 576 nm 中心（Tretiakova and Tretyakova，2008）。576 nm 中心仅在含 B 缺陷的钻石中被测到，几乎所有显示强 576 nm 中心的钻石都是 IaB 或 IaB > A 类型。576 nm 中心的形成需要空位的出现，如褐色钻石或辐照钻石中的空位（Collins and Ly，2002）。尽管 B 缺陷与 576 nm 中心存在明显的联系，但它们的强度并不具有很好的相关性（见图 6.29b）。这一点提示我们，576 nm 中心相关的缺陷可能由 B 缺陷和某些未知的元素构成，例如空位。

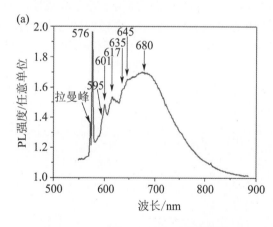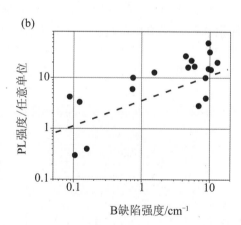

图 6.29　PL 光谱中的 576 nm 中心及其与 B 缺陷的强度关系

图 6.29a 所示为一颗天然粉钻在液氮温度下测得的 PL 光谱，显示较强的 576 nm 中心。这一中心的主要特征是 ZPL 波长为 576 nm，有两个声子边带，分别是 601 nm（声频声子）和 617 nm（光频声子）。这些声子边带是 576 nm 中心区别于 575 nm（NV⁰）中心的主要特征。575 nm 中心的声子边带见图 6.27b。图 6.29b 为褐色未处理钻石中576 nm 中心的 PL 强度与 B 缺陷吸收强度关系图，虚线表示线性相关性。

天然 Ⅱa 型钻石中，576 nm 中心能耐受高达 1800℃ 的 HPHT 处理（Shiryaev et al.，2001）。温度更高的 HPHT 处理会将其破坏。Smith 等（2000）在 HPHT 处理钻石中检测到少量的 576 nm 中心。因此，我们相信，576 nm 中心能经受短时间的低温商业化 HPHT 处理。然而，绝大多数情况下，PL 光谱中强的 576 nm 中心是钻石未经处理的可靠指标——但这里仅指高温 HPHT 处理（见图 6.30）。

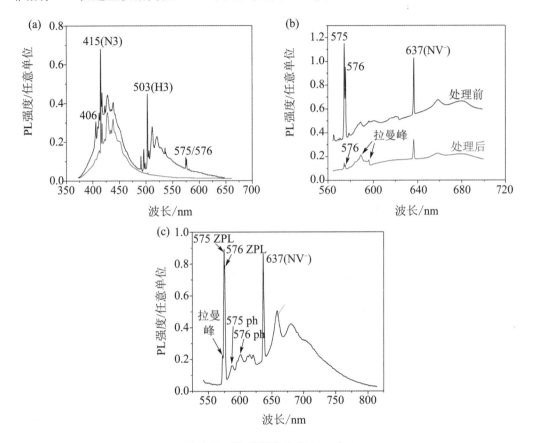

图 6.30　PL 光谱中的 576 nm 中心

图 6.30a 和图 6.30b 为天然钻石经 HPHT 处理前（黑线）、后（红线）的 PL 光谱（Smith et al.，2000）。除了 N3 中心，几乎所有光学中心均在处理后被破坏。图 6.30b 中显示了 HPHT 处理钻石中仍可测到 576 nm 中心的痕迹。图 6.30c 为 575 nm 中心和 576 nm 中心同时存在的 HPHT 处理低氮 ⅠaB 型钻石的 PL 光谱，标出了 ZPL 和主要的声子边带的位置。

60. 579 nm 中心

579 nm 中心见于一些天然褐色 Ⅱa 型钻石的 PL 光谱中，在 560～580 nm 间可伴随出现一系列窄峰。HPHT 处理可破坏除了 579 nm 的其他峰，如图 6.31 所示，处理后，以 566 nm 和 569 nm 为主的复杂光谱结构被消除。579 nm 中心是光谱 560～585 nm 范围内唯一的特征（Simic and Zaitsev，2012）。因此，在 560～580 nm 范围内孤立的 579 nm

峰被认为是无色Ⅱa型钻石经HPHT处理的一个特征。

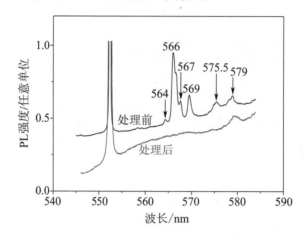

图6.31　初始色为褐色的天然Ⅱa型钻石经HPHT处理转变成无色的PL光谱

61. 580 nm 中心

580 nm 中心见于天然Ⅱa型褐色钻石的PL光谱中（Fisher and Spits，2000）（见图6.32）。580 nm 中心在 NV 稳定温度范围内的 HPHT 处理中被破坏。Yelisseyev 和 Kanda（2007）认为580 nm 中心可能与 Ni 相关，其 ZPL 在 2.136 eV（580.5 nm）。2.136 eV 中心在1700℃退火可消除。Smith 等（2000）在文章中提的578.8 nm 中心可能正是580 nm 中心，前者被认为是Ⅱa型钻石未经 HPHT 处理的指示性证据。

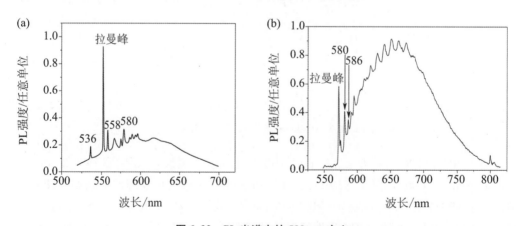

图6.32　PL光谱中的580 nm中心

（a）显示536 nm、558 nm 和580 nm 中心的褐色天然未处理Ⅱa型钻石PL光谱。（b）显示580 nm 和586 nm 中心的天然未处理黄色钻石的PL光谱。这两个光谱中心都是未处理钻石的特征。

62. 586 nm 中心

586 nm 中心见于黄色钻石和天然褐色Ⅱa型钻石的PL光谱中（见图6.32b），在相对较低的温度下（NV 中心稳定温度）即被破坏。在具有强 NV 中心的 HPHT 处理钻石的 PL 光谱中，偶尔也测到过 586 nm 中心。586 nm 中心的出现可作为 Ⅱa 型钻石未经处理的证据（Smith et al.，2000）。

63. 588 nm 中心

588 nm 中心常见于含氮和/或含镍的 HPHT 处理钻石的 PL 光谱中（见图 6.33），是"帝王红"钻石的常见特征（Wang et al.，2005）；也见于含氮量高、经辐照后再在 1000℃ 以上退火的多重处理钻石中。588 nm 中心可作为钻石经过多重处理的证据。

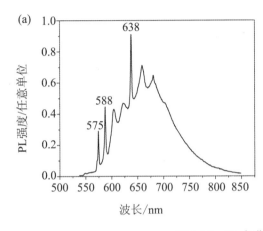
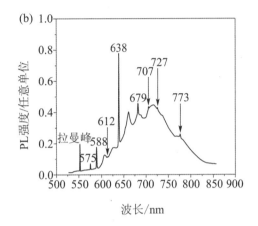

图 6.33　PL 光谱中的 588 nm 中心

图 6.33a 所示为一颗天然的深绿黄色钻石经辐照和退火处理后的 PL 光谱。光谱显示三个主要中心：575 nm（NV^0）、588 nm 和 638 nm（NV^-）。除了高的 I_{638}/I_{575} 强度比（大约为 4），这颗钻石不显示明显的 HPHT 处理的特征。图 6.33b 所示为一颗绿黄色 HPHT 处理钻石的 PL 光谱［据（Zhonghua Song et al.，2009）重绘］。高的 I_{638}/I_{575} 比值表明该钻石经 HPHT 处理。然而 588 nm 中心和微弱的 612 nm、679 nm、707 nm 及 773 nm 中心的出现可被认为是温度不超过 1800℃ 的低温处理的特征。

64. 594.4 nm（595 nm）中心

595 nm 中心是含氮的钻石经辐照产生的典型吸收中心（见图 6.34），但在 PL 光谱中没有峰。595 nm 中心的热稳定性低，经 1000℃ 退火可消除。其退火消除会伴随 2024 nm（H1b）中心和 1934 nm（H1c）中心的产生，分别涉及 A 缺陷和 B 缺陷（Collins，2001；Collins et al.，2005）。

595 nm 中心在天然未处理钻石中很少见，在绝大多数显示 H3 中心吸收的天然彩色钻石（带有黄色的钻石）中缺失（Collins，2003）。能检测到该中心的成品钻石尤其罕见（Collins，1982），但是在津巴布韦东部产出的带绿、褐色调的未经 HPHT 处理的 Ⅰa（B > A）型钻石中可见（Breeding，2011）。

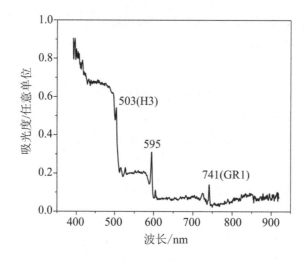

图 6.34　一颗显示强 595 nm 中心的深褐黄色钻石的吸收光谱

这颗钻石被鉴定为经多重处理。基于 GR1 心的强度和声子结构，可以得出结论：处理过程中最后的退火温度低于 700℃。

595 nm 中心是经处理钻石的一类典型特征，常见于经 HPHT 退火 + 辐照 + 低温退火多重处理的钻石中，例如"帝王红"钻石。具有 595 nm、H1b 和 H1c 中心的天然未处理钻石是非常罕见的，因此，它们的出现是钻石经 HPHT 处理的强有力证据（Collins，2001；Hainschwang et al.，2002；Hainschwang et al.，2009）。

65. 596 nm 中心

596 nm 中心在某些经 HPHT 处理的含 Ni 钻石的 PL 光谱中可见，除此之外无详细资料（见图 6.35）。

66. 599 nm 中心

599 nm 中心是经 1700℃ HPHT 处理产生的与 Ni 相关的 PL 中心，经 1900℃ HPHT 处理会被破坏（Yelisseyev and Kanda，2007）（见下文中图 6.42b、图 6.43）。我们相信 599 nm 中心的出现是未经 HPHT 处理的钻石的特征之一，但不能排除钻石经过低温处理的可能性。

67. 601 nm 中心

601 nm 中心可见于 Ⅱa 型褐色钻石的 PL 光谱中，经相对较低温度（NV 中心稳定温度）的 HPHT 处理可被破坏。601 nm 中心的出现是 Ⅱa 型钻石未经 HPHT 处理的指示性特征（Smith et al.，2000）。

68. 603.5 nm 中心

603.5 nm 中心为镍相关中心，在含镍钻石的 PL 光谱中往往伴随 700.5 nm 峰，是 Ni 缺陷致黄色天然钻石的典型特征（Tretiakova，2009）。经高温 HPHT 处理可被破坏，但在经低温 HPHT 处理的钻石中也可见（见图 6.35a）。

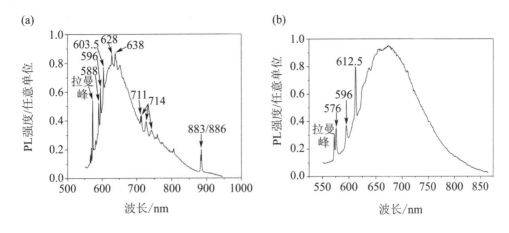

图 6.35　PL 光谱中的 596 nm 中心和 603.5 nm 中心

图 6.35a 所示为一颗低氮橙黄色钻石在液氮温度下测量的 PL 光谱,出现了许多 Ni 相关 HPHT 处理的特征中心。这颗钻石显示黄色"荧光笼",这种现象常见于天然 I a 型含 Ni 经 HPHT 处理的钻石中。图 6.35b 所示为一颗显示 596 nm 中心的未经处理的暗黄褐色天然钻石的 PL 光谱。576 nm 和 711 nm 中心以及窄的片晶氮吸收峰(半高宽 8.8 cm^{-1})证明这颗钻石未经处理。当用 658 nm 波长激发时,711 nm 中心非常强。

69. 611 nm 中心

611 nm 中心可见于一些褐色 II a 型钻石的 PL 光谱中,能耐受商业化的 HPHT 处理,故不能用于鉴别(Simic and Zaitsev,2012)(见图 6.36)。

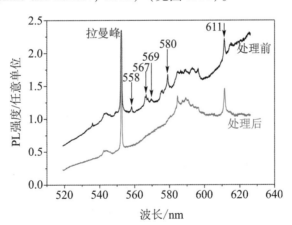

图 6.36　一颗初始色为褐色的 II a 型钻石经 HPHT 处理前后的 PL 光谱
这颗钻石处理前的光谱很复杂,显示多个光谱中心;处理后多个中心消失,611 nm 中心未变。

70. 612.5 nm 中心

未处理的褐色、粉色 I aAB 型钻石的 PL 光谱中经常显示强的 612.5 nm 峰(Tretiak-ova and Tretyakova,2008;Gaillou et al.,2010)(见图 6.37)。612.5 nm 中心和伴随的

720 nm 宽带也是天然紫色钻石的一个普遍特征（Titkov et al. , 2008）。612. 5 nm 中心经 2000℃及以上温度的 HPHT 处理后会被破坏（Tretiakova and Tretyakova，2008；Hainschwang et al. , 2005；Tretiakova，2009）。

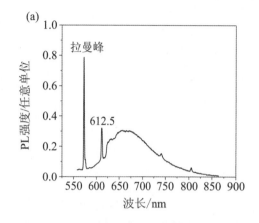 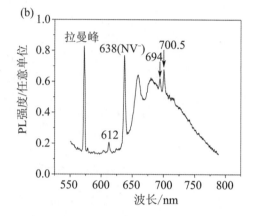

图 6.37　未经处理的 IaB 型天然钻石（a）和未经处理的高氮 IaAB 型钻石（b）的 PL 光谱

图 6.37b 中发育的 638 nm（NV⁻）中心是天然形成的，不是 HPHT 处理的证据。出现单独的 NV⁻ 中心而无 575 nm（NV⁰）中心是钻石含较多 C 缺陷的一个特征。

71. 613～617 nm 和 620 nm **中心**

613～617 nm 和 620 nm 处多个谱峰的组合见于褐色 IIa 型钻石的 PL 光谱中。它们对应的光学中心在较低温（NV 稳定温度）HPHT 处理中消失。它们的出现可作为 IIa 型钻石未经处理的标志（Smith et al. , 2000）。

72. 626. 3 nm **中心**

详见 523. 6 nm 中心部分介绍。

73. 628 nm **中心**

628 nm 中心见于经中温 HPHT 处理的含 Ni 钻石的 PL 光谱中（见图 6.35a）。

74. 638 nm（NV⁻ **中心**）

638 nm 中心是带负电荷 NV 缺陷的表征（575 nm 中心是电中性的 NV 缺陷）。638 nm 中心是晶格受塑性变形、辐照、微解理、微裂隙等损伤的 Ib 型钻石的一个常见光学特征（见图 6.38）。638 nm 中心也是涉及 HPHT 处理的最显著的吸收和发光光谱特征。在低氮的 Ib 型钻石中，638 nm 中心可以产生自然且非常罕见的红色调（Wang，2009）。几乎所有类型的未处理褐色钻石的 PL 光谱中都可以测到 638 nm 中心。天然 Ib 型钻石的吸收光谱中可测到相当强的 638 nm 吸收（Hainschwang et al. , 2005），初始色为褐色的 Ib 型钻石的 PL 光谱中 638 nm 中心尤其强。初始色为褐色的 IIa 型钻石的 PL 光谱中可见中等强度的 638 nm 中心（Smith et al. , 2000）。PL 光谱中出现638 nm 中心也是 IIb 型钻石的特征之一（Eaton-Magaña and Lu，2011）。在具有 Ib 型钻石特征并显示 H2 中心吸收的褐黄色钻石的 PL 光谱中，NV⁻ 中心可能较强。在没有 H2

中心吸收的情况下，638 nm 中心的发光不可见（Hainschwang et al.，2005，2006a；De Weerdt and Van Royen，2000）。相应地，H3 中心吸收在具有 638 nm 中心和 H2 中心吸收的钻石中也不出现。然而，在这些钻石的发光中可以观察到 H3 中心（De Weerdt and Van Royen，2000）。

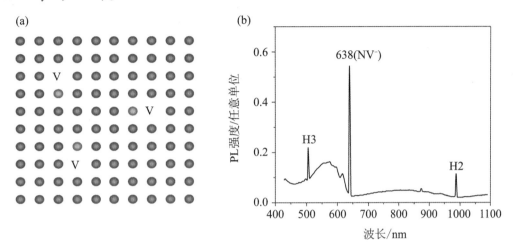

图 6.38　NV⁻中心相关原子模型和吸收光谱

（a）产生 NV⁻中心的 NV 缺陷的原子模型，蓝色和黄色圆点分别表示碳原子和氮原子。（b）一颗 Ib 型合成钻石经电子辐照和 1600℃退火后的吸收光谱，638 nm（NV⁻）中心是其主要特征。

天然未经处理的无色钻石的 PL 光谱中，NV⁻中心的发光强度通常比 NV⁰ 的弱（Vins et al.，2008）。自然形成的 638 nm 中心的强度随氮含量的减少而降低，故在未经处理的 IIa 型无色钻石的 PL 光谱中很难见到 638 nm 中心（激发波长 514 nm）。在这些钻石中，它的强度小于钻石二阶拉曼散射的 1/100（Chalain et al.，2000）。

自然形成的 638 nm 中心的强度不足以影响钻石的颜色（Collins，1982）。只有极少数的天然钻石体色的粉色调归因于 638 nm 中心。因此，实际上几乎所有因 NV⁻致色的钻石都被报告为经过处理的。

在日光的照耀下，一些钻石中 NV⁻中心的发光可能很强，会明显地使钻石增加红色调。这种效应与 H3 中心的"绿色传输"相似，所以可将其称为"红色传输"。

NV⁻中心是褐色钻石经 HPHT 处理产生的典型特征。由于任何天然钻石至少都含有少量的氮杂质，NV 缺陷总是能在高温下空位簇被破坏的过程中形成。即使是含氮量非常低、经过 HPHT 处理的高色级 IIa 型钻石（由褐色转变的），在 PL 光谱中也至少会显示 638 nm 中心的微量痕迹；在室温下测量时，其 ZPL 强度可能与二阶拉曼峰相当（Chalain et al.，2000）。规则的褐色 IIa 型钻石经 HPHT 处理后总是在 PL 光谱中出现 638 nm 中心（Chalain et al.，1999；Fisher and Spits，2000；Collins，2001）。天然褐至黄色 Ia 型钻石的 PL 光谱中不会出现明显的 638 nm 和 575 nm 中心，然而，这些钻石经 HPHT 处理后这两个中心均增强（Sriprasert et al.，2007）。辐照并经 HPHT 处理后的钻石，其 PL 光谱中 638 nm 中心剧烈增强。638 nm 中心是"帝王红"钻石的 PL 光谱和吸收谱中主要的特征（Wang et al.，2005；Vins et al.，2008）。

初始色为褐色的钻石经 2000℃ 及以上温度的 HPHT 处理后会产生 NV⁻ 中心（Collins，2003）。Ⅰa 型褐色钻石经数分钟 2300℃ 处理后，638 nm 中心就可相当强（De Weerdt and Collins，2007）。塑性变形的 ⅠaA 型褐色钻石经 2100℃ 及以上温度的 HPHT 处理后会导致 A 缺陷分解，形成大量 NV 缺陷。这些钻石中，638 nm 中心较强，在吸收光谱中可见（Vins and Yelisseyev，2010）。

HPHT 退火过程中 NV 缺陷的形成仅发生在塑性变形的钻石中，这些钻石至少有轻微的褐色调。在结构完美的钻石中，HPHT 处理不能使其形成 NV 中心，所以空位的来源（空位簇、位错）是至关重要的。因此，具有不规则褐色色团（因含 CO_2 和假 CO_2）的钻石经 HPHT 处理后，638 nm 中心并不增强（Hainschwang et al.，2005）。

天然 Ⅰb 型钻石中，原来强的 638 nm 中心可经 2000℃ HPHT 处理而明显减弱。这种 638 nm 中心强度的减弱机制可以通过钻石类型由 Ⅰb 型转变为 Ⅰa 型来解释（Hainschwang et al.，2005）。在很高的温度下进行 HPHT 处理可以完全破坏 NV 缺陷（见图 6.39a），通常这种破坏发生在 2300℃ 及以上。NV 缺陷退火被消除的原理目前还不清楚，但普遍认为，NV 缺陷变成了可移动的，而且聚集到了更大的氮复合体中了。

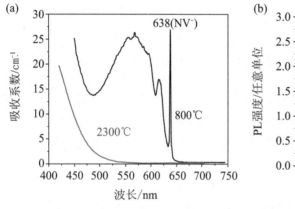
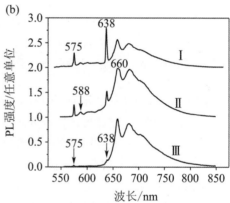

图 6.39　吸收光谱和 PL 光谱中的 NV⁻ 中心

图 6.39a 所示为一颗 Ⅰb 型合成钻石经电子辐照后再在真空中 800℃ 退火（黑线）和再经 2300℃、5 GPa HPHT 处理（红线）的吸收光谱 [数据来源（Collins et al.，2005）]。图 6.39b 所示为 HPHT 处理钻石显示不同谱形 638 nm 中心的 PL 光谱：光谱（Ⅰ）为一颗显示 575 nm 中心和 638 nm 中心"规则"谱形的钻石，638 nm 中心的 ZPL 强度明显强于它的声子边带。光谱（Ⅱ）为一颗显示 638 nm 中心的钻石，ZPL 强度因其自吸收效应而减弱。光谱（Ⅲ）为从一颗"帝王红"钻石中测得的具有 575 nm 和 638 nm 中心的 PL 光谱。因其非常强的自吸收效应，638 nm 中心的 ZPL 几乎消失。既然 638 nm 中心的 ZPL 强度严重依赖于自吸收，那么在测量 NV⁻ 中心和 NV⁰ 中心的强度比时，不应用 ZPL，而应测声子边带，例如波长 588 nm（575 nm 中心的一条声子线）和 660 nm（638 nm 中心的一条声子线）。因此，光谱（Ⅱ）的 I_{638}/I_{575} 真实比值约为 10，当测量 ZPL 时仅为 0.9。

HPHT 处理钻石可造成 NV 中心的形成和消失（见下文图 6.41b）。这种看似不一致的现象表明，NV 缺陷的含量，即 HPHT 处理钻石中 638 nm 和 575 nm 中心的强度，是氮－空位缺陷经历了复杂的聚集/分离过程的结果。由于 NV 缺陷在商业 HPHT 处理的温度下并不稳定，其在 HPHT 处理钻石中出现表明在 HPHT 退火过程中缺陷发生了转化但没有完成，目前 NV 缺陷的形成来源还没有查明。这种情况的典型例子是初始为深褐色的钻石处理后未能完全去除褐色。褐色钻石中的空位簇是 NV 缺陷的空位来源。由于高温高压退火总会在天然钻石中产生一定含量的 C 缺陷，所以只要存在空位簇，就会产生 NV 中心。当空位簇全部退火、褐色消失时，NV 中心也退火消失。因此，强的 NV 中心是 HPHT 处理钻石的光谱中的一个典型特征，这些钻石呈现出残余的褐色调。

辐照可降低 638 nm 中心的强度，增加 575 nm 中心的相对强度。因此，在强辐照钻石中存在 638 nm 中心可以被认为是在辐照前进行过 HPHT 处理的一个证据。

NV⁻ 中心的 ZPL 在 HPHT 处理后光谱宽度增加。液氮温度下测量 Ⅱa 型钻石 638 nm 峰的半高宽：未经处理的钻石中大约为 0. 45 nm 或更低，HPHT 处理钻石中大约为 0. 53 nm 或更高。这种增高表明 HPHT 处理增加了 NV 缺陷附近的内应力（Haenni et al. , 2000；Collins, 2001；Smith et al. , 2000；Chalain et al. , 2001）。575 nm 中心在 HPHT 处理后同样产生 ZPL 宽化，这也可用于鉴别 HPHT 处理。要注意的是，有些未处理的钻石和处理过的钻石的半高宽范围会发生重叠，这样 ZPL 宽度标准无法可靠地用于鉴别所有的钻石。然而，基于 Wang 等（2009b）的数据，光谱中显示 638 nm 中心和 575 nm 中心且其 ZPL 宽于 0. 7 nm 的钻石，可被确切地报告为被处理过的钻石。相应地，具有 NV 中心的钻石，如 ZPL 的宽度小于 0. 4 nm 可确切地报告为未经处理。

在天然未经处理钻石的 PL 光谱中，638 nm 中心的强度通常小于 575 nm 中心。相反，在 HPHT 处理钻石的 PL 光谱中，638 nm 中心比 575 nm 中心强。在任何类型的经过处理的钻石中，NV⁻ 中心都可以比 NV⁰ 中心强很多（Chalain et al. , 2001；Wang and Gelb, 2005）。PL 光谱中强的 638 nm 中心和弱的 575 nm 中心是褐色 HPHT 处理钻石的一个典型特征（Hainschwang et al. , 2005；Tretiakova and Tretyakova, 2008；Collins, 2001）。重要的是，NV⁻ 中心和 NV⁰ 中心的强度比（I_{638}/I_{575}）是使用 500～550 nm 波长范围（例如氩激光器的 514 nm 线或 532 nm 线）的激光激发测量的。如果使用较短的激发波长（例如氩激光器 488 nm 线），这个比例必须用 2～5 倍的系数来校正。HPHT 处理钻石基于强度比 $I_{638}/I_{575} > 1$ 的识别标准对于使用小于 400 nm 的激发波长无效，因为在这个光谱范围内，638 nm 中心没有受到直接激发。虽然 NV 中心的强度比 $I_{638}/I_{575} > 1$ 对许多经过 HPHT 处理的钻石来说鉴别效率很高，但通常只是一个粗略的指标，只有 75% 的可信度（Collins, 2003）。

NV 中心的强度比 I_{638}/I_{575} 随着氮含量的增加而增大（见图 6.40b）。例如，这一比值随着 270 nm 吸收的增强而增大。而且，在 Ⅱa 型 HPHT 处理钻石中，有一个趋势：色级越高，这个比值越低，即 M 色钻石的 I_{638}/I_{575} 为 3. 0，K 色钻石降至 1. 2。Ⅰa 型钻石中这个比值要大得多，黄色钻石可达到 30。此外，Ⅰa 型 HPHT 处理钻石中，H3 中心的吸收越强，I_{638}/I_{575} 值越大（Sriprasert et al. , 2007）。Ⅰb 型钻石因其高浓度的 C 缺

陷而具有特别高的 I_{638}/I_{575} 值，C 缺陷使大部分 NV 缺陷带负电荷。然而，随着供体氮被其他缺陷（如辐照钻石中的空位）取代，强度比 I_{638}/I_{575} 下降。例如，Ⅱa 型钻石被注入 N 离子后经 1400℃ 退火，I_{638}/I_{575} <1；再经 2000℃ HPHT 退火，NV⁻ 相对强度重新大于 NV⁰（Orwa et al.，2011；Acosta et al.，2009）。

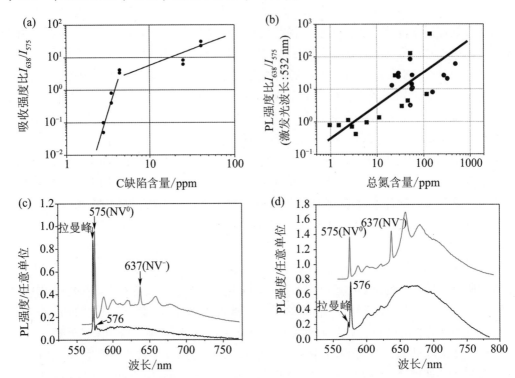

图 6.40　处理钻石中 638 nm（NV⁻）中心和 575 nm（NV⁰）中心强度比与氮含量的对比

图 6.40a 为经 3 MeV 剂量 10^{18} cm⁻² 的电子辐照后再用 1000℃ 退火的合成 Ⅰb 型钻石中，吸收强度比 I_{638}/I_{575} 与 C 缺陷含量关系。C 缺陷含量高于 5 ppm 的钻石中 NV⁻ 中心占优，而在低氮钻石中 NV⁰ 中心相对强度较大（Vins et al.，2008，2011a）。图 6.40b 所示为 HPHT 处理钻石 PL 光谱中 I_{638}/I_{575} 强度比与总氮含量关系。圆形表示 HPHT 处理钻石，方形表示多重处理钻石（Simic and Zaitsev，2012）。图 6.40c 和图 6.40d 所示为两颗初始色为褐色的 ⅠaB 型钻石在液氮温度下用 532 nm 波长激光激发测得的多重处理前（黑线）、后（红线）的 PL 光谱：（c）一颗低氮钻石（3 ppm B 缺陷）显示 I_{638}/I_{575} =0.6；（d）一颗含 25 ppm B 缺陷的钻石显示 I_{638}/I_{575} =5.5。注意，这些中心的强度是测量声子边带而非 ZPL 所得。处理前，两颗钻石中的主要特征都是 576 nm 中心；处理后，只见 NV⁻ 和 NV⁰ 中心。

低氮含量的 HPHT 处理钻石，强度比 I_{638}/I_{575} 可能不会大于 1（Fisher and Spits，2000）（见图 6.40）。这一现象的原因可以解释为过低含量的 C 缺陷不能使大部分 NV 缺陷呈电负性。Vins 等（2011a）详细分析了 C 缺陷的供体作用对 NV 中心吸收强度的影响。NV 中心的绝对和相对强度在用 3 MeV 电子辐照后 1000℃ 退火 2 h 的钻石中有研究（见图 6.40a），氮含量低于 4 ppm 的钻石中 $I_{638}/I_{575} < 1$（在吸收和光致发光谱中都是）。

当使用比值 I_{638}/I_{575} 来鉴别 HPHT 处理过的钻石时，有一点很重要，即氮含量对 NV 中心相对强度的影响具有统计学的性质，必须将其视为一种趋势，而不是确切的依据。C 缺陷的供体能级在带隙中很深，C 缺陷产生的自由电子浓度不足以在整颗钻石中建立均匀费米能级（uniform Fermi level），所以同一颗钻石的不同区域可能显示出明显不同的 I_{638}/I_{575} 值。因此，尽管有图 6.40a 和图 6.40b 所示的趋势，即使是极低氮的 HPHT 处理钻石也可能显示 $I_{638}/I_{575} > 1$。

如果用于测量 PL 光谱的激光功率升高，也会降低强度比 I_{638}/I_{575}。例如，激光功率从 0.01 mW 升到 3 mW，可将经辐照处理 Ib 型钻石的强度比降低至 1/40（532 nm 波长激发，液氮温度下测试）。这种降低可解释为，NV^- 中心由于光致电离转换成 NV^0 中心；另一个原因可能是 NV^- 中心强度饱和比 NV^0 中心更快。激光功率对高氮钻石 NV 缺陷的电荷状态有显著影响。然而，它却不影响低氮含量钻石的强度比（Manson and Harrison，2005；Waldermann et al.，2006；Acosta et al.，2009）。低功率范围内 I_{638}/I_{575} 值的降低特别明显。因此，测 PL 光谱中的 I_{638}/I_{575} 值时必须考虑激发光的功率。

用激光激发的 PL 光谱检测 NV 中心是鉴别 HPHT 处理钻石的主要传统方法之一，尤其是对非常难鉴别的 IIa 型钻石。尽管 $I_{638}/I_{575} > 1$ 的标准对绝大多数经 HPHT 处理的 Ia 型钻石有效，对很多 IIa 型钻石也有用，但这一指标并不能作为可靠证据。因为很多 HPHT 处理的 IIa 型钻石中这一比例小于 1，一个更可靠的指标应当是 NV 中心的总强度而非它们的相对强度。

下列关系式可估算 NV^- 含量（Davies，1999；Davies et al.，1992）：

$$X_{NV^-}(ppm) = 0.06 I_{ZPL-NV^-}(cm^{-1})$$

式中，I_{ZPL-NV^-} 是 NV^- 中心在液氮温度下 ZPL 峰的吸收强度（单位为 cm^{-1}）。

或：

$$X_{NV^-}(ppm) = 0.12 I_{584\,nm}(cm^{-1})$$

式中，$I_{584\,nm}$ 是 NV^- 中心在室温下 584 nm 峰的吸收强度（单位为 cm^{-1}，用此式时，NV^- 中心吸收背景必须去除）。

75. 639.5 nm（640 nm 中心）

640 nm 中心为在 1700℃ HPHT 处理后产生的 Ni 相关中心，在钻石的 PL 光谱中可见，1900℃ 下会被破坏（见图 6.41）。640 nm 中心常与 Ni 相关的 700.5 nm 中心同时出现（Yelisseyev and Kanda，2007），可能与 Tretiakova（2009）报道的天然黄钻 PL 光谱中的 640.6 nm 中心是同一中心。640 nm 中心是未处理钻石的特征，但如果很强，可被认为是 HPHT 低温（1800℃ 以下）处理的指示性特征。

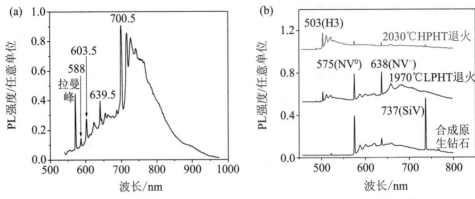

图6.41 PL光谱中的640 nm中心及HPHT处理对NV中心的影响

图6.41a所示为一颗辐照后经1500℃退火处理的绿黄褐色钻石的PL光谱。处理后588 nm、603.5 nm、639.5 nm和700.5 nm中心保持未变。图6.41b所示为三块CVD合成钻石在液氮温度下测得的PL光谱（Meng Yu-Fei et al.，2008）。NV中心明显受HPHT处理抑制。光谱的强度根据拉曼峰进行了归一化。

76. 645.5 nm（1.921 eV）中心

645.5 nm中心与Ni相关，在合成钻石和一些天然钻石的PL光谱中可见。这一中心经1700℃HPHT处理产生，经进一步1900℃HPHT处理会增强（Yelisseyev and Kanda，2007）。强的645.5 nm中心可作为HPHT处理的指示性特征。

77. 648 nm中心

648 nm中心见于某些天然钻石的PL光谱中。有报道称在天然未处理粉钻中观察到此中心（Gaillou et al.，2010），其在HPHT处理钻石中也可见（见图6.42a）。Emerson和Wang（2010）提出648 nm中心与硼相关，且与一个具有非常刚性的原子结构的缺陷有关。与钻石中其他很多缺陷不同，648 nm中心的ZPL宽度不会随着晶格应力的增加而变化（Eaton-Magana，2011）。648 nm中心的出现不能独立作为钻石是否经过处理的指示性特征。

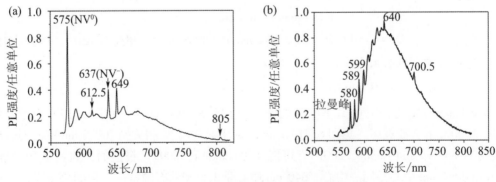

图6.42 PL光谱中的648 nm中心和650 nm带

图6.42a所示为一颗经中温HPHT处理的深绿黄色钻石的PL光谱，该钻石显示649 nm中心。图6.42b所示为一颗未处理天然钻石的PL光谱，显示Ni相关650 nm中心。该带的短波侧翼与Ni相关中心580 nm、589 nm、599 nm中心重叠，然而，这种重

叠不会对 650 nm 带的光谱形状造成较大的畸变。640 nm 和 700.5 nm 中心也可见。所有这些中心和 650 nm 带都是天然未处理钻石的特征。

78. 650 nm（650 nm **带**）

650 nm 带为 Ni 相关的 PL 光谱宽带，见于某些天然钻石的 PL 光谱中（见图 6.42b），经 1700℃ 退火消失（Yelisseyev and Kanda，2007），它的出现是钻石天然未经处理的有力证据。

79. 658.5 nm 和 668.5 nm（659 nm **中心**）

659 nm 中心是在合成钻石和一些天然钻石的 PL 光谱和吸收光谱中可观察到的，与 Ni 有关的复杂中心最强的特征（见图 6.43）。未经处理的阿盖尔粉钻中可有强的 668.5 nm 中心（Iakoubovskii and Adriaenssens，2002；Gaillou et al.，2010）。该中心可经 1700℃ HPHT 处理产生，进一步的 1900℃ 处理增强（Yelisseyev and Kanda，2007）。尽管 659 nm 中心产生于高温，也有报道称合成钻石中的 659 nm 中心经 HPHT 处理后消失（Shigley et al.，1993）。该中心的出现可作为经 HPHT 处理钻石的指示性特征。

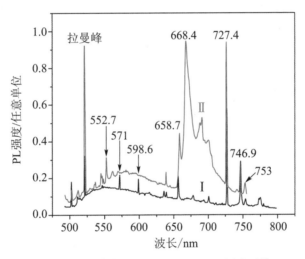

Ⅰ—原生的；Ⅱ—1950℃ HPHT退火后的

图 6.43 合成钻石在 -268.15℃ 下用 488 nm 波长激发测得的 PL 光谱（Yelisseyev et al，2003）

80. 660 nm **带**

660 nm 带为红色带，在几乎所有天然的 Ⅱb 型蓝钻的磷光光谱中都可见（见图 6.44）。激发 660 nm 带最有效的方式是通过导带的电子跃迁，因此当用波长小于 230 nm 的光或电子（CL）激发时，它在 PL 光谱中的强度很大。660 nm 带可以和绿蓝带（最强在 500 nm 波长处，见 500 nm 带部分介绍）同时观测到。合成 Ⅱb 型蓝钻不显示强的 660 nm 带，但是 500 nm 带（有时还有 575 nm 中心）可出现（Eaton-Magana et al.，2006，2008；Watanabe et al.，1997）。660 nm 磷光带产生的原理推测为，一种涉及硼受体和与塑性变形有关的缺陷的供体–受体辐射重组。后者要么充当深层供体，要么充当深层陷阱（Watanabe et al.，1997；Eaton-Magana and Lu，2011）。HPHT 处理可破坏 660 nm 带（Breeding et al.，2006），故观测到由 660 nm 带引发的红色磷光是天然蓝钻未经处理的可靠证据。

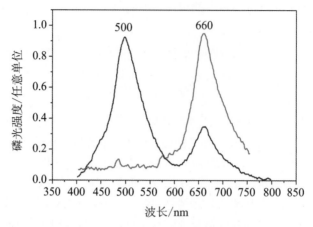

图 6.44　天然 Ⅱb 型钻石的磷光光谱

图 6.44 所示的磷光光谱中，一颗深蓝色钻石显示占主导的"红带"（红线）和一颗非常浅的蓝钻石显示"蓝带"和"红带"（蓝线）。"蓝带"发光的寿命短于"红带"。因此，当两个带强度相当时，在视觉上"红带"磷光占主导（Eaton-Magana and Lu，2011）。

81. 676.5 nm **中心**

676.5 nm 中心为 Ni 相关中心，见于合成钻石和未处理天然钻石的吸收光谱和 PL 光谱中。676.5 nm 中心是天然粉钻未经处理的一个特征（Gaillou et al.，2010）。1800℃ 及以上温度的 HPHT 处理可将其破坏（Lawson and Kanda，1993）。然而，676.5 nm 中心也可见于经辐照 + 传统退火的钻石中（见图 6.45a）。676.5 nm 中心的出现可作为钻石未经 HPHT 退火的佐证。

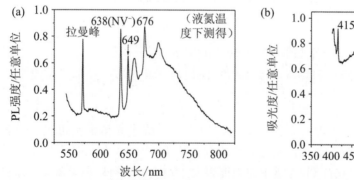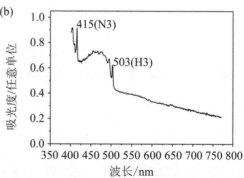

图 6.45　一颗辐照后退火（未经 HPHT 处理）天然钻石的 PL 光谱及吸收光谱

如图 6.45 所示，PL 光谱中 638 nm、649 nm 和 676.5 nm 中心占主导。吸收光谱中，尽管 H3 中心吸收强，但它不显示"绿色传输"效应。吸收强而无"绿色传输"效应是辐照后在 1400℃ 以下退火的钻石中 H3 中心的特征。

82. 679 nm 中心

679 nm 中心为 Ni 相关中心，在合成钻石和一些天然钻石的 PL 光谱中可见。经 1700℃ 热处理产生，1900℃ 以上温度的 HPHT 处理消失（Yelisseyev and Kanda，2007）。679 nm 中心的出现可作为未经高温 HPHT 处理的指示性特征。

83. 680 nm 带

680 nm 带在一些天然钻石的 PL 光谱中可以被观察到，是一种宽结构带，也是 480 nm 吸收带对应的发光带（见 480 nm 带部分介绍）。

84. 685 nm 中心

685 nm 中心见于经多重处理的 IaB 型钻石的 PL 光谱中。在 GR1 中心完全退火后，该中心可能特别明显，常常与 708 nm 和 805 nm 中心同时出现（见图 6.46）。

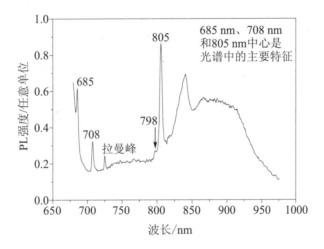

图 6.46　一颗经多重处理的低氮 IaB 型深紫粉色钻石的 PL 光谱

85. 694 nm 中心

694 nm 中心为 Ni 相关中心，见于未处理天然钻石和合成钻石的 PL 光谱中（Chalain，2003）。该中心经约 1700℃ 的热处理产生，经 1900℃ 及以上温度的 HPHT 处理后被破坏（Yelisseyev and Kanda，2007）。要注意 Ni 相关的 694 nm 中心和 H 相关的 694 nm 中心的区分（见图 6.47）。H 相关的 694 nm 中心具有完全不同的振动边带。强的 Ni 相关 694 nm 中心是中低温 HPHT 处理的指示性特征。相反，H 相关的 694 nm 中心能耐 HPHT 处理。HPHT 处理钻石的 PL 光谱中，Ni 相关的 694 nm 中心往往伴随强的 638 nm（NV⁻）中心。而未处理钻石中，H 相关 694 nm 中心几乎不与强 638 nm（NV⁻）中心同时出现。

图 6.47a 所示为从一颗 HPHT 处理钻石中测得 Ni 相关 694 nm 中心的 PL 光谱。占主导的 694 nm 中心是低温 HPHT 处理的特征。图 6.47b 所示为从一颗黄绿色 HPHT 处理钻石中测得 H 相关 694 nm 中心的 PL 光谱。出现氢相关的 640 nm、689 nm 和 700 nm 中心（Emerson，2009），确认钻石中存在氢。

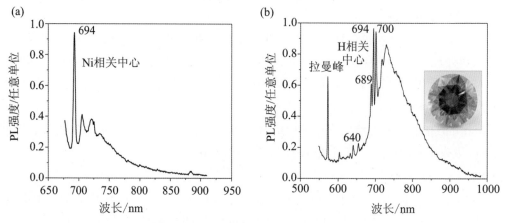

图 6.47　Ni 相关中心与 H 相关中心对比

86. 700.5 nm（1.770 eV）中心

700.5 nm 中心见于天然和合成钻石的 PL 光谱中（Chalain，2003）（见图 6.48），暂且归因于 Ni 相关缺陷，是含 Ni 的 I a 型钻石的普遍特征，在阿盖尔钻石中常常出现。该中心是一些天然的 Ni 致色 I a 型黄色钻石的特征之一。这些钻石中，700.5 nm 中心总是伴有与 Ni 相关的 ZPL，分别为 496.7 nm（S3）、489 nm 和 523.3 nm（S2）中心。700.5 nm 中心也是天然灰色钻石 PL 光谱的普遍特征。

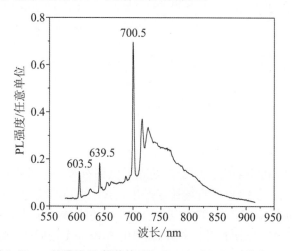

图 6.48　一颗显示 Ni 相关的 700.5 nm、639.5 nm 和 603.5 nm
中心的浅褐黄色天然未处理钻石的 PL 光谱

700.5 nm 中心可由 HPHT 退火产生，在天然钻石中经 1700℃ 以上温度的 HPHT 处理后因孤氮原子的产生而增强（Hainschwang et al.，2005；Iakoubovskii and Adriaenssens，2001；Yelisseyev and Kanda，2007）。 I a 型褐色钻石经 2000℃ HPHT 处理后，该中心可以变得非常强（Hainschwang et al.，2005）。也有报道称含 Ni 的合成钻石经 HPHT 退火产生 700.5 nm 中心（Yelisseyev et al.，2002）。含 Ni 的钻石经辐照后在 1000℃ 退火，700.5 nm 中心也会增强。

87. 707.5 nm（708 nm）**中心**

707.5 nm（708 nm）中心为 Ni 相关中心，可见于钻石的 PL 光谱，在 1700℃ 下产生，经 1900℃ HPHT 处理会被破坏（Yelisseyev and Kanda，2007）（见图 6.49a）。

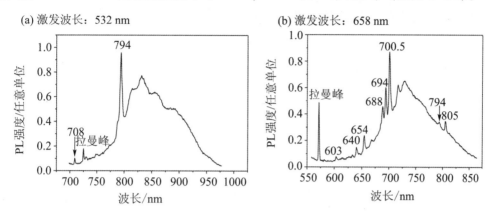

图 6.49 一颗未处理的高氮深褐绿黄色钻石的 PL 光谱

光谱中几乎所有的 PL 中心，包括弱的 708 nm 中心，都是未处理钻石的特征。

88. 710 nm 带

710 nm 带为最大吸收强度在 710 nm 处无结构的宽带，在 HPHT 处理合成钻石的吸收光谱中可见（见图 6.50a）。在一些资料中，该带也被认为最大值在 690 nm 处。该带可能与 794 nm 中心（Ni 相关缺陷）的振动边带相关（Shigley et al.，1993）。目前还不清楚 710 nm 带是否由 HPHT 处理产生。然而，在 HPHT 处理后，因 600～800 nm 范围内吸收背景减弱，该带的相对强度可明显增加。

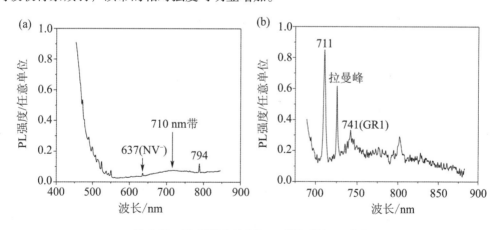

图 6.50 PL 光谱中的 710 nm 带和 711 nm 中心

图 6.50a 所示为一颗显示 710 nm 带和 Ni 相关 794 nm 中心的 HPHT 处理的合成钻石吸收光谱（Shigley et al.，1993）。图 6.50b 所示为一颗天然未处理暗橙褐色钻石的显示 Ni 相关 711 nm 中心的 PL 光谱。

89. 711 nm 中心

711 nm 中心为 Ni 相关中心，在含 Ni 钻石的吸收光谱和 PL 光谱中可见（见图 6.50b），经 1700℃ 以上温度退火会完全消失（Yelisseyev and Kanda，2007）。711 nm 中心的出现可作为钻石未经处理的可靠证据。

90. 714 nm 中心

714 nm 中心为与 Ni 相关的中心，见于含 Ni 钻石的 PL 光谱中，在 HPHT 处理钻石中经常测到。714 nm 中心在 1700℃ 热处理后产生，经进一步的 1900℃ 以上温度的 HPHT 处理加强（Yelisseyev and Kanda，2007）。714 nm 中心还有独特的占优势的 32 meV 振动边带。714 nm 中心的出现可作为 HPHT 的指示性特征。

91. 721/723 nm 中心

721/723 nm 中心为 Ni 相关中心，ZPL 为双峰，见于未处理天然钻石和合成钻石的 PL 光谱中。经 1700℃ 热处理产生，1900℃ HPHT 处理会使其部分被破坏（Yelisseyev and Kanda，2007）（见图 6.51）。该中心在多重处理钻石的 PL 光谱中也可见。

图 6.51a 所示为一颗经 1700℃ HPHT 处理的合成钻石的 PL 光谱。占主导的光谱特征是 721/723 nm 和 794 nm 中心［据（Yelisseyev and Kanda，2007）重绘］。图 6.51b 所示为一颗显示 721/723 nm Ni 相关中心的 HPHT 处理深黄色钻石的 PL 光谱。这颗钻石要被判为经 HPHT 处理还需具备以下特征：吸收光谱中出现 H3 中心和 H2 中心、可见 "绿色传输" 效应、PL 光谱中出现强 638 nm 中心和 575 nm 中心（强度比 I_{NV^-}/I_{NV^0} 约为 3）。

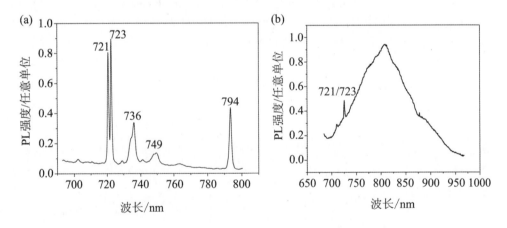

图 6.51 PL 光谱中的 721/723 nm 中心

92. 724 nm，726 nm，733.2 nm 和 737.0 nm 中心

这些中心见于一些经多重处理的红色钻石的吸收光谱中（Johnson and Breeding，2009）（见图 6.52）。

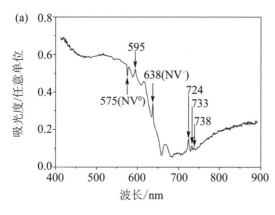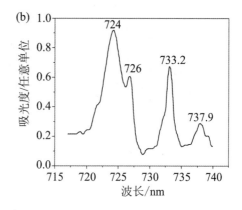

图 6.52   经多重处理的红色钻石的吸收光谱

（a）一颗"帝王红"钻石的 FSI 吸收光谱。强的 638 nm、575 nm 和 595 nm 中心是 Ia 型钻石经多重处理后的典型特征。也可见 ZPL 在 724 nm、733 nm 和 738 nm 处的中心。（b）一颗显示 724 nm、726 nm、733.2 nm 和 738 nm 峰的经处理红色钻石的吸收光谱。这颗钻石的可见光吸收光谱中 638 nm（NV⁻）中心占主导［据（Johnson and Breeding，2009）重绘］。

93. 727.5 nm 中心

727.5 nm 中心与 Ni 相关，可见于钻石的 PL 光谱，在 1700℃产生，1800℃及以上温度的 HPHT 处理可将其破坏（Lawson and Kanda，1993；Yelisseyev and Kanda，2007）。这一中心可作为钻石未经高温 HPHT 处理的指示性特征。

94. 732.4 nm 中心

732.4 nm 中心为 Ni 相关中心，见于合成钻石和一些天然钻石的吸收光谱中。在 1700℃产生，1900℃及以上温度的 HPHT 处理可将其破坏（Yelisseyev and Kanda，2007）（见图 6.53）。这一中心可作为钻石未经高温 HPHT 处理的指示性特征。

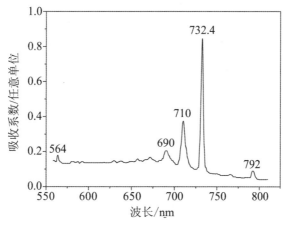

图 6.53   经 1900℃ HPHT 处理的富氢合成钻石的吸收光谱

据（Yelisseyev and Kanda，2007）重绘。

95. 730 nm 带

730 nm 带见于一些富氢的天然钻石的吸收光谱中，是一个强的复杂吸收带。与之相伴的较弱吸收带最强处波长分别是 520 nm、552 nm、840 nm（见图 6.54），这些都是富氮富氢钻石在室温下测量的吸收光谱的突出特征。这些带总是同时出现，但它们的强度没有很好的相关性，说明它们可能都归因于类似但形式不同的 H 缺陷。目前认为，这些吸收带是已知的钻石处理工序所不能产生的，包括 HPHT 处理。

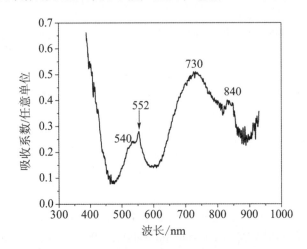

图 6.54　一颗天然富氢富氮紫灰色钻石的吸收光谱

540 nm 和 730 nm 宽带以及相对窄的 552 nm 和 840 nm 带都是氢相关缺陷的特征，所有这些带都可出现在富氢钻石的吸收光谱中。

96. 737 nm（SiV 中心）

SiV 中心为硅相关中心，是 CVD 合成钻石 PL 光谱中常见的特征，在某些天然钻石中也可见（Breeding and Wang，2008）。SiV 中心能耐低温 HPHT 处理（Crepin et al.，2012）。HPHT 处理后，其 ZPL 明显增宽（Anthonis et al.，2006）。宽化的 ZPL 可用于鉴别钻石是否经过 HPHT 处理，然而要准确测量其 ZPL 的宽化，必须用高分辨率仪器在低温下进行。

97. 741 nm（GR1 中心）

GR1 中心是钻石中最常见的本征中心，它产生的主要原因是辐照。所有类型的钻石经电子、γ射线、中子、离子等各类辐照（无论能量如何）都可能产生 GR1 中心。自然界中所有类型的钻石都可产生 GR1 中心。GR1 中心在吸收和发光两方面都具有光学活性，从而可产生宽的结构带（见图 6.55）。与 GR1 中心相关的缺陷为孤立的中性空位。

在两种不同的电荷状态下，钻石中的孤立空位产生两个特征的光学中心：中性的空位产生 GR1 中心，负电性空位产生 ND1 中心（ZPL 在波长 393.6 nm 处）。

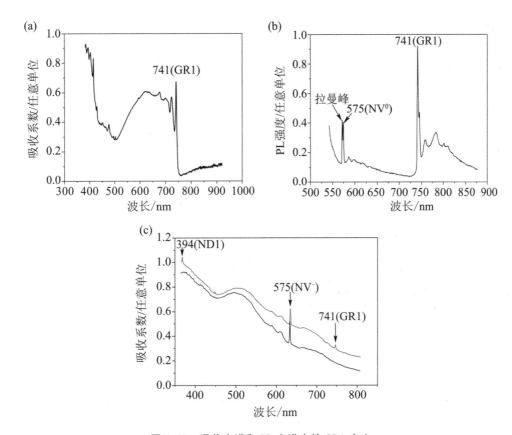

图 6.55　吸收光谱和 PL 光谱中的 GR1 中心

（a）一颗经辐照处理的深绿蓝色天然钻石的可见光吸收光谱，GR1 中心是其光谱的主要特征。（b）一颗经辐照后 500℃ 退火的暗褐黄色钻石的 PL 光谱。这颗钻石的 GR1 中心在 PL 光谱和可见光吸收光谱中都较强。当 GR1 中心被引入褐色钻石中时，可增加黄色成分。经 500℃ 退火后，这种颜色特别明显。（c）一颗 CVD 合成钻石的吸收光谱，其颜色经 1600℃、5 min 的 HPHT 处理后从褐色变为粉色（黑线），再经低剂量辐照后出现弱的 GR1 和 ND1 中心（红线），但未见颜色变化（Crepin et al.，2012）。

　　GR1 中心和 ND1 中心可在 CVD 合成原生粉色钻石的吸收光谱中观测到（Wang et al.，2009b）。在钻石点阵的塑性变形过程中，也可以产生少量的 GR1 中心。在高度形变的多晶黑钻石中，GR1 心可具高强度（Wang et al.，2009b）。未处理的 IIa 和 IaAB 型褐色钻石中经常出现弱的 741 nm 谱峰（Fisher et al.，2006；Tretiakova and Tretyakova，2008）。这一现象支持以下假设：空位簇（褐色的成因）在长期自然退火过程中可以部分分解，并产生含量可测的孤立空位。

　　在大多数具有强 GR1 中心的天然钻石中，产生这种吸收的空位（孤立空位）集中在表面薄"皮"中，而空位在钻石内部的聚集则要少得多。空位多的"皮"可呈绿至褐绿色。钻石内部具有吸收光谱中能测到的 GR1 中心的天然钻石非常少。人们相信，如吸收光谱中 GR1 中心在 625 nm 处的强度超 0.3 cm^{-1}，就可被认为是钻石经辐照处理的可靠证据（Collins，2003）。所有来自津巴布韦（Marange 矿场）的绿色调钻石毛坯表面都有绿色和橙色的辐射斑点，其吸收光谱中显示 GR1 中心，这些都是典型的自然辐射特征。一些钻石毛坯也呈现出在辐射后经低温退火的特征（Crepin et al.，2011）。

钻石中的晶格点阵空位对温度非常不稳定，它们在 500℃ 以上即开始活动。所以，GR1 中心的高温稳定性低，在 600～1000℃ 温度范围内逐渐退火。在具有不同缺陷和杂质含量不同的钻石中，GR1 中心的退火动力学是不同的。然而，在任何钻石中，GR1 中心在 900～1000℃ 范围内可完全退火消失。但是快速加热可能不会导致 GR1 中心完全退火消失，温度高于 1000℃ 的脉冲加热处理后仍可测到少量的 GR1 中心。钻石点阵中的单空位迁移主要发生在中性电荷态，这种迁移的活化能约为 2.3 eV（Davies et al.，1992）。

由于 GR1 中心的高温稳定性低，HPHT 处理可完全将其破坏（Fisher et al.，2006）。基于此，GR1 中心的出现通常可作为钻石未经 1000℃ 以上处理的可靠证据（例如，未经 HPHT 处理）（De Weerdt and Van Royen，2000）。PL 光谱是测量 GR1 中心最灵敏的技术。然而，必须始终牢记，GR1 中心可以很轻易地在 HPHT 处理后经辐照而重新被引入（见图 6.55c）。残余的 GR1 中心和 535 nm、588 nm 中心是"帝王红"钻石的共同特征（Wang et al.，2005），这种钻石是先经 HPHT 处理，再进行电子辐照后，在 800℃ 以下退火而成的。这种在 HPHT 处理钻石中故意重新引入 GR1 中心的做法是一种用于掩饰钻石经过处理的常见方法。这种方法很成熟，鉴别这种人为的后期辐照却很有挑战性。如果辐照剂量很低，并不会改变钻石的颜色，引入的 GR1 中心强度也非常弱。在这种情况下，利用现有的光谱技术几乎不可能证明这种 GR1 中心是人为的（Kitawaki，2007；Crepin et al.，2011；Crepin et al.，2012）。

探讨低剂量人工辐照的问题时，我们想提醒大家注意这样一个事实：通过钻石中的空位可以检测到不同的电荷状态。这一独特的性质在对钻石是否经处理的鉴别中从未被考虑过。我们推测 GR1 和 ND1 中心的强度比 I_{GR1}/I_{ND1} 在这方面可能非常有用，特别是对于 HPHT 处理后再人工辐照的 IIa 型钻石的识别。事实上，未处理无色 IIa 型钻石中的氮优先以集合形式出现，而 HPHT 处理无色钻石中相当一部分氮转变成 C 缺陷。因此，I_{GR1}/I_{ND1} 将会不同：未处理钻石中高；处理钻石中低。

HPHT 处理钻石中 GR1 中心的 ZPL 宽度低于未处理钻石中的。这说明 HPHT 退火使钻石中中性空位周边的晶格结构得到了改善。然而，这种下降是很小的，在 LNT 下测量平均只有 0.5 meV。因此，GR1 中心的 ZPL 宽度实际上不能用于鉴别 HPHT 处理钻石（Fisher et al.，2006）。另外，必须考虑到，GR1 中心的 ZPL 宽度随氮缺陷的集中而明显增加。IIa 型钻石中 GR1 中心的 ZPL 半高宽可达 1～2 meV，含氮 1000 ppm 的钻石中这一数值可增加到 7 meV（Kiflawi et al.，2007）。由于 GR1 中心的 ZPL 宽度对氮缺陷类型不敏感，所以它不会随 HPHT 处理引起的氮缺陷转化而改变，因此对于钻石是否经处理不具有指示性特征。

孤立电中性空位 V^0（ppm）的含量可用下列公式估算（Davies，1999；Davies et al.，1992）：

$$X_{V0}(\text{ppm}) = 0.1 I_{\text{ZPL-GR1}}(\text{cm}^{-1})$$

式中，$I_{\text{ZPL-GR1}}(\text{cm}^{-1})$ 是在液氮温度下测得的 GR1 中心的 ZPL 的吸收强度。

或：

$$X_{V0}(\mathrm{ppm}) = 0.4 I_{693\,\mathrm{nm}}(\mathrm{cm}^{-1})$$

式中，$I_{693\,\mathrm{nm}}(\mathrm{cm}^{-1})$ 是室温下测得的 GR1 中心在 693 nm 处的吸收强度（用这个公式时，GR1 中心吸收背景必须正确地扣除）。

98. 747 nm 和 759 nm 中心

747 nm 和 759 nm 中心为 Ni 相关的两个中心，见于钻石的 PL 光谱中。这两个中心经常同时出现，并且它们的强度有相关性（见图 6.56）。两者均可在 1700℃ 热处理中产生，经 1900℃ HPHT 处理被破坏（Yelisseyev and Kanda，2007）。强的 759 nm 中心是天然未经高温 HPHT 处理钻石的特征。

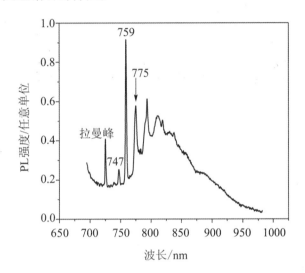

图 6.56　一颗显示 759 nm 和 747 nm 中心占主导的未处理钻石的 PL 光谱

759 nm 中心的显著特征是与一个能量为 35 meV 的准局部振动相互作用（箭头指向的是 775 nm 峰）。

99. 753 nm 中心

753 nm 中心为 Ni 相关中心，在合成钻石和一些天然钻石的吸收光谱和 PL 光谱中都可见。在 1700℃ 热处理中产生，经进一步的 1900℃ 以上温度的 HPHT 处理增强（Yelisseyev and Kanda，2007）（见图 6.43）。强的 753 nm 中心可作为 HPHT 处理的指示性特征。

100. 774.5 nm 中心

774.5 nm 中心是经 1700℃ 热处理产生的 Ni 相关的 PL 光谱中心，经 1900℃ HPHT 处理会被破坏（Yelisseyev and Kanda，2007）。对钻石进行辐照可重新引入 774.5 nm 中心。经多重处理的钻石中可见 774.5 nm 中心。

101. 787 nm 中心

787 nm 中心是一些 Ia 型钻石 PL 光谱中的特征。该中心的出现总是伴随 ZPL 分别在 496.7 nm（S2）、488.9 nm、523.2 nm 处的与 Ni 相关的中心（Plotnikova et al.，

1980）。787 nm 中心是灰色钻石 PL 光谱中的一个普遍特征（Eaton-Magana，2011），在粉色钻石的 PL 光谱中也可见（Gaillou et al.，2010），含 Ni 的合成钻石经高温 HPHT 处理后亦可见该中心（Yelisseyev et al.，2002）。787 nm 中心可能和某些资料中 ZPL 在788.5 nm 的 Ni 相关中心为同一个中心。后者经1700℃热处理产生，经1900℃ HPHT 处理被破坏（Yelisseyev and Kanda，2007）。

102. 794 nm 中心

794 nm 中心为 Ni 相关中心，在天然钻石的吸收光谱和 PL 光谱中都可见，是天然灰色钻石 PL 光谱中的常见特征（Eaton-Magana，2011），在ⅠaB 型钻石中可特别强。含 N 和 Ni 的合成钻石经辐照后再在 900℃ 退火可有效地产生 794 nm 中心（Osvet et al.，1997）。794 nm 中心可经 1600℃ 以上热处理产生，进一步的 1900℃ HPHT 处理加强（Yelisseyev and Kanda，2007；Lawson and Kanda，1993a）。2200℃ 以上处理的钻石的 PL 光谱中，794 nm 中心可占主导。该中心非常稳定，可经受超过 2500℃ 的 HPHT 处理。794 nm 中心如果很强，可使 HPHT 处理的合成钻石呈现绿色调（Yelisseyev et al.，1996）。该中心与 Shigley 等（1993）报道的 2000℃ 及以上 HPHT 处理合成钻石的吸收光谱中的 792 nm 中心可能为同一个中心。强的 794 nm 中心可作为钻石经 HPHT 处理的指示性特征（见图6.57）。

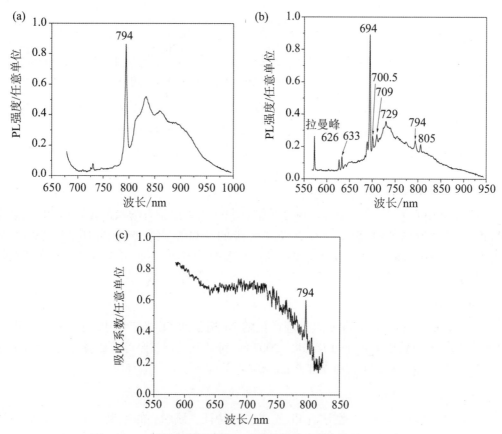

图6.57　HPHT 处理钻石的 PL 光谱和吸收光谱中的 794 nm 中心

图 6.57a 和图 6.57b 所示的分别为一颗经 HPHT 处理的深褐绿黄色钻石采用 658 nm 和 532 nm 波长激光激发测得的 PL 光谱，强的 794 nm 中心和缺失的 787 nm 中心是 HPHT 处理的特征，图 6.57c 为同一颗钻石的吸收光谱。794 nm 中心的声子吸收边带在红光（650～800 nm）范围内，为钻石颜色增加了绿色成分。

103. 798 nm 和 845 nm 中心

这两个中心见于钻石的 PL 光谱中。天然钻石经 HPHT 处理可产生 798 nm 和 845 nm 中心（见图 6.58），它们在钻石经 2100℃ HPHT 处理后强度增加（Hainschwang et al., 2008）。

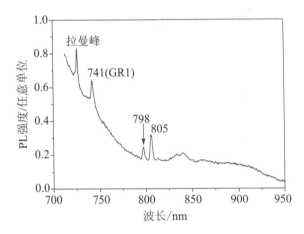

图 6.58　一颗经多重处理的低氮深橙粉色钻石的 PL 光谱

占优势的中心有 GR1、798 nm 和 805 nm。GR1 中心的出现表明处理的最后一步是 800℃以下退火，或者经多重处理后再经额外的低剂量电子辐照。

104. 805.2 nm（805 nm 中心）

805 nm 中心见于钻石的吸收光谱和 PL 光谱中，容易因其特有的准局域声子振动（PL 光谱中为 840 nm 带，吸收光谱中为 768 nm 带）而被识别（见图 6.59）。该中心在天然未经处理钻石中少见，是含硅合成钻石的一个特征。在一些具有 Ni 相关中心的 HPHT 处理钻石中可见，也见于多重处理的 Ia 型钻石中，亦是辐照＋退火处理 ABC 钻石的一项特征。在这些钻石中，768 nm、798 nm 中心常常伴随 805 nm 中心出现（见图 6.58、图 6.59b）。

805 nm 中心的强度与 H4 中心的强度有关，有观点认为 805 nm 中心是 H4 缺陷在负电荷状态下的表现。因此，该中心在含作为电子供体的 C 缺陷的钻石中很强。

105. 808.5 nm 和 822.5 nm 中心

808.5 nm 和 822.5 nm 谱峰为 Ni 相关中心在 PL 光谱中显示的 ZPL 双峰。该中心经 1700℃退火消失（Yelisseyev and Kanda, 2007），其出现在很大程度上提示了钻石未经过处理。

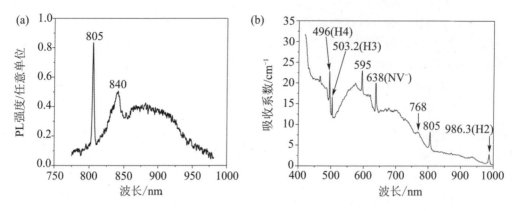

图 6.59　钻石 PL 光谱和吸收光谱中的 805 nm 中心

（a）一颗 HPHT 处理深绿黄色钻石的 PL 光谱。其中，805 nm 中心的 ZPL 伴随从 800 nm 延伸至 950 nm 的振动边带，峰位在 840 nm 的一个特征带归因于其与能量为 70 meV 的声频声子的相互作用。（b）一颗 Ⅰa 型钻石经多重处理后的吸收光谱。多重处理使钻石转变成 ABC 钻石，可见许多多重处理特征的吸收中心。805 nm 中心 ZPL 在 805.2 nm 处，声子边带在 768 nm 处（与能量为 116 meV 的声子的相互作用）〔据（Vins et al.，2011b）重绘〕。

106. 837 nm 中心

在一些经多重处理的"帝王红"钻石的 PL 光谱中，837 nm 峰是 ZPL 三个峰的主峰（见图 6.60）。837 nm 中心暂且归因于含 Ni 的缺陷。

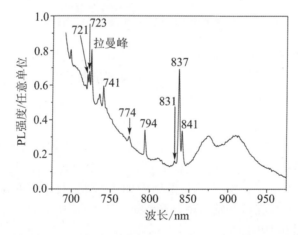

图 6.60　一颗经 HPHT 处理后电子辐照再经常规退火的暗褐红色钻石的 PL 光谱

在图 6.60 所示的 PL 光谱中，837 nm 中心是其主导特征，794 nm 中心的出现证实钻石经 HPHT 处理。721/723 nm 双峰和 774 nm 峰表明该钻石经过低温 HPHT 处理，但这些特征也可在钻石经辐照 + 常规退火的处理方法中产生。

107. 877 nm 中心

877 nm 中心为钻石经 1700℃ 热处理后产生的 Ni 相关 PL 中心，经 1900℃ HPHT 处理被破坏（Yelisseyev and Kanda，2007）。877 nm 中心是一个钻石未经高温处理的特征。

108. 882 nm 带

HPHT 处理合成黄色钻石的 CL 谱中可出现非常强的、最大值在 882 nm 处的宽带。该带可能由 Ni 缺陷产生（Lindblom et al.，2005）。天然 Ib 型钻石经 HPHT 处理也可出现 882 nm 带。

109. 884.2 nm 中心

天然含 Ni 钻石的 PL 光谱中，在波长 884.2 nm 处可见一个窄峰（Lang et al.，2007）。该峰可能与 Ni 缺陷相关。884.2 nm 中心可能是钻石经自然高温退火的特征。

110. 886/883 nm（885 nm 或 1.40 eV 中心）

具有双 ZPL 峰的 Ni 相关的 885 nm 中心是含 Ni 合成钻石中的常见特征，也出现在一些含 Ni 缺陷的天然钻石中。885 nm 中心在吸收光谱和发光光谱中都活跃（见图 6.61）。885 nm 中心对高温不是很稳定，经 1700℃ 及以上温度的 HPHT 可完全退火消失（Lawson and Kanda，1993；Yelisseyev and Kanda，2007），可作为钻石未经处理的特征。

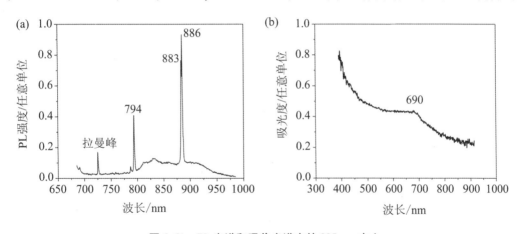

图 6.61　PL 光谱和吸收光谱中的 885 nm 中心

（a）一颗显示 885 nm 和 794 nm 的 Ni 相关中心的未处理浅黄绿天然钻石的 PL 光谱。（b）这颗钻石的吸收光谱，显 690 nm 宽带，它是 ZPL 886/883 nm 的声子边带。吸收光谱中 690 nm 带远强于 ZPL，即使测不出 ZPL 时，它也清晰可见。690 nm 带可使含 Ni 的天然钻石颜色增加绿色成分。

111. 905 nm 中心

905 nm 中心仅见于 Ib 型钻石中，在其吸收光谱和发光光谱中均活跃。905 nm 中心的出现是 C 缺陷增多的标志。Hainschwang 等（2006a）认为 905 nm 中心与 H 相关。尽管 905 nm 中心可见于未经处理的天然钻石中，当与其他具有 HPHT 处理特征的光学中心同时被检出时，它仍被作为 HPHT 处理所致 C 缺陷增加的一个指标。

112. 926 nm **中心**

褐色Ⅰa型钻石经HPHT处理形成926 nm中心，见于PL光谱中（见图6.62）。钻石经2000℃HPHT处理后，926 nm中心清晰可见（Hainschwang et al.，2005）。然而，926 nm中心也见于未处理钻石中。如果它很强，就是钻石可能经处理的指示性特征。

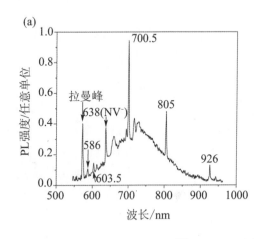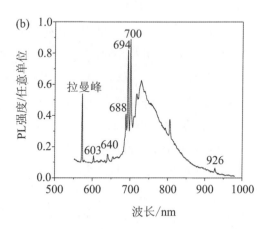

图6.62　PL光谱中的926 nm中心

（a）一颗显示独特"荧光笼"现象的高氮富氢暗黄绿灰色钻石的PL光谱，这颗钻石被鉴定为经HPHT处理。（b）一颗显示926 nm中心的天然未处理钻石的PL光谱，光谱中ZPL在688 nm、694 nm和700 nm处的H相关中心占主导。

113. 972 nm **中心**

972 nm中心为钻石经1700℃热处理产生的Ni相关PL中心，经1900℃HPHT处理后被破坏（Yelisseyev and Kanda，2007），可作为钻石未经处理的指示性特征。

114. 986.3 nm（H2 **中心**）

H2中心是负电性状态的NVN缺陷电子跃迁产生的光学中心（Collins et al.，2000；Mita et al.，1990）。电中性的NVN缺陷产生H3中心（见503.2 nm中心）。H2中心的吸收光谱以986 nm处的ZPL和从近红外到红光光谱范围具有较宽的电子振动边带为特征（见图6.63）。因其吸收红光，强的H2中心使钻石呈现黄/绿色。

一般认为，H2中心的激发态在导带内（就像ND1心，为带负电荷的空位），所以它的激发态的热松弛效率小得可以忽略。然而，在极少数的情况下，也能见到非常弱的H2发光。Okano（2006）报道，在HPHT处理Ⅰa型钻石的PL光谱中见到了H2中心（633 nm激光激发）。

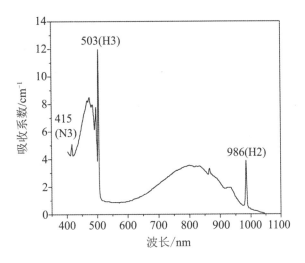

图 6.63　一颗经中子辐照后 1600℃下常压退火的 IaA 型钻石的吸收光谱（Collins et al.，2005）

H2 中心在含有供体缺陷（如 C 缺陷）的钻石光谱中很明显。例如，天然 Ib 型和具有 Ib 型特征的钻石的吸收光谱中，H2 中心可能很明显（Collins et al.，2000；Mita et al.，1990；De Weerdt and Van Royen，2000）。这些钻石的光谱中也会出现 H3 中心和 638 nm 中心（Hainschwang et al.，2005）。在 IaA + Ib 型低氮橙色钻石的光谱中经常检测到 H2 中心，这些钻石表现出强烈的"绿色传输"效应，其 PL 光谱中有 638 nm 中心（Hainschwang et al.，2006a；Chalain et al.，2005；Collins et al.，2000；Collins，2003）。这些钻石的吸收光谱中往往有 H3 中心和 N3 中心。在未经处理的天然粉色和褐色钻石中，偶尔可以检测到 H2 中心的微弱吸收（De Weerdt and Van Royen，2001，2000；Hainschwang et al.，2005；Reinitz et al.，2000）。

尽管某些天然钻石显示 H2 中心，但绝大多数未经处理的钻石的吸收光谱中无 H2 中心。出现 H2 中心的天然钻石中，H2 中心的强度不高，不足以影响钻石的颜色。

H2 中心是典型的辐照损伤中心，和 H3 中心、NV 中心相似。因此，通过各类辐照和随后的退火处理后，钻石中很容易产生类似供体的缺陷。含有较多 C 缺陷的钻石经电子辐照再经 800℃以上温度的退火后即可检测到 H2 中心。H2 中心在经包含辐照的多重处理的含氮钻石中非常普遍。"帝王红"钻石吸收光谱中总是出现中等到强的 H2 中心（Wang et al.，2005）。然而，Ia 型钻石经较高温度（通常超过 1400℃）退火，当其中的 A 缺陷明显转变为 C 缺陷时，H2 中心就会相当明显。电子辐照退火的 Ia 型钻石中，H2 中心可以强到使钻石呈现绿色（Collins，2001）。中子辐照的 Ia 型钻石中，H2 中心的形成始于中温退火（Vins et al.，2008）。然而，中子辐照的 Ia 型钻石中要形成高含量的 H2 中心，退火温度需达 1600℃及以上（Collins et al.，2005）。

H2 中心的强吸收是 HPHT 处理 Ia 型钻石的典型特征（De Weerdt and Van Royen，2000；Wang，2002）。然而，含 CO_2 和假 CO_2 的 HPHT 处理钻石中检测不到 H2 中心（Hainschwang et al.，2005）。H2 中心的产生需要 A 缺陷，因此 HPHT 处理 IaA 型钻石很容易形成 H2 中心。初始色为褐色的 IaB 型钻石经 1900～2100℃ HPHT 处理后也能检

测到 H2 中心。HPHT 处理过程中 NVN 缺陷的形成是一个复杂的过程，取决于钻石中原有的杂质缺陷和处理中的各项参数。由于 HPHT 处理往往时间较短，而且导致钻石的结构缺陷在含量和电荷态方面非常不均衡，所以 H2 中心的强度在 HPHT 处理钻石中不易预测。

在 HPHT 处理褐色 Ia 型钻石过程中，NVN 缺陷大量形成时的温度低至 1600℃。然而，通常 H2 中心在低于 1800℃ 时不会出现，因为这样的温度过低，不能使 A 缺陷分解形成 C 缺陷。相当多的 HPHT 处理绿黄钻石的吸收光谱中不显示 H2 吸收（Kim and Choi，2005）。有假设认为这些钻石中没有 H2 中心是由于处理温度较低。HPHT 处理形成 H2 中心的可靠温度需要 2000℃，2100～2200℃ 更好。经这样的温度退火，H2 中心可使钻石呈现绿/黄色。更高温度下，当大量 C 缺陷形成时可观测到 H2 中心的快速形成（Collins et al.，2000）。尽管 H2 中心在超过 2100℃ 时可能被破坏，占主导地位的 H2 中心吸收仍可见于经非常高温 HPHT 处理的 I 型钻石中。例如，据 Smith 等（2000）及 Hainschwang 等（2006a）报道，占主导的 H2 中心形成于 2400～2500℃。H2 中心的高温稳定性似乎有所提高，这说明 NVN 缺陷的形成速度很快，远远超过它们的分解速度。也有人观察到 H3 中心有同样的表现。因此，高温 HPHT 处理的钻石中存在 H2 中心是钻石含非均衡结构缺陷的标志，也是钻石经短时间处理的有力标志。如果钻石经长时间高温 HPHT 处理，H2、H3 和 NV 中心均可消失。

NVN 缺陷的稳定温度为 2100℃。在更高温度下，NVN 缺陷会分解成 A 缺陷和单独的空位（Vins et al.，2008；Vins and Yelisseyev，2010）。经 2150℃ HPHT 处理后，在 IaA 型钻石中观测到 H2 中心强度相应减少（Vins and Yelisseyev，2008）。HPHT 处理后 H2 中心减弱不仅仅因为 NVN 缺陷的直接破坏，NVN 缺陷电荷状态由负转变为中性是另一原因。当处理的温度超过 2200℃，相反的过程发生，分散的氮集合成 A 缺陷形式，供体含量减少，H2 中心转变成 H3 中心。在 HPHT 处理前进行的辐照也能强烈促进 H2 中心的破坏。因此，高氮 IaAB 型钻石经高强度的电子或中子辐照，再经 2300℃ HPHT 退火后，光谱中不显示 H2 中心（Collins et al.，2005）。

尽管 H2 中心是 HPHT 处理褐色钻石的典型特征，但 H2 中心的出现不能单独作为 HPHT 处理的可靠证据。而吸收/发光光谱中强的 H3 中心与吸收光谱中 H2 中心的同时存在可作为 HPHT 处理的有力标志（De Weerdt and Van Royen，2000）。

6.2　红外光谱中的光学中心

钻石中红外光谱范围内（波长 1000 nm 以上，或波数小于 10,000 cm^{-1}）的光学中心仅具有吸收活性，原因是钻石晶格中声子能量非常高。电子-声子与高能声子之间的相互作用极大地降低了电子在缺陷上辐射自激的可能性，从而降低了相应的光学中心的发光。由于红外吸收光谱仪的灵敏度比发光光谱仪低两个数量级，缺乏发光是红外光学中心的一个缺点，这限制了它们在识别 HPHT 处理中的应用。以下综述用于经 HPHT 处理和未经处理钻石鉴别的红外光学中心。

1. 1609 nm（6214 cm^{-1}）**中心**

6214 cm^{-1} 中心为一些天然钻石的红外吸收光谱中在波数 6214cm^{-1} 处检测到的一个

吸收峰，经 HPHT 处理会被破坏（Hainschwang et al.，2008）。这一中心的出现是钻石未经处理的证据。无 6214 cm^{-1} 中心而有强 H2 中心的钻石可被认定为经过 HPHT 处理（Henn and Milisenda，1999；Buerki et al.，1999；Collins，2001；Moses and Reinitz，1999）。

2. 1621 nm（6170 cm^{-1}）**中心**

这个吸收峰的光谱位置可在 6172～6168 cm^{-1} 间变化，是钻石经 HPHT 处理的特征，见于"帝王红"钻石和辐照退火处理钻石中。尽管也出现在一些天然辐照钻石中（De Weerdt and Anthonis，2004；Wang et al.，2005），但如果此中心很强，可作为钻石经过处理的特征。

3. 1934 nm（5170 cm^{-1}）——H1c **中心和** 2024 nm（4940 cm^{-1}）——H1b **中心**

H1c 中心和 H1b 中心是在红外吸收光谱中观测到的窄峰（见图 6.64）。一般认为，H1c 中心来源于一个包含 B 缺陷的复合物，而 H1b 中心与含氮 A 缺陷的复合物有关。两个中心都是 594 nm 中心相关缺陷在 800℃ 以上退火过程中形成的。因此，两者均只在 I a 型钻石中可见。经 1300℃ 以上退火后，钻石中的 H1c 中心、H1b 中心会进一步转变成 H2 中心。H1c 中心和 H1b 中心具有相同的高温稳定性（Collins，2003）。由于它们是中温形成的短暂缺陷，两者在地质作用的自然退火过程中都将完全退火消失。因此，没有关于天然未处理钻石中包含有它们的报道（Collins，2003）。鉴于此，可以得出结论，H1c 中心和 H1b 中心的出现可以说明该钻石经辐照处理和 1400℃ 以下温度退火（Hainschwang et al.，2002；Vins and Yelisseyev，2008a）。通常，H1c 中心和 H1b 中心是钻石经过多重处理的有力证据。例如，"帝王红"钻石的红外吸收光谱中具有 H1c 中心和 H1b 中心（Wang et al.，2005）。

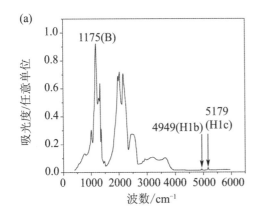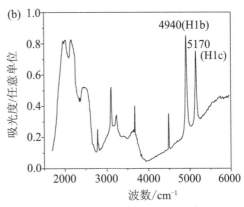

图 6.64　红外吸收光谱中的 H1c 中心和 H1b 中心

（a）一颗被鉴别为经多重处理的暗粉紫色钻石的 FTIR 吸收光谱。弱的 H1c 中心和 H1b 中心提示钻石在 HPHT 处理后经过了辐照/退火处理。H1c 中心、H1b 中心是鉴别这颗钻石的次要特征。主要特征是非常强的 575 nm 中心及 638 nm 中心在吸收光谱和 PL 光谱中占优势。（b）一颗显示强 H1b 中心和 H1c 中心的 HPHT 处理钻石的 FTIR 吸收光谱。在其可见光光谱中，也显示出 H3 中心、594 nm 中心和较强的 H2 中心。

用 H1c 中心和 H1b 中心作为鉴别钻石是否经过处理的特征时，必须记住它们的原子模型尚未建立，甚至它们与 B 缺陷和 A 缺陷的关系也可能被质疑。有学者对 8 颗纯 ⅠaAB 型钻石（没测出 B 缺陷和 H4 中心）进行实验，用 3 MeV 电子辐照后在 1200℃ 退火，H1c 中心（5170 cm^{-1}）出现在所有钻石中，强度在 10～25 cm^{-1} 间变化；H1b 中心（4940 cm^{-1}）同样出现在所有钻石中，强度与 A 缺陷吸收相关。这一发现说明 H1b 中心确实与 A 缺陷相关，而 H1c 中心与 B 缺陷无关（Vins and Yelisseyev，2012）。

4. 2143 nm（4668 cm^{-1}）**中心和** 2225 nm（4494 cm^{-1}）**中心**

这两个中心为与氢相关的吸收峰，通常见于规则褐色 ⅠaB 型钻石的红外吸收光谱中（见图 6.65）。2000℃ HPHT 处理可将其减弱或使其消失（Hainschwang et al.，2005），低温 HPHT 处理则不能。有观点认为，4668 cm^{-1} 中心和 4494 cm^{-1} 中心或许可在一定程度上看作钻石未经处理的特征。

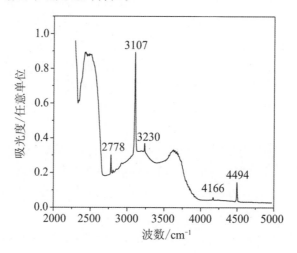

图 6.65　一颗未经处理的高氮褐橙色钻石的 FTIR 吸收光谱

显示 4494 cm^{-1} 中心、与氢相关的 3107 cm^{-1} 和琥珀心的 4166 cm^{-1} 中心。

5. 4168 cm^{-1}（**最常见的谱峰**），4113 cm^{-1}，4073 cm^{-1} 和 4067 cm^{-1}（**琥珀心**）

琥珀心是用于描述至少四个不同但密切相关的光学中心的术语，其特征是光谱范围为 3900～9000 cm^{-1} 的光学吸收特征和在 4100 cm^{-1} 附近的一组相对窄的峰（Massi et al.，2005）（见图 6.66）。琥珀心是天然褐色钻石的一个常见特征，但其在天然粉钻中不常见（De Weerdt and Van Royen，2001）。尽管不具有褐色的钻石中没有琥珀心，但也不是所有褐色钻石中都有。琥珀心与褐色色带有关。Ⅰa 型钻石中琥珀心（AC1 中心）的假设模型是具有 NCCN$^+$ 式原子结构的 A 缺陷的变形（Massi et al.，2005）。

所有类型的琥珀心（4168 cm^{-1}、4067 cm^{-1}、4173 cm^{-1}）经长时间的 HPHT 处理后均被破坏（Hainschwang et al.，2005）。然而，它们经低温或短时间的 HPHT 处理后可能被保存下来。2000℃ 以上的商业化 HPHT 处理可完全破坏琥珀心（Hainschwang et al.，2005；De Weerdt and Van Royen，2000；Van Royen and Palyanov，2002）。钻石红外光谱中出现琥珀心吸收峰不能作为钻石为原始的、未经处理的可靠证据。但是，大多数情况下，琥珀心可被认为是钻石未经处理的指示性特征。

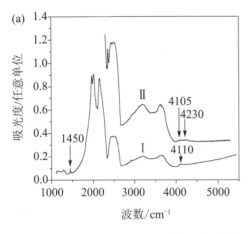 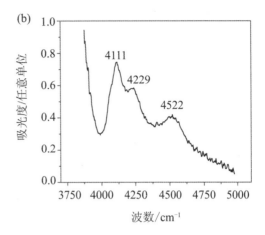

图 6.66　红外吸收光谱中的琥珀心

（a）Ⅰ为一颗经 HPHT 退火、辐照和常规退火多重处理的深紫色钻石的 FTIR 吸收光谱。这颗钻石因出现 H3 中心、H2 中心、强 NV⁻ 中心及其"红色传输"效应、1450 cm⁻¹ 和 1344 cm⁻¹（C 缺陷）而被确定为经处理钻石。琥珀心在光谱中也清晰可见。Ⅱ为一颗低氮 HPHT 处理钻石的 FTIR 吸收光谱，4000～4350 cm⁻¹ 范围内显示弱而不清晰的琥珀心特征。（b）一颗 HPHT 处理深褐黄色钻石的 FTIR 光谱中的琥珀心。这颗钻石由于同时出现 C 缺陷、A 缺陷、B 缺陷，以及宽片晶氮峰和明显的"荧光笼"现象而被确定为经处理钻石。

6. 2879 nm（3474 cm⁻¹）和 2976 nm（3360 cm⁻¹）**中心**

这两个中心见于天然褐色Ⅰb 型钻石的红外吸收光谱中，经 2000℃ HPHT 处理后会被破坏（Hainschwang et al.，2005），可作为钻石未经处理的证据。

7. 3024 nm（3307 cm⁻¹）**中心**

3307 cm⁻¹ 中心为 H 相关中心，见于褐色钻石的红外光谱中，经 HPHT 处理后会减弱或消失（Hainschwang et al.，2005），可作为钻石未经处理的指示性特征。

8. 3169 nm（3156 cm⁻¹）**中心**

可在经 HPHT 处理的天然钻石中产生 3156 cm⁻¹ 中心（Hainschwang et al.，2008）。

9. 3180 nm（3145 cm⁻¹）和 3144 nm（3181 cm⁻¹）**中心**

这些中心是经高强度辐照退火钻石的特征，目前在未处理钻石中还未发现过（Fritsch et al.，2007）。然而，天然未处理钻石中并未排除检测到 3145 cm⁻¹ 中心和 3181 cm⁻¹ 中心的可能（Fisher，2012）。这两个中心都与氢相关，在检出它们的钻石中也显示含有 C 缺陷。红外吸收光谱中有 3145 cm⁻¹ 中心和 3181 cm⁻¹ 中心的钻石都是含少量 B 缺陷的ⅠaA 型钻石（Hainschwang et al.，2006a；Woods and Collins，1983）。这两个峰是具有Ⅰb 型特征钻石的有力指示，可作为钻石经 HPHT 处理的指示性特征。

10. 3323 cm⁻¹**中心**

3323 cm⁻¹ 中心为尖锐的吸收峰，见于一些天然钻石和 CVD 合成钻石的红外吸收光谱中。该中心与氢相关，高温稳定性低，经 1600℃ HPHT 处理后消失（Crepin et al.，2012），故是钻石未经处理的指示性特征。

11. 3219 nm（3107 cm⁻¹）（H 中心）

3107 cm⁻¹ 吸收中心是钻石中氢相关中心最主要的吸收特征（见图 6.67），归因于 C—H 键的伸缩振动吸收（弯曲振动见 1405 cm⁻¹ 心）。氢是天然钻石和 CVD 合成钻石中的主要杂质之一，在天然钻石中的质量分数可高达 1%。因此，3107 cm⁻¹ 吸收峰经常见于各类型的钻石中，通常在含有大量 B 缺陷的钻石中更强。ⅠaB 型钻石中 3107 cm⁻¹ 峰的吸收强度可达 60 cm⁻¹。B 缺陷似乎是 3107 cm⁻¹ 形成的必要条件。纯的 ⅠaA 型钻石（没有可测出的 B 缺陷和 B′缺陷）和 ⅠaAB′型钻石（没有可测出的 B 缺陷）的红外吸收光谱中检测不出 3107 cm⁻¹ 中心；而含有少量 B 缺陷（ppm 级的 B 缺陷，B 缺陷吸收强度超过 0.3 cm⁻¹）的钻石的红外吸收光谱中可出现弱的 3107 cm⁻¹ 中心。大约有 50% 的纯 ⅠaB 型和 ⅠaBB′型钻石显示 3107 cm⁻¹ 中心。

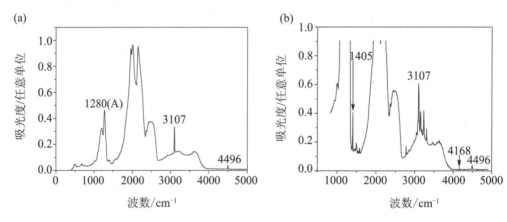

图 6.67　含氢天然钻石的 FTIR 吸收光谱

（a）含氢量中等的低氮 ⅠaA 型钻石仅显示氢相关缺陷 3107 cm⁻¹ 中心；（b）富氢高氮黄绿灰色钻石显示众多氢相关缺陷吸收中心，其中 3107 cm⁻¹ 中心占主导。

天然 ⅠaAB 型钻石中，3107 cm⁻¹ 中心的强度随氮含量（主要是 B 缺陷形式）增加而增强。含氮量 200 ppm 的钻石的 3107 cm⁻¹ 中心非常弱而几乎可忽略，总氮含量超过 1000 ppm 的钻石的 3107 cm⁻¹ 中心非常强（Lang et al.，2007）。然而，天然钻石（包括未经处理和经 HPHT 处理的）中，尚未发现 3107 cm⁻¹ 中心的强度与氮的 A 缺陷、B 缺陷（以及总氮）含量有直接关系（De Weerdt and Collins，2006）。Ⅱa 型钻石中，即使检测到有 3107 cm⁻¹ 中心，也是非常弱的，而该中心在天然或合成Ⅱb 型钻石中几乎不可见。具有 Ⅰb 型特征的钻石中通常也只显示非常弱的氢相关吸收（Hainschwang et al.，2006a）。因此，聚集的氮对 3107 cm⁻¹ 中心的形成作用是很明显的。

3107 cm⁻¹ 中心的吸收强度与钻石的颜色没有直接的关系。然而，紫灰色 Ⅰa 型钻石（例如阿盖尔钻石）中，该中心很强（De Weerdt and Kuprianov，2002）。

与氢相关的缺陷，包括产生 3107 cm⁻¹ 和 1405 cm⁻¹ 吸收的缺陷，与辐照损伤缺陷能有效地产生相互作用。Ⅰa 型钻石中，这两个中心经电子辐照再经较长时间 1200℃ 退火会明显减弱甚至完全消失（Vins，2001）。然而，在 HPHT 退火之前的电子辐照可促进 3107 cm⁻¹ 中心的形成，在这种情况下该中心形成于低温退火过程中（Kiflawi et al.，1996）。

与辐照损伤相反，机械应力和塑性变形促进 3107 cm⁻¹ 中心的形成。因此，3107 cm⁻¹ 中心在结构不完美的区域（例如带皮壳的钻石皮与核心交界处）特别强（Yelisseyev et al.，2004）。也是因为这个原因，褐色钻石中 3107 cm⁻¹ 中心是一个很常见的吸收特征。

有学者报道了 3107 cm⁻¹ 中心在退火过程中复杂的变化情况（De Weerdt and Collins，2006；Vins and Yelisseyev，2008a）。钻石在压力下高温热处理后，可见 3107 cm⁻¹ 中心强度降低至 1/10 或增加 2 倍的不同情况。A、B 缺陷含量不同的 Ia 型钻石经多次短时间的 HPHT 处理后，3107 cm⁻¹ 中心强度通常是降低的。例如，经 2100～2200℃ HPHT 处理 10 min，3107 cm⁻¹ 中心急剧减少甚至完全消失（Vins and Yelisseyev，2008）。然而，在一些钻石中也能见到经短时间（1 min）HPHT 处理后，3107 cm⁻¹ 中心加强的情况（De Weerdt and Collins，2007）。HPHT 处理的"帝王红"钻石中，B 缺陷吸收占优，3107 cm⁻¹ 峰也可见加强（Wang et al.，2005）。在 HPHT 退火过程中，3107 cm⁻¹ 中心的这种看似不一致的变化可以用一些相互竞争的过程来解释，这些过程会增加或降低与氢相关缺陷的检出限。

我们对已发表文献的数据和自己的实验数据进行分析，结果表明，在 80% 的情况下，HPHT 处理会显著降低 3107 cm⁻¹ 的强度（降幅超过一个数量级）；在 20% 的案例中，这个吸收峰在 HPHT 处理后轻微增强（不超过 2 倍）。随着 HPHT 处理时间的延长，3107 cm⁻¹ 峰逐渐减弱，最终消失。这种增强和减弱的情况在灰色钻石中特别明显，因为这种灰色是由其中的石墨微包体引起的。如果钻石未经高温处理，这些石墨微包体中就充满了氢。天然钻石中的石墨微包体夹杂有大量的氢。高温 HPHT 处理将石墨转化为钻石，释放出的氢原子形成不同的氢相关缺陷，包括产生 3107 cm⁻¹ 中心的缺陷。在释放氢的同时，HPHT 处理会增加 B 缺陷的含量，B 缺陷也是促进 3107 cm⁻¹ 中心形成的一个因素。

3107 cm⁻¹ 中心相关的缺陷都具有高温稳定性。它们单独存在时，都能耐 2650℃ 退火 5 h（Kiflawi et al.，1996）。然而，其与 HPHT 退火产生的其他缺陷的相互作用可能会破坏 3107 cm⁻¹ 中心，这种破坏可能被错误地归因于高温稳定性低。例如，3107 cm⁻¹ 中心在 IaAB 型钻石中是稳定的，但在 IaB 型钻石中稳定性较低（De Weerdt and Kuprianov，2002）。尽管几乎所有天然 IaB 和 IaBB′型钻石都显示 3107 cm⁻¹ 中心，但由 IaA 型高温 HPHT 处理（2500℃ 及以上）转变而成的 IaB 型钻石中缺失该中心（Vins and Yelisseyev，2008；De Weerdt and Kuprianov，2002）。尽管 3107 cm⁻¹ 中心相关的缺陷能耐 2650℃，但经长时间——即使温度低至 2100℃ 的 HPHT 处理也会逐渐被消除（De Weerdt and Collins，2006）。这个过程在 IaB 型钻石中特别快。因此，IaB 型钻石中 3107 cm⁻¹ 中心的缺失是高温 HPHT 处理的指示性证据（Vins and Yelisseyev，2010）。然而，应该记住，也发现有未经处理的 IaB 型钻石缺失 3107 cm⁻¹ 中心（Fisher，2012）。

Goss 等（2012）最近提出了一个 3107 cm⁻¹ 中心作为 N3 缺陷和氢原子（VN₃H）缺陷的复合体的原子模型。该模型表明，3107 cm⁻¹ 中心是具有 B 缺陷及其衍生 N3 缺陷的钻石光谱中的共同特征。该模型可以很好地解释为什么经 HPHT 退火的合成钻石中

3107 cm^{-1}中心的强度与氮总量相关（Kiflawi et al. , 1996）。事实上，温度超过2000℃时，氢在钻石中分布不均匀，HPHT 处理形成的 B 缺陷和 N3 中心与氮总量成正比。值得注意的是，参与形成 VN$_3$H 缺陷的氢原子并不是在 HPHT 退火过程中从周围介质扩散到钻石中的，而是在晶体生长过程中被捕获的。

含氮量高的钻石（灰色钻石和 CVD 合成钻石）在 HPHT 退火过程中，3107 cm^{-1}中心开始形成的温度可以低至1800℃（Vins and Kononov, 2003；Twitchen et al. , 2003）。因此，即使在低温 HPHT 处理过程中，这些钻石也会产生 B 缺陷并释放移动的氢。

氢缺陷在高温高压退火过程中产生复杂的变化，这在很大程度上取决于钻石的初始杂质缺陷含量。然而，随着温度和退火时间的增加，其对 3107 cm^{-1}中心的抑制和去除作用呈减弱趋势。由于商业化的 HPHT 处理不在很高的温度下进行，也不是长时间处理，所以处理后的钻石中氢缺陷的含量没有达到平衡值，3107 cm^{-1}中心强度可能有非常大的差别。因此，该中心的出现及其强度不能用作钻石是否经 HPHT 处理的鉴别依据。

12. 2975 cm^{-1}，2925 cm^{-1}和 2850 cm^{-1}

一些天然钻石和合成钻石的红外吸收光谱中，会出现最大吸收在 2975 cm^{-1}、2925 cm^{-1}、2850 cm^{-1}波数处的一系列吸收特征峰。这些特征峰在经 HPHT 处理后形成大量 C 缺陷的钻石中增强。这些峰在多重处理钻石中较常见，例如"帝王红"钻石的光谱中（见图6.68）。

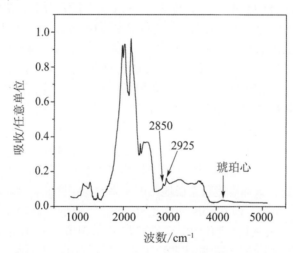

图 6.68　一颗显示 2925 cm^{-1}、2850 cm^{-1}中心的深紫粉色钻石的 FTIR 吸收光谱
注意，光谱中也出现了琥珀心，它是 HPHT 处理后辐照退火的结果。

13. 4141 nm（2415 cm^{-1}）和在 400～650 cm^{-1}附近的宽带

这两个特征是含假 CO$_2$ 的钻石经 2000℃ HPHT 处理后产生和增强的光谱特征（Hainschwang et al. , 2005）。

14. 4156 nm（2406 cm^{-1}），2362 cm^{-1}和 645～658 cm^{-1}的特征吸收

HPHT 处理促使钻石中常见的杂质氧转化为 CO$_2$ 分子（Hainschwang et al. , 2008；

Hainschwang et al., 2005）。天然褐色钻石的红外光谱中，2406 cm^{-1}、2362 cm^{-1}和645～658 cm^{-1}的吸收带被归因于钻石晶格中孤立的CO_2分子（Hainschwang et al., 2006b），而不是CO_2包体。无色 IIa 型钻石中几乎测不到明显的CO_2相关中心的吸收。强CO_2中心是具有透明波状纹的半透明钻石的特征（Wang et al., 2005b）。

2000～2100℃（压力6000～650 MPa）的 HPHT 处理不能改变CO_2含量高的钻石在656 cm^{-1}和2383 cm^{-1}吸收带的强度。然而，低含量的CO_2的相关吸收峰经处理后可增强。假CO_2钻石中CO_2相关的吸收峰可经 HPHT 处理重新产生（Hainschwang et al., 2008）。

15. 6532 nm（1531 cm^{-1}），1548 cm^{-1}和1523 cm^{-1}

在1520～1580 cm^{-1}范围内出现这组吸收峰，表明钻石经辐照但未经高温退火处理（Hainschwang et al., 2002）。这些吸收峰在天然未处理钻石中可见（见图6.69a）。它们能经受低于800℃的退火，可以和低温退火形成的595 nm 中心同时出现。

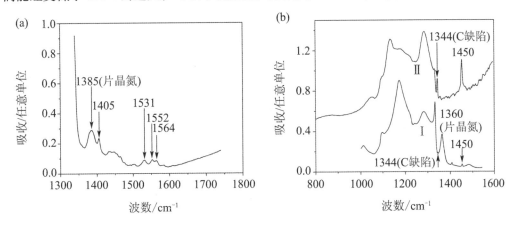

图6.69　红外吸收光谱中的1520～1580 cm^{-1}吸收峰及 H1a 中心

（a）一颗在1520～1580 cm^{-1}范围内显示一系列吸收峰的未处理高氮浅黄色钻石的红外吸收光谱。高含量的 A 缺陷（约500 ppm）导致在波数1385 cm^{-1}处形成一个宽的片晶氮吸收带（约30 cm^{-1}）。然而，对这颗钻石来说，宽的片晶氮吸收峰不是 HPHT 处理的指示依据。（b）HPHT 处理钻石的 H1a 和1344 cm^{-1}中心 FTIR 吸收光谱：（Ⅰ）一颗显示 HPHT 处理特征、有非常宽的片晶氮吸收峰的钻石[据（Wang et al., 2005）重绘]；（Ⅱ）一颗显示占优势的 H1a 和1344 cm^{-1}（C 缺陷）吸收的"帝王红"钻石。

16. 6757 nm（1480 cm^{-1}）

经 HPHT 处理的规则褐色钻石会出现这个吸收峰。例如，"开普黄"钻石经 HPHT 处理后就出现该峰（Collins, 2001）。含氮量高的 Ia 型钻石经温度低于1950℃的 HPHT 处理后可测到1480 cm^{-1}中心（这些钻石可获得浅黄色）（Tretiakova, 2009）。1480 cm^{-1}中心在天然原生钻石中非常少见（Collins, 2001；Hainschwang et al., 2005；Collins et al., 2000；Kiflawi et al., 1988；Okano et al., 2006）。它是一个对温度非常稳定的中心，高达2750℃的退火也不能破坏它（Kiflawi et al., 1998）。

17. 6897 nm 中心，即 H1a 中心（1450 cm^{-1}）

研究显示 H1a 中心与包含间隙氮原子的缺陷——<001> 双氮分离间隙（N$_{2I}$ 缺陷）有关（Liggins et al.，2010）。H1a 中心的出现提示钻石经辐照和 1400℃ 以下温度退火处理（Hainschwang et al.，2002；Vins and Yelisseyev，2008a）。HPHT 处理的"帝王红"钻石中总是可见强 H1a 中心（Wang et al.，2005）（见图 6.69b）。H1a 中心可以和 GR1 中心同时见于经辐照后在 800℃ 以下温度进行低温退火的钻石中。

H1a 中心的吸收强度可用于估算间隙氮原子（N$_I$）的含量：

$$X_{N_I}\ (\text{ppm}) = (3 \pm 0.6)\ \mu_{1450}$$

式中，μ_{1450} 是在 1450 cm^{-1} 处的吸收系数，单位为 cm^{-1}（Yelisseyev and Vins，2011）。

与 424 nm、594 nm 吸收中心一起被测出时，H1a 中心是钻石经辐射处理的可靠证据（Vins and Yelisseyev，2008a）。

18. 6993 nm（1430 cm^{-1}）

1430 cm^{-1} 峰见于天然未处理钻石中，为与氢相关的吸收峰。2000℃ HPHT 处理可将其减弱或消除（Hainschwang et al.，2005），低温处理则对它无影响（见图 6.70）。

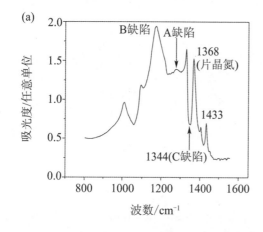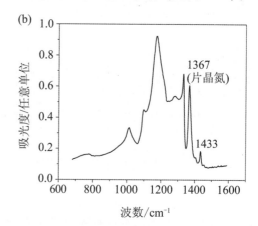

图 6.70 红外光谱中的 1430 cm^{-1} 吸收峰

（a）一颗褐粉色经中温 HPHT 处理的钻石的红外吸收光谱。宽的片晶氮吸收峰和 1344 cm^{-1}（C 缺陷）吸收的痕迹是钻石经过处理的特征。（b）一颗天然未处理粉色钻石的 FTIR 吸收光谱。其中非常宽的片晶氮峰是天然未处理塑性变形的褐粉色钻石的一个特征。光谱（a）和（b）非常相似，都显示 1430 cm^{-1} 峰，其相对强度在经处理的钻石中较高。在未经处理的钻石中未测到 1344 cm^{-1} 峰的迹象。

19. 7117 nm（1405 cm^{-1}）

1405 cm^{-1} 峰是典型的氢相关中心的吸收峰，是 C—H 原子键弯曲振动产生的吸收（伸缩振动产生的吸收在 3107 cm^{-1}）。任何类型的钻石中均可见 1405 cm^{-1} 中心（见图 6.71），但其在 IaA 型钻石中可能更常见。该中心对温度非常稳定，可以耐受 2650℃ 数小时（Kiflawi et al.，1998；Evans et al.，1995）。但是，规则的褐色钻石经 2000℃ 处理后，可减弱或消除 1405 cm⁻¹ 中心（Hainschwang et al.，2005）。

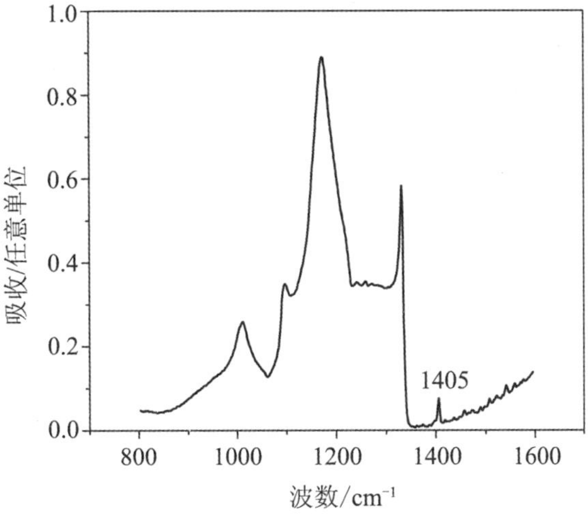

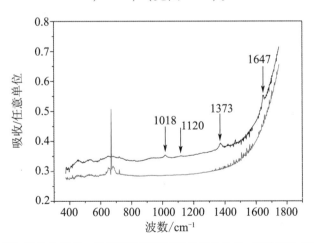

图 6.71　一颗显示 1405 cm⁻¹ 中心的未处理 ⅠaB 型钻石（F 色级）的 FITR 吸收光谱

这颗钻石显示天然辐照的迹象：可见光吸收光谱和 PL 光谱中见弱 GR1 中心，PL 光谱中见相当弱的 575 nm 和 638 nm 中心，NV 中心强度 I_{638}/I_{575} 比约为 0.1，支持该钻石处于原始未经处理状态的结论。

20. 7283 nm（1373 cm⁻¹）

1373 cm⁻¹ 峰是在 Ⅱa 型钻石中的一个特征峰，也可见于 Ⅱb 型钻石中。这一特征归因于某些含氢复合物的振动吸收。该峰经 HPHT 处理后消失，所以可被看作钻石未经处理的一个特征（Simic and Zaitsev，2012）（见图 6.72）。

图 6.72　一颗初始色为褐色，经 HPHT 处理转变成无色的 Ⅱa 型钻石的 FTIR 吸收光谱
黑线——处理前，红线——处理后，显示 HPHT 处理后谱线强度的变化规律。

21. 7270 nm（1360 cm⁻¹），即 B′中心或片晶氮峰
B′中心是 B′缺陷（片晶氮，Platelets）的表现。片晶氮确切的分子模型尚未建立，

但常用的模型是由氮点缀间隙碳原子组成的平面聚合体。我们关于片晶氮的工作模型是间隙碳原子围绕氮的 B 缺陷组成的平面聚合体，其中，B 缺陷作为间隙碳聚集的中心。目前还不清楚有多少氮包含在片晶中。然而，事实上，片晶氮只形成于富氮的钻石中，这使得人们将 B' 缺陷归因于含氮的复合物。片晶氮是 Ia 型天然钻石中的常见缺陷，几乎在所有 IaB > A 型钻石中都能检测到。

许多天然钻石中片晶氮的主要特征是在 1360 cm^{-1} 波数处有相对窄的吸收峰，峰宽约为 8 cm^{-1}。波数 382 cm^{-1} 处的一个弱吸收峰和最强在 330 cm^{-1} 处的宽吸收带也是 B' 缺陷的红外吸收特征。B' 缺陷在 UV 光谱范围内也具活性，产生 263.2 nm、266.8 nm、280.0 nm、283.4 nm 波长处的吸收。

B' 中心峰的位置和宽度可分别在 1354～1368 cm^{-1} 和 4～36 cm^{-1} 间变化，取决于片晶氮的大小（片晶氮越小，片晶氮峰的能量越高）和氮含量。片晶氮的峰位随着 A 缺陷含量的增加明显向高能量方向偏移（见图 6.73）。目前尚未观测到 B 缺陷对片晶氮峰的明显影响（Vasilyev and Sofroneev，2008）。

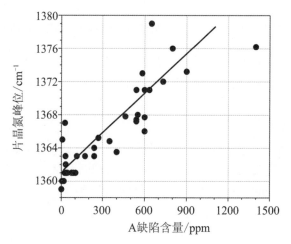

图 6.73　天然未处理钻石（无深褐/灰色调、无天然辐照迹象）
中片晶氮峰位置与 A 缺陷含量的关系

片晶氮的高温稳定性中等。随着温度的上升，片晶氮"蒸发"释放间隙碳。可测到片晶氮开始破坏的温度是 1700℃。由于片晶氮是由成千上万个原子组成的扩展缺陷，其解体是一个缓慢的过程，而且片晶氮在 1700℃ 以上的温度下能够经受短时间退火。尽管片晶氮在高温下不稳定，但也能经 HPHT 退火形成。在产生间隙碳和 B 缺陷的处理条件下，间隙碳的产生主要是由于移动位错和 A 缺陷聚集成 B 缺陷。褐色钻石中，这两个过程在温度低至 1800℃ 时就可被激活。因此，实际上任何温度下的 HPHT 处理都可能明显影响片晶氮（Kiflawi and Lawson，1999；Hainschwang et al.，2008；Kupriyanov et al.，2008；Vins and Yelisseyev，2010）。片晶氮的形成和解体过程取决于氮含量和钻石结构的完美程度。因此，对于不同的钻石，HPHT 处理可能导致片晶氮的增加，也可能导致其减少。然而，如果 HPHT 处理的时间较长，片晶氮都会退火消失，无论钻石的颜色是褐色还是无色。

A 缺陷对片晶氮的形成起着重要作用。研究发现，对于 A 缺陷含量低于 400 ppm

（A 中心吸收强度低于 25 cm⁻¹）的钻石，任何温度的 HPHT 处理都会使片晶氮峰减弱。相反，对于 A 缺陷含量高于 400 ppm、片晶氮峰强度低的钻石，2200℃ 及以上温度的 HPHT 处理会增强片晶氮峰的强度，且这种增强一直伴随着 B 缺陷含量的增加（Vins and Yelisseyev，2008）。片晶氮生长的温度阈值 2200℃ 是 A 缺陷聚集成 B 缺陷和释放间隙碳形成片晶氮的活化温度。如果 A 缺陷含量高，间隙碳含量超过平衡值，它们便聚集成片晶氮。长时间的 HPHT 处理过程中，当氮缺陷达到平衡浓度以及间隙碳停止产生时，小的片晶开始"蒸发"释放 B 缺陷而有助于大片晶的生长。上述过程解释了为什么在任何 I 型钻石中，经过高温 HPHT 处理后，片晶氮峰值都会随着 A 中心含量的降低而显著降低，经过长时间处理后，这两种特征最终消失（见图 6.74）。

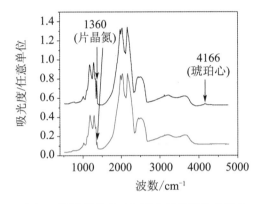
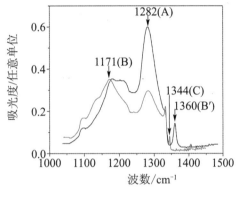

（a）一颗浅褐色 I aAB 型中温 HPHT 处理钻石的红外吸收光谱。HPHT 处理没有造成 A/B 缺陷强度比的明显改变。而片晶氮峰却显著降低，琥珀心完全消失

（b）2300℃ HPHT 处理初始色为褐色的天然 I aA＞B 型钻石中主要的氮缺陷红外吸收光谱典型的变化。处理前，A 缺陷为主要特征，片晶氮峰很明显。处理后，A 缺陷强度明显降低，B 缺陷强度增加，C 缺陷 1344 cm⁻¹ 峰清晰可见，片晶氮峰完全消失（Simic and Zaitsev，2012）

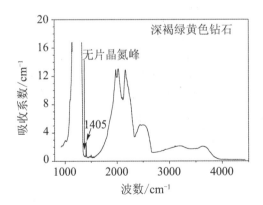
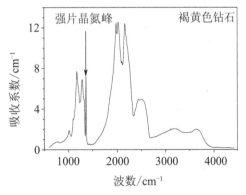

（c）A 缺陷含量高的天然 I aAB 型钻石的红外吸收光谱。高含量 A 缺陷和无片晶峰表明这颗钻石未经处理

（d）A 缺陷含量低的天然 I aAB 型钻石的红外吸收光谱。强片晶氮峰和弱 A 缺陷吸收表明这颗钻石未经处理

图 6.74　片晶氮峰在 HPHT 处理前（黑线）后（红线）的变化及其对钻石是否经处理的提示

　　"纯" ⅠaAB′型钻石（约占所有Ⅰa型钻石的6%）形成的解释是，在B缺陷形成的温度下大部分C缺陷聚集成A缺陷，而B缺陷含量刚好仍保持在检出限以下。不过，其足以形成含量可测量的片晶氮。与片晶氮生长相关的绝大部分间隙碳不是来源于A缺陷聚集成B缺陷的过程。我们相信，移动位错能更有效地释放间隙碳。因此，ⅠaAB′型钻石的形成可发生在相当低的温度下，这样的温度不足以使A缺陷聚集成B缺陷，但是却足以激活位错运动。

　　HPHT处理后片晶氮峰的另一个重要变化是宽化。HPHT处理不一定会改变片晶氮的光谱位置，但总是使其谱峰更宽（Kiflawi and Lawson，1999）（见图6.75、图6.76）。图6.75中，HPHT处理没有造成片晶氮峰强度的明显变化，但是峰变宽了，细节图更清晰地显示了片晶氮峰。HPHT处理诱发的片晶氮峰的宽化发生在任何类型的钻石中，峰位可不产生偏移。

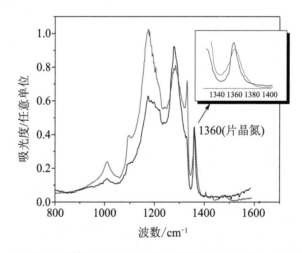

图6.75　一颗天然Ⅰa型钻石HPHT处理前（黑线）后（红线）的FTIR吸收光谱

　　HPHT处理诱发的片晶氮峰位偏移总是向低波数方向偏移的，表明片晶尺寸加大（Clackson et al.，1990；Vins et al.，2008；Goss et al.，2003）。由于天然钻石中片晶氮峰的光谱位置有较大的差异，因此它并不是HPHT处理的直接证据。然而，未经处理和经HPHT处理钻石中片晶氮峰的谱宽范围不一致，因此谱宽可以作为HPHT处理的一个指标。如图6.77所示，HPHT处理钻石中，片晶氮峰明显比大多数未处理钻石中的宽。然而，高氮富氢以及粉、褐色未处理钻石显示的片晶氮峰宽度和峰位与经HPHT处理钻石的吻合。具有强琥珀心的钻石中片晶氮峰也可能较宽。

　　天然未处理褐色富氢钻石中片晶氮峰的宽度可能和经HPHT处理钻石的相同，而非褐色或贫氢天然钻石中的绝不会如此宽。因此，下列简单的规律适用于大多数切割钻石：

　　　片晶氮峰宽度小于 9 cm^{-1}——很可能未经处理；

　　　片晶氮峰宽度大于 12 cm^{-1}——很可能经HPHT处理；

　　　片晶氮峰宽度小于 8 cm^{-1}且峰位超过1358 cm^{-1}——肯定未经处理；

　　　片晶氮峰宽度超过 9 cm^{-1}且峰位小于1360 cm^{-1}——肯定经HPHT处理。

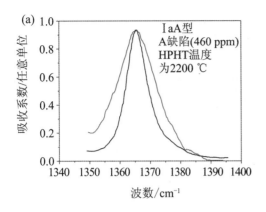

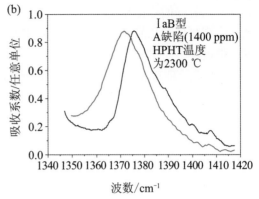

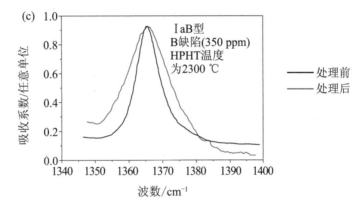

图 6.76　HPHT 处理后片晶氮峰的宽化现象

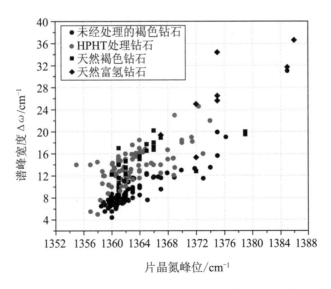

图 6.77　未处理（黑色）和 HPHT 处理（红色）钻石的片晶氮峰宽度与峰位
变化关系［数据来源：（Fisher，2008）和其他出版物］

片晶氮峰的峰位和宽度不受辐照或 1400℃ 以下温度退火的影响。因此，多重处理钻石中观测到的片晶氮峰的变化是在 HPHT 处理过程中产生的，而不是在随后的辐照和常规退火环节。

HPHT 处理对 B′缺陷的进一步影响是消除 382 cm^{-1}峰，这是在超过 2500℃ 的非常高温下处理才发生的（Kiflawi and Lawson，1999）。

22. 7440 nm（1344 cm^{-1}），即 C 中心

C 中心是钻石中最常见的红外吸收中心之一。它的两个主要吸收峰为其特征光谱谱形：1344 cm^{-1}处的尖峰和最大吸收在 1130 cm^{-1}处的吸收带。C 中心是 Ib 型钻石红外吸收光谱中的主要特征，在一些天然 Ia 型钻石中也可测出，这些钻石被归为 Ia + Ib 型，或具有 Ib 特征的 Ia 型。图 6.78a 为一颗纯 Ib 型深黄橙色合成钻石的 FTIR 吸收光谱。C 中心的主要特征是 1344 cm^{-1}尖峰和 1130 cm^{-1}相对窄的带，1284 cm^{-1}处小的宽带也是 C 中心的一个特征。图 6.78b 为一颗经多重处理的红色钻石的 FTIR 吸收光谱，1344 cm^{-1}波数处微小的特征表明出现了 2 ppm 的 C 缺陷。细节图中更详细地显示了 1344 cm^{-1}峰，片晶氮峰出现了特征的宽化。这种类型的光谱在 HPHT 处理 IaAB 型钻石中是非常常见的。尽管 C 缺陷的强度在红外光谱中弱得可忽略，这颗钻石的可见光吸收光谱和 PL 光谱都显示非常强的 638 nm 中心，这是 C 缺陷的直接衍生缺陷。

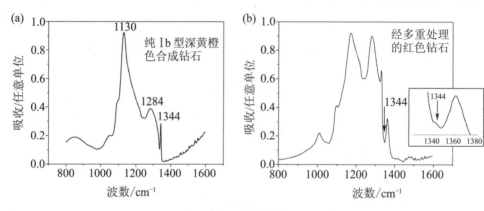

图 6.78　FTIR 光谱中的 C 中心

在自然界，钻石以 Ib 型方式生长。然而，绝大多数天然钻石都是 IaAB 型，A、B 缺陷含量相当，C 缺陷含量非常低。绝大多数天然钻石中，C 缺陷的含量不超过 0.06 ppm（Vins and Yelisseyev，2008a）。这种聚集态氮和分散态氮含量的差异表明，在自然 HPHT 退火过程中，单个氮原子的扩散速度足以完成氮聚集的第一阶段：C 缺陷聚集成 A 缺陷（Collins et al.，2000）。C 缺陷的平衡浓度与温度密切相关，在地质温度（1700℃ 以下）下非常低。因此，钻石在地球深处的时间足够长，却几乎不含含量高于检出限的 C 缺陷。只有少数钻石在形成后很快就被带到了地表，保留了较高含量的 C 缺陷。

C 缺陷是 HPHT 处理常见的产物（见图 6.78b）。商业 HPHT 处理的温度比地质温度高得多。因此 Ia 型钻石中，HPHT 处理产生的 C 缺陷含量明显增加，并随退火时间的延长而继续增加。在快速冷却后，经过处理的 Ia 型钻石保留了不均衡的高含量 C 缺陷，最终形成 ABC 型钻石。

　　HPHT 处理过程中形成 C 缺陷的主要原因是小的氮复合物如 A 缺陷和 H3 缺陷的分解。HPHT 处理产生的 C 中心的强度主要取决于总氮含量和氮聚集体的初始状态。尽管经 HPHT 处理后 C 中心的强度可增加几个数量级，但对于大约 90% 的 HPHT 处理钻石来说，它仍然只是 FTIR 吸收光谱中的一个次要特征（Hainschwang et al.，2005；Sriprasert et al.，2007）（见图 6.78b）。通常，如要 Ia 型钻石中能检测到 1344 cm^{-1} 红外吸收峰，C 缺陷的含量要达到零点几 ppm。具有强 A 中心和 B 中心吸收的高氮钻石中，C 缺陷的检出限为 1 ppm。这些钻石中 C 中心的吸收非常弱，只在 1344 cm^{-1} 波数处检测到极小的隆起（Reinitz et al.，2000；Collins，2001；De Weerdt and Van Royen，2000；Fisher et al.，2006）。多数情况下，HPHT 处理不产生含量高于红外光谱检出限的 C 缺陷（De Weerdt and Van Royen，2000）。HPHT 处理钻石中，当钻石色级为 I 及以下时，可通过 1344 cm^{-1} 峰吸收检测到 C 缺陷（Fisher and Spits，2000；Collins，2001）。

　　低温 HPHT 处理（例如 1800℃）过程中，不产生含量高于可见光吸收光谱和 IR 光谱检出限的 C 缺陷。用光谱能检测出的 C 缺陷出现在 2000℃ 及以上的 HPHT 处理后（Collins，2001；De Weerdt and Collins，2007）。C 缺陷的产生效率随温度的升高快速上升。经 2500℃ HPHT 处理后，C 缺陷的含量可高达 5 ppm。因此，高温 HPHT 处理将 Ia 型钻石转变成具有 Ib 型特征的 Ia 型钻石，它们显示强 C 缺陷连续吸收和发育的 1344 cm^{-1} 红外吸收峰（Fisher et al.，2006）。

　　辐照能强烈激发聚集态氮，使之分解成 C 缺陷。用反应堆中子 10^{17} cm^{-2} 剂量辐照普通 Ia 型钻石后再常规 1500℃ 退火，可产生 5 ppm 的 C 缺陷（Vins and Yelisseyev，2008a）。钻石原始的褐色也是激发氮分解的一个因素（Vins and Yelisseyev，2010）。因此，可以假设，氮集合与辐射或空位簇释放的空位相互作用，是激发其分解的原因。然而，Ia 型褐色钻石在 HPHT 处理过程中并没有检测到 C 缺陷的产生（Fisher et al.，2006）。

　　如果出现高含量的 C 缺陷，HPHT 处理会将它们聚集成 A 和 B 缺陷。在高温 HPHT 处理过程中，Ib 型钻石中的 C 缺陷几乎全部转变成 A 和 B 缺陷（Hainschwang et al.，2005）。这说明，红外光谱中以 C 中心占主导的钻石肯定未经处理（Hainschwang et al.，2006a；Shigley et al.，1993）。实际上，1344 cm^{-1} 峰强度超过氮相关中心红外吸收总强度的 5% 是一个可靠的钻石未经处理的指标。

　　天然含氮钻石的光谱中，C 中心的发现概率随氮的聚集程度升高而降低。因此，C 缺陷在 IaA 型钻石中比在 B 缺陷占优的钻石中多见。具有强 N3 中心吸收的天然钻石也不显示 C 中心吸收；如果显示 C 中心吸收，这些钻石很可能是经 HPHT 处理的，目的是增强其原本的淡黄色（Collins，2003）。

　　天然 IIa 型钻石可含微量的聚集态氮，而不含分散的氮。因此，IIa 型钻石中单氮的出现是可能经 HPHT 处理的标志（Wang and Gelb，2005）。

　　C 缺陷的含量可通过测量 C 中心吸收主线 1130 cm^{-1}、1344 cm^{-1} 尖峰以及 C 缺陷连续吸收在 477 nm 处和 270 nm 带的强度估算：

$$Nc(\text{ppm}) = (25 \pm 2)\mu_{1130}(\text{cm}^{-1}),$$
$$Nc(\text{ppm}) = (25 - 50)\mu_{1344}(\text{cm}^{-1}),$$
$$Nc(\text{ppm}) = (18 \pm 2)\mu_{477}(\text{cm}^{-1}),$$
$$Nc(\text{ppm}) = (0.6 \pm 0.1)\mu_{270}(\text{cm}^{-1})$$

式中，μ 是吸收系数（单位：cm^{-1}）。当用 1344 cm^{-1} 峰时，使用的光谱仪须有足够高的分辨率以确保吸收峰强度测量的准确性。

Ⅰa 型钻石中产生 C 缺陷是 HPHT 处理钻石非常典型的特征。任何 Ⅰ 型钻石，如果光谱中不出现与 C 缺陷相关的任何中心，就肯定是未经处理的。不过我们必须意识到，许多 HPHT 处理钻石中与 C 缺陷相关的红外吸收中心可能太弱而使得常规的 FTIR 光谱仪检测不出。这些情况下，必须在 UV – Vis – IR 光谱范围内进行全面的光谱分析，以检测与 C 缺陷直接相关的所有光学中心，以及与 C 缺陷直接相关的衍生中心（例如 NV 中心）。

23. 7800 nm（1282 cm^{-1}），即 A 中心

A 中心是钻石中最常见的氮相关光学中心。A 中心是氮 A 缺陷的表现形式。天然钻石中 A 中心的吸收光谱见图 6.79。A 缺陷所谓的"二次"吸收边缘起始波长为 300 nm。所有 ⅠaA 和 ⅠaAB 型钻石的紫外光谱中都会出现二次吸收边（见下文图 6.81）。

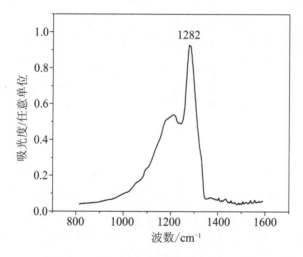

图 6.79　一颗仅显示 A 中心吸收的纯天然 ⅠaA 型钻石的 FITR 吸收光谱
A 中心的主要特征是 1282 cm^{-1} 波数处的吸收峰。

A 缺陷在 HPHT 处理过程中会催化氮缺陷的转化过程。然而，单靠它们的存在与否并不能说明钻石的处理历史。当结合其他氮相关缺陷考虑时，A 中心的相对强度或缺失可以提供可靠的证据。

A 缺陷是 HPHT 处理过程中氮集合体聚集或分解的中间过渡形式。2300℃ HPHT 退火 Ⅰb 型钻石后，75% 的 C 缺陷转化成聚集形式（Collins et al., 2005），其中大部分是 A 缺陷。

褐色 ⅠaA 型钻石中，大量的 A 缺陷分解成 C 缺陷发生在 2100℃ 及以上温度。超过

2200℃后，A 缺陷开始聚集成 B 缺陷或片晶氮。钻石初始的褐色越深，转化率越高。相较之下，褐色 ⅠaB 型钻石在 1800～2300℃、7 GPa（金刚石相稳定范围）下处理不形成 A 缺陷（Vins and Yelisseyev，2010），但可在较低的压力（石墨相稳定范围）下经 HPHT 处理形成 A 缺陷。

A 缺陷能非常有效地猝灭发光，高含量的 A 缺陷可明显减弱钻石中任何中心的发光强度（Collins，1982）。在分析作为 HPHT 处理指标的中心发光强度时，必须始终考虑这种猝灭效应。例如，一些 HPHT 处理的 ⅠaA 型钻石中，638 nm 中心在 PL 光谱中可相当弱，而在 Vis 吸收谱中却很容易检测。A 缺陷也会明显抑制"传输"效应，A 缺陷含量高的钻石绝不会是蓝、绿和红色的"传输者"。

ⅠaA 型和 ⅠaA＞B 型钻石中，A 缺陷的含量（ppm）可通过测量主带波数 1282 cm^{-1} 处的吸收系数 μ_A，用下式估算（Boyd et al.，1994）：

$$N_A(ppm) = 16.5\mu_A(cm^{-1})$$

含 A、B 中心且二者吸收强度相当的 ⅠaAB 型钻石中，A 缺陷的含量（ppm）可通过测量 1282 cm^{-1} 带（A 中心）和 1175 cm^{-1} 带（B 中心）的吸收系数 μ_{1282}、μ_{1175}，用下式估算：

$$N_A(ppm) = 16.5(1.2\mu_{1282} - 0.488\mu_{1175})(cm^{-1})$$

24. 8511 nm（1175 cm^{-1}），即 B 中心

B 中心是钻石中最常见的氮相关中心之一。B 中心是氮 B 缺陷的表现形式。红外光谱中，B 中心具有在 1175 cm^{-1} 波数的主峰、1332 cm^{-1} 波数处的锐峰、1100 cm^{-1} 及 1010 cm^{-1} 处的小峰和 1290～1210 cm^{-1} 间的特征平台（见图 6.80）。B 中心与吸收中心 N9（UV 特征吸收在波长 236 nm 和 234.8 nm）和 N10（UV 特征中心在波长 240 nm 和 248 nm）之间存在相关性。N9 和 N10 中心只见于 A 缺陷含量低的钻石中（低于 30 ppm）。然而，B 中心和 N9 中心、N10 中心不属于同一中心或同一缺陷（Shiryaev et al.，2001）。

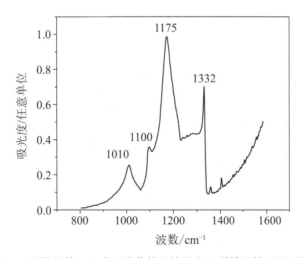

图 6.80　一颗显示单一 B 中心吸收的天然纯 ⅠaB 型钻石的 FTIR 吸收光谱

如图 6.80 所示，B 中心的特征在 1010 cm^{-1}、1100 cm^{-1}、1332 cm^{-1} 和 1175 cm^{-1} 处，在 1175 cm^{-1} 处的强度最大。

B 缺陷见于所有天然未处理的和经 HPHT 处理的 Ⅰa 型钻石中。因此，红外光谱中出现或缺失 B 中心并不说明 HPHT 处理的任何信息。然而，HPHT 处理 Ⅰa 型钻石中更常见的是 B 中心吸收强于 A 中心吸收（Reinitz，2007；Sriprasert et al.，2007）（见图 6.78b）。

B 缺陷在 HPHT 处理过程中会催化氮缺陷的转化过程。它们是氮聚集最终的点缺陷形式。B 缺陷是温度最稳定的氮复合体，HPHT 退火过程中氮缺陷的转变方向是形成 B 缺陷。因其具有非常高的活化能，地质温度下 B 缺陷的自然形成过程非常缓慢。快速的聚集需要 2200℃ 以上的温度（Vins et al.，2008；Vins and Yelisseyev，2010）。一般认为，如果在钻石稳定范围的温度和压力下进行 HPHT 处理，就不会分解 B 缺陷。因此，ⅠaB 型钻石经 HPHT 处理后形成的 C 缺陷很可能是因为残余 A 缺陷的分解，Ⅰa 型钻石中总是会出现少量的 A 缺陷。

ⅠaB 型和 ⅠaB > A 型钻石中，B 缺陷的含量（ppm）可通过测量 1175 cm^{-1} 波数处 B 中心主特征的吸收系数（μ_{1175}）估算（Boyd et al.，1995）：

$$N_B(\text{ppm}) = 35\mu_{1175}(\text{cm}^{-1})$$

A、B 中心强度相当的 ⅠaAB 型钻石中，B 缺陷的含量（ppm）可通过测量 1282 cm^{-1} 带（A 中心）和 1175 cm^{-1}（B 中心）带的吸收系数估算：

$$N_B(\text{ppm}) = 35(1.2\mu_{1175} - 0.59\mu_{1282})(\text{cm}^{-1})$$

25. 1018 cm^{-1} 峰

1018 cm^{-1} 峰见于一些天然 Ⅱa 型褐色钻石中，经 HPHT 处理后被破坏，可作为钻石未经处理的一个指标（Simic and Zaitsev，2012）（图 6.72）。

6.3 连续吸收

6.3.1 二次吸收

二次吸收是从波长 300 nm 开始向短波方向延伸的强吸收（见图 6.81）。含有中等至高含量 A 缺陷的钻石始于 300 nm 处的二次吸收（二次吸收边缘）非常明显，与波长约在 230 nm 处的本征吸收边缘相似。二次吸收归属于 A 缺陷，是所有 Ⅰa 型钻石最典型的光谱特征。然而，A 缺陷含量低的天然 ⅠaB 型钻石可不出现二次吸收（Fisher，2012）。未处理和经处理的钻石光谱都呈现二次吸收。因此，它不用作钻石经处理的证据。然而，它在 Ⅰa 型钻石经 HPHT 处理而诱发的"荧光笼"效应中起着重要作用。

因为二次吸收的存在，含 A 缺陷超过 100 ppm 的 Ⅰa 型钻石在 UV 光谱范围完全不透明。如 A 缺陷含量低于 30 ppm（$\mu < 2$ cm^{-1}），钻石对 UV 光可部分透明。

A 缺陷的含量可通过测量 306.5 nm 波长处的二次吸收强度，并用下式来估算：

$$N_A(\text{ppm}) = 66\mu_{306.5}(\text{cm}^{-1})$$

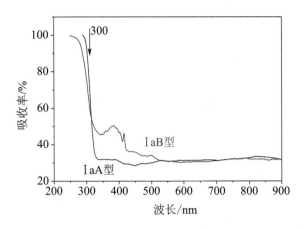

图 6.81　典型的天然 I aA 型和 I aB 型钻石的 UV-Vis 吸收谱

　　两条谱线的主要特征是边缘约在 300 nm 处的二次吸收。在 I aB 型钻石中，A 缺陷即使含量低，也能产生强的二次吸收。

6.3.2　褐色连续吸收

　　褐色连续吸收是始于近红外波段，向短波方向稳定增强并覆盖整个可见光范围的、连续的、几乎无结构的吸收（见图 6.82）。该吸收是天然钻石和原生 CVD 合成钻石褐色的成因。褐色连续吸收的性质尚未明确，但我们相信这种吸收是由不同类型的扩展缺陷引起的，其中可能性最大的是空位簇和位错（Hounsome et al.，2006，2007；Jones，2009；Fujita et al.，2009；Vins et al.，2008）。因为氮–空位间的相互作用，空位聚集和空位簇的形成更容易发生在 II 型钻石和 I 型钻石的低氮区域（Jones et al.，2007）。因此，II 型钻石呈褐色的比例高于 I 型钻石的。

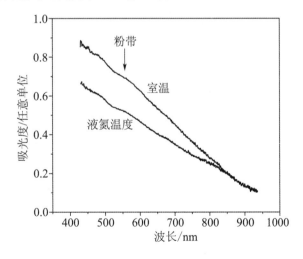

图 6.82　一颗未处理暗褐色钻石的吸收光谱

　　光谱中展示独特的褐色连续吸收，可分辨出非常弱的粉带吸收（最大吸收在 560 nm 处的弱吸收特征）。两个光谱分别在室温和液氮温度下测量。

褐色连续吸收的光谱不随钻石类型的不同而明显变化。然而，有些特征可能由其他中心如 H3 中心和粉带叠加进去（见图6.83a）。图6.83b 所示为从最低和最高色级的褐色钻石测得的褐色连续吸收光谱。

褐色连续吸收具有相对较高的高温稳定性，在一些钻石中可以经受的温度超过1900℃。因为褐色连续吸收起因于不同缺陷，所以在不同钻石中它们的高温稳定性不同。大多数钻石中，高于1900℃的 HPHT 处理会明显降低褐色连续吸收的强度，高于2100℃的退火可完全消除褐色连续吸收（见图6.24）。中子辐照和1600℃真空退火同样可以显著减弱褐色连续吸收（Collins et al.，2005）。

产生褐色连续吸收的空位簇中空位的含量 N_v 可通过测量波长 500 nm 处的吸收系数 μ_{500} 估算（Hounsome et al.，2007）：

$$N_V(ppm) = 20\mu_{500}(cm^{-1})$$

深褐色钻石中，空位的含量可非常高，合计超 200 ppm。

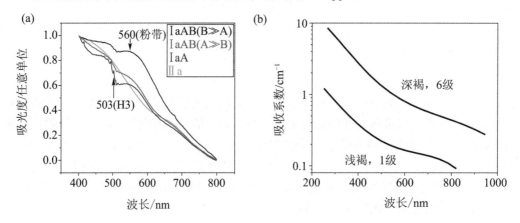

图 6.83　褐色钻石的吸收光谱

（a）液氮温度下测量的不同类型褐色钻石的吸收光谱（De Weerdt and Van Royen，2001）。（b）室温下测量的两颗褐色Ⅱa 型钻石的吸收光谱，根据 DTC 的颜色级别，两颗钻石分别是 1 级褐色（最浅的褐色）和 6 级褐色（最深的褐色）（Fisher，2009）。

6.3.3　C 缺陷连续吸收

C 缺陷连续吸收是 C 缺陷在吸收光谱中的一个特征，其他特征还有 C 中心[1]和 270 nm 带。C 缺陷连续吸收是电子从 C 缺陷向导带跃迁的表现。它是典型的逐渐增强的吸收，始于 500～600 nm 波长，向短波方向延展（见图6.84）。一些天然钻石中，这种吸收可始于更短的波长，向紫外光方向慢慢增强（Collins et al.，2000；Hainschwang et al.，2006a）。

---

① 这里特指 C 中心的红外吸收——译者注。

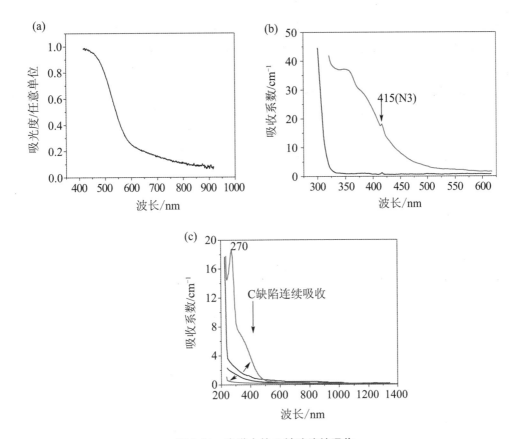

图 6.84 光谱中的 C 缺陷连续吸收

（a）一颗深黄橙色纯Ⅰb型合成钻石的 Vis 吸收光谱。（b）一颗天然Ⅰa型钻石在 2600℃ HPHT 处理前（黑线）、后（红线）的 UV – Vis 吸收谱（Evans and Qi, 1982）。处理前，光谱仅显示二次吸收边；处理后，C 缺陷连续吸收占优势。（c）初始色为褐色的Ⅱa型钻石在 HPHT 处理前（黑线）、后（红线）的 UV-Vis-IR 吸收谱（室温测量）。两颗钻石初始颜色都是 3 级褐色。HPHT 处理（2500℃，1 h）后，一颗钻石全光谱范围吸收减弱，另一颗钻石的 C 缺陷吸收占优势，显示 C 缺陷连续吸收和 270 nm 带（数据来源：Fisher et al., 2006）。

C 缺陷连续吸收是天然Ⅰb型钻石和含氮 HPHT 合成钻石吸收光谱的主要特征，几乎不会出现在Ⅰa型天然未处理的钻石的可见光吸收光谱中。然而，C 缺陷连续吸收是 HPHT 处理的Ⅰa型和部分Ⅱa型钻石的常见吸收特征。如果一颗天然Ⅰa型钻石同时显示 C 缺陷连续吸收和 A、B 中心，那么它很可能是经 HPHT 处理的（Collins et al., 2000）。

Ⅰa型钻石在 HPHT 处理过程中 C 缺陷的生成主要是因为 A 缺陷的分解（见 6.2 节 "23" 中关于 A 中心的介绍）。HPHT 处理导致的 A 缺陷分解可发生在任何温度下。然而，只有在 2000℃ 以上分解才明显。因此，C 缺陷连续吸收是Ⅰa型钻石经中高温 HPHT 处理的一个特征。初始无色或为开普黄色的Ⅰa型钻石中，HPHT 处理导致的 C 缺陷连续吸收是钻石最终呈黄色的主要原因（Collins et al., 2000）。

当 C 缺陷含量超过 0.1 ppm 时，可检测到 C 缺陷连续吸收。因此，即使在高氮

HPHT 处理的钻石中，观察到这一连续吸收也意味着存在少量的 C 缺陷，但其 FTIR 光谱未清晰显示 1344 cm^{-1} 峰。当在室温和液氮温度下对比测试时，C 缺陷连续吸收可非常清晰地被辨识出来（见图 6.85）。

C 缺陷的含量（N_C，单位：ppm）可通过测量 C 缺陷连续吸收在 400 nm 处的吸光度（μ_{400}）进行估算（De Weerdt and Collins，2008）：

$$N_C(\text{ppm}) = 2\mu_{400}(\text{cm}^{-1})$$

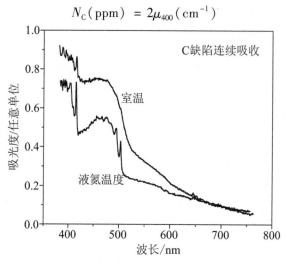

图 6.85　一颗高氮 Ⅰa 型钻石经低温 HPHT 处理后的 UV-Vis 吸收光谱

光谱分别在室温和液氮温度下测量。C 缺陷连续吸收在室温下较强。这颗钻石的 FTIR 吸收光谱显示了弱得难以觉察的 1344 cm^{-1} 峰。这颗钻石中，HPHT 处理生成的 C 缺陷含量约为 0.2 ppm。

6.3.4　硼连续吸收

硼连续吸收始于红外光谱范围波数 2400 cm^{-1} 处，是多峰结构的，强度逐渐减弱并延伸至可见光蓝区。硼连续吸收是 Ⅱb 型钻石蓝色的成因。Ⅱb 型钻石红外吸收光谱见图 6.86。产生硼连续吸收的缺陷是取代碳原子的单原子硼（硼受体）。硼连续吸收是非常稳定的光学特征，它在经过任何温度的 HPHT 处理后都不发生变化。

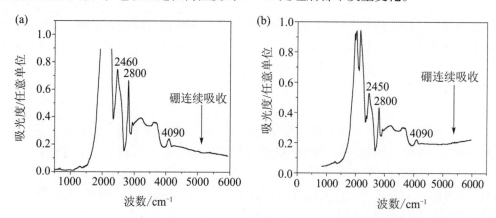

图 6.86　天然蓝色钻石（a）和掺硼合成蓝色钻石（b）的 FTIR 吸收光谱

HPHT 处理一些灰和褐灰色钻石后可将其转变为蓝色。这些钻石起始的灰色是由硼连续吸收和褐色连续吸收的叠加造成的。HPHT 处理能去除褐色连续吸收，降低硼受体的电子补偿。结果，钻石在紫外光和蓝光区变得更透明，硼连续吸收强度增加（见图6.87）。褐色连续吸收的减弱和硼连续吸收的增强具有很好的相关性（Fisher et al.，2009）。这些钻石最终的颜色是蓝色。

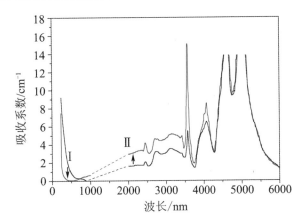

图 6.87　一颗褐灰色 Ⅱ b 型钻石经 2500℃ HPHT 处理 1 h 前（黑线）、后（红线）的红外吸收光谱［数据来源（Fisher et al.，2009）］

HPHT 处理去除了褐色连续吸收（Ⅰ 箭头处），增强了硼连续吸收（Ⅱ 箭头处）。

6.4　光学中心和连续吸收的组合

基于单个光学中心的分析而得出钻石是否经过 HPHT 处理的结论，通常并不可靠。绝大多数情况是，必须对多种光谱特征进行对比和分析。下面讨论一些用于辨别天然钻石是否经 HPHT 处理的光学中心的特殊组合。

红外吸收光谱中仅显示 C 中心和 A 中心、可见光谱中 C 缺陷连续吸收强、含氮量低（20～40 ppm）的"金丝雀黄"钻石，很可能是经 HPHT 处理的初始色为淡黄色（开普黄）Ⅰa 型钻石。然而，这样的光谱在未经处理的钻石中也可见。因此，仅凭这种光学中心的组合不足以可靠地鉴别钻石是否经处理（Collins，2001）。

天然 ⅠaA/B 型钻石中，辐照后常规退火产生的 H3 中心和 H4 中心的相对吸收强度与 A 缺陷和 B 缺陷的相对吸收强度有很好的对应关系，即 $I_{H3}/I_{H4} = I_A/I_B$（Davies，1972）。然而，这种相关性不适用于自然形成的 H3 中心和 H4 中心。通常，未处理钻石中，H3 中心的强度高得不成比例（Collins，2001）。原始钻石中 H4 中心强度低是在地球中长时间自然退火的结果。因此，H3/H4 中心和 A/B 中心的强度比存在相关性是钻石可能经辐照退火处理（例如多重处理）的指示性特征。

Ⅰa 型钻石经高温（2300℃ 以上）HPHT 处理后，1344 cm⁻¹ 峰经常与 A 中心和 B 中心同时出现。因此，Ⅰa 型钻石高温退火总是形成 ABC 钻石。同时出现这三种形式的氮对天然绿 – 黄 – 橙色钻石来说是很不正常的，可作为钻石经处理的可靠证据（Hainschwang et al. , 2005；Chalain et al. , 2005；Hainschwang et al. , 2006a）。极少数的情况下，A 中心、B 中心、C 中心可同时出现在天然未处理钻石的光谱中。幸运的是，这些钻石具有与 HPHT 处理钻石明显不同的性质（Hainschwang et al. , 2005）。甚至更有力的 HPHT 处理证据是 Ia 型钻石中检测到 A 中心、B 中心、C 中心、NV 中心和 H2 中心的组合（De Weerdt and Van Royen, 2000）。A 中心、B 中心、C 中心、H3 中心和 H2 中心同时出现也是 HPHT 处理的非常典型的特征（Kim and Choi, 2005）。

一些天然钻石中，2400～2500℃高温 HPHT 处理会去除 566 nm, 579 nm, 586 nm, 601 nm, 612/616 nm 处的 PL 线。这些钻石可在吸收光谱中出现强 H2 中心而无 H3 中心和 N3 中心（Smith et al. , 2000；Hainschwang et al. , 2006a）。

如果在天然未处理钻石的光谱中未同时检测到 C 中心和 B 中心，就可作为 HPHT 处理的有力证据（Wang et al. , 2005a）。我们在粉橙色钻石中检测到 C 中心和 B 中心，这些钻石也显示 GR1 中心和 ND1 中心并伴有 NV^0 中心和 NV^- 中心。这些钻石很可能经 HPHT 处理后再经辐照退火（多重处理）。塑性变形的褐色钻石在 HPHT 处理过程中由 B 缺陷转变成 C 缺陷的情况尤其明显。具有 C 缺陷和 B 缺陷的 HPHT 处理钻石也可出现增强的 N3 中心（Vins et al. , 2008）。有趣的是，Chalain 等（2005）报道了一颗含有 B 缺陷和 C 缺陷的天然钻石。不过，IaB 型钻石中出现 C 缺陷是 HPHT 处理的可靠证据。

"帝王红"钻石的吸收光谱中，N3 中心、H3 中心、NV^- 中心和 NV^0 中心都占优势，NV^- 中心通常是最强的，也可见弱的 H4 中心和 595 nm 中心，偶尔也可见弱的 GR1 中心和 ND1 中心（Wang et al. , 2005）。

如果一颗 IaAB 型钻石出现弱的片晶氮峰和强的 638 nm 中心（比 575 nm 中心强得多），那么这颗钻石就很可能是经过 HPHT 处理的。另外，如果吸收光谱中检测到 H2 中心，那么这颗钻石肯定是经过 HPHT 处理的（Hainschwang et al. , 2005）。

天然钻石的 PL 光谱中未发现过同时出现 NV^-（NV^0）中心、701 nm 中心和 926 nm 中心的情况（Hainschwang et al. , 2005）。因此，这种光学中心的组合是钻石经 HPHT 处理的有力证据。

同时出现强的 N3 中心、H3 中心和 H2 中心是 HPHT 处理钻石的特征。未有文献报道天然钻石中存在这样的光谱特征（Serov and Viktorov, 2007）。

天然未处理钻石的光谱中从未有同时出现 H4 中心、H3 中心、H2 中心、H1a 中心、H1b 中心、H1c 中心、NV^0 中心、NV^- 中心和 595 nm 中心的情况。相反，这种组合常见于"帝王红"钻石中（Wang et al. , 2005）。类似地，钻石光谱中同时出现 C 中心、H1b 中心、H1c 中心和 H2 中心，是钻石经 HPHT 处理的有力证据（Tretiakova, 2009）。

天然未处理钻石通体同时含有 C 缺陷、N3 缺陷和 B 缺陷的情况是极其罕见的。有"皮壳"的钻石是例外，其中"老"的核心含有高度聚集的氮，"年轻"的皮壳含有 C 缺陷和 A 缺陷。这种分带是区分经 HPHT 处理和未经处理的钻石的特征（Fisher, 2009）。

当用 LWUV 激发时，许多初始色为褐色的 IIa 型和 IaAB 型钻石在室温下测的 PL

光谱中具有最大强度约在 520 nm 处的强宽带。经 HPHT 处理或多重处理后，这一宽带偏移至 490 nm 处。这一现象在 I aB 型钻石中不明显（Haske，2005；Simic and Zaitsev，2012）（见图6.88、图7.3b）。

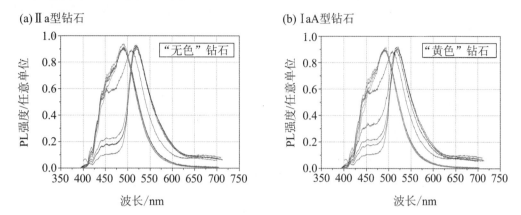

图 6.88　多颗初始色为褐色的钻石处理前（黑线）和高温 HPHT 处理后（红线）的 PL 光谱

处理前，除一颗钻石最强发光在 510 nm 处外，其他钻石均显示最强发光在波长约 520 nm 处。处理后，PL 强度最大处偏移至 480～490 nm。该测试在室温 365 nm 波长下激发测试，为了更好地比较，所有光谱的强度都被调整到同一水平。

7　HPHT 处理钻石的发光和发光图像

在紫外光激发下检测发光和在荧光显微镜下观察发光图像是用于初步鉴别 HPHT 处理钻石非常有用的技术。仅发光颜色就可提示我们钻石经 HPHT 处理的可能性。至于发光图像，在某些情况下，甚至单独使用就足以提供可靠的信息。

天然钻石都会发光，即使是"无荧光"级别的钻石在荧光显微镜下也都显示弱发光。造成这种发光活性的原因是天然钻石中总是不可避免地出现各种缺陷。HPHT 合成钻石和天然钻石一样，也都具有发光性。唯一"绝对"发光惰性的例外是超纯 CVD 合成钻石（所谓的"电子级"钻石），缺陷含量可低于 0.1 ppb。

钻石中大多数具发光效应的缺陷包含氮杂质。氮相关光学中心超过 500 种。钻石中发光活性排第二的是镍。镍相关光学中心大约有 100 种。毫不夸张地说，钻石中几乎所有光学中心都是含氮和/或镍的缺陷以不同的组合形式或与诸如空位和/或间隙碳等内在缺陷相结合的表现。钻石中不含杂质的缺陷一般不具有可见发光活性。

天然钻石的发光强度对氮 A 缺陷特别敏感。A 缺陷有非常强的发光抑制作用，A 缺陷含量高的钻石通常发光性弱（Crossfield et al.，1974；Davies，1978；Anthony et al.，1999）。相反，A 缺陷含量低的发光强。然而，含氮低的钻石（Ⅱa 型）也显弱发光，因其光学活性缺陷含量低。因此，含氮量中等的天然 Ⅰ型钻石受激发时发光最强。

HPHT 退火可明显改变钻石的缺陷组成，从而改变其光学中心。这种变化表现为肉眼可见的发光颜色的变化，以及在钻石表面和整体上发光分布的一些细节特征。Ⅰa 型钻石的这种变化见图 7.1。

钻石的发光颜色和强度取决于激发光的波长。因此，LWUV 和 SWUV 激发得到的荧光颜色和强度通常不同。大多数情况是，LWUV 激发更有效，原因是可见光范围内具有活性的大多数光学中心可在蓝光和近紫外光范围被激发，SWUV 远离这个范围，因此无效。

包括Ⅱa 型在内的 HPHT 处理钻石通常有较强的发光。大约 50% 的天然钻石经 HPHT 处理后发光增强（见图 7.2）。平均而言，HPHT 处理使可见发光强度增加一个数量级。这种增强的原因是在高温下 A 缺陷转变成 H3 缺陷后含量降低。

多重处理中的电子辐照也会明显影响钻石的发光强度和图像。辐照钻石总是显较弱的发光（见图 7.2c）。另外，辐照对"荧光笼"现象的产生非常有效（Boillat et al.，2001）（见图 7.1a-Ⅲ）。

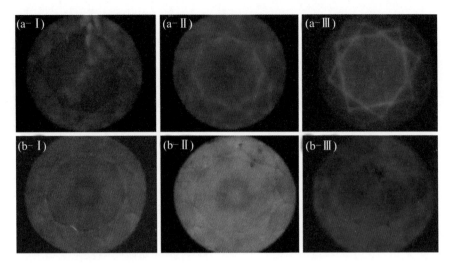

图7.1　两颗 Ⅰa 型钻石在处理过程不同阶段的发光图像

（a）Ⅰ—处理前，Ⅱ—1900℃ HPHT 退火后，Ⅲ—电子辐照后。（b）Ⅰ—处理前，Ⅱ—1900℃
HPHT 退火后，Ⅲ—第二次 2400℃ HPHT 退火后。可以看出，处理会明显改变发光的颜色、强度和分
布。所有图像均为 LWUV 激发。HPHT 退火后辐照的钻石"荧光笼"现象明显。

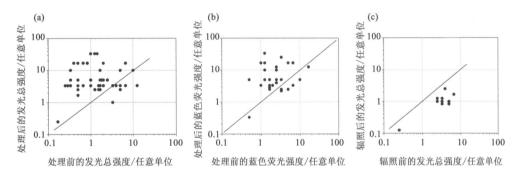

图7.2　多重处理 Ⅰa 型钻石在不同阶段可见发光强度的变化

（a）1900℃ 10 min HPHT 退火前、后发光总强度变化，（b）2300℃ 10 min HPHT 退火前、后蓝色
发光强度变化，（c）2300℃ HPHT 退火后与随后电子辐照后发光总强度变化。斜线以上的点表示处理
后增强，线下的点表示减弱。大多数情况是 HPHT 处理后发光增强。辐照总是降低发光强度。测试时
均用 LWUV 激发。

　　天然钻石可显不同颜色的发光。然而，最常见的颜色是蓝、绿和红色。以下讨论与
HPHT 处理有关的可见发光特征，钻石的可见发光几乎都是荧光，磷光只有在辨别
HPHT 处理的 Ⅱb 型钻石时才会用到。然而，由于时间分辨发光光谱不用作识别 HPHT
处理的方法，本书不讨论荧光和磷光图像之间的差异。

7.1　蓝色荧光

　　绝大多数天然钻石的荧光是蓝色的。有多种光学中心都可产生蓝色荧光。N3 中心存在于大多数Ⅰa型钻石中，其发光是产生蓝色荧光的主要原因。"开普黄"钻石特别明显的蓝色荧光归因于N3中心。由于N3中心的最大吸收在波长360 nm处，所以蓝色荧光最有效的激发光就是LWUV。

对于大多数钻石，商业HPHT处理不会明显改变N3缺陷的含量。然而，高温HPHT处理往往增强N3中心的发光强度。这种增强是因为A缺陷含量降低，从而提高了N3中心的发光效率（见图7.2b）。中温HPHT处理钻石中常见荧光颜色的变化，例如变成绿或红色，这是由于生成的H3中心或NV⁻中心可发出较强荧光（见图7.1b）。

用于HPHT处理的Ⅰa型钻石优先选择褐色的。在原始状态下，它们表现出以蓝色为主的荧光。此类钻石经中温HPHT处理后荧光颜色变成绿色。钻石最终的颜色为带褐色调的黄/绿色。因此，如果钻石的颜色是黄绿色，发蓝色荧光，可看作是未经处理的特征。然而，如果这种颜色的钻石发强绿色荧光，它就可能是经过HPHT处理的。

蓝色弱荧光多见于天然Ⅱa型钻石中，HPHT处理后其强度不发生明显变化（Moses et al.，1999）。然而，因NV⁰中心形成，荧光颜色可能会出现浅粉色色调（见图7.3）。

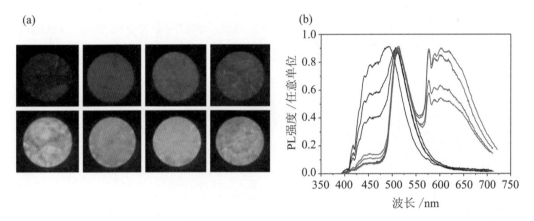

图7.3　天然Ⅱa型钻石经HPHT处理前后的荧光图像和PL光谱

（a）四颗初始色为褐色的低氮Ⅰ aB型钻石处理前（上排）和多重处理后（下排）的荧光图像。HPHT处理把它们从褐色转变成粉色。所有钻石荧光都显示有红色成分。（b）这些钻石的PL光谱。处理后，光谱显示红色NV⁻发光，这就是荧光图像中的红色成分。其中一颗钻石的吸收主带最强处从520 nm偏移至490 nm处（Simic and Zaitsev，2012）（图片来源：D. Simic）。

7.2　绿色、黄色荧光

天然未处理钻石中，绿色荧光也很常见。最可能的起因是H3中心，它的发光极其高效。与N3中心相比，HPHT处理对H3缺陷中心的影响非常大，从而影响H3中心的强度。初始色为褐色的Ⅰa型钻石中，中温HPHT处理能显著增加H3中心的荧光强度，而高温处理却会将其完全破坏（见图7.4）。然而，HPHT处理不改变含CO_2和假CO_2褐色钻石的荧光（Hainschwang et al.，2005）。因此，绿黄色钻石的强绿色荧光是钻石可能经HPHT处理的提示，而黄色钻石中没有绿色荧光也提示可能经HPHT处理，而且是高温处理。

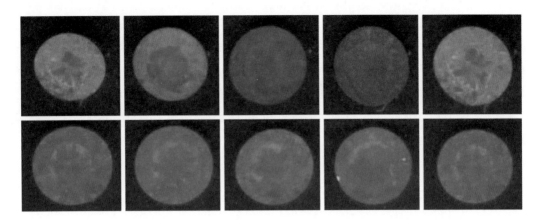

图 7.4　五颗初始色为褐色的 IaA 型钻石处理前（上排）和高温 HPHT 处理后（下排）的荧光图像

通过处理可将钻石的褐色转变成黄色。荧光的绿色成分在处理后消失（Simic and Zaitsev，2012）（图片来源：D. Simic）。这些钻石的室温 PL 光谱见图 6.88b。

H3 中心的荧光往往伴有 NV 缺陷的红橙色荧光，这种组合的结果是黄绿色荧光。

H3 中心的荧光可被蓝光至深紫外光范围内任何的光激发。然而，和 N3 中心的蓝色荧光一样，当用 LWUV 光照射时，H3 中心的荧光特别强（Kim and Choi，2005；Reinitz et al.，2000）。

黄至绿色 HPHT 处理钻石在 LWUV 和 SWUV 两种光激发下，都常见中至强的白垩状带绿的黄色荧光至带黄的绿色荧光。这种白垩状的外观是 H3 中心强绿色荧光和 N3 中心蓝色荧光组合的结果。NV⁻ 中心的荧光可增加一些黄色调。观察是否存在白垩状绿色荧光是初步筛选 HPHT 处理钻石的简便方法（Reinitz et al.，2000；Kammerling and McClure，1994）。尽管天然黄绿钻石中也可见绿光荧光（Anthony et al.，2000），绿黄色钻石的强绿色荧光是 HPHT 处理的指示性特征。未处理的黄至褐色钻石显蓝色和黄色荧光，经常伴有黄色成分集中于褐色条带中，不呈现典型的白垩状（Reinitz et al.，2000；Kammerling and McClure，1995）。

HPHT 处理 IIa 型钻石的 DiamondView 图像显示均匀分布的绿黄色荧光，这与天然颜色的 IIa 型或 Ib 型钻石中的非常不同（Wang and Gelb，2005）。处理前荧光惰性的区域，在处理后可发非常强的绿色荧光（Van Royen and Palyanov，2002）。惰性的区域往往 A 缺陷含量很高，它会抑制荧光。HPHT 处理后，A 缺陷转变成 H3 缺陷，产生强荧光。

高温 HPHT 处理会明显降低 H3 中心和 A 缺陷含量，降低绿色荧光的强度，但是会增强"绿色传输"效应。因此，初始色为褐色的 Ia 型钻石在经中温 HPHT 处理后，在 UV 激发下观察不到绿光荧光。然而，这些钻石却呈现"绿色传输"效应，在 FSI 可见光谱中清晰可见（Hainschwang et al.，2005）。

"绿色传输"效应是含氮量中等的 Ia 型钻石经 HPHT 处理后的常见结果。在 HPHT

处理钻石中观察到的"绿色传输"效应的一个特征是集中在黄色带中（Deljanin et al.，2003）。天然"绿色传输者"显示均匀分布的绿色荧光。强"绿色传输"效应在天然钻石中很罕见，但却是 HPHT 处理钻石的指示性特征。然而，在 UV 激发下，与强绿色荧光相比，它是一种不太可靠的指示性特征（Reinitz et al.，2000；Kane，1980）。

一些 HPHT 处理 Ia 型钻石同时显蓝色和绿色的强"传输"效应，这使钻石显"霓虹状"的外观。这种双色"传输"效应是 HPHT 处理的强有力证据（Anthony et al.，1999）。

一些 HPHT 处理钻石显亮黄至柠檬黄色荧光，这是镍相关中心增强的结果。处理前，含镍钻石通常具有蓝色荧光。处理后，导致这种黄色荧光的是产生 S2 中心和 S3 中心的缺陷。S2 中心和 S3 中心是对温度非常稳定的中心，故镍相关黄绿色荧光甚至能经受非常高温的 HPHT 处理而不被破坏。

尽管 Ia 型钻石的强绿色发光（"绿色传输"）和黄绿色荧光是其可能经 HPHT 处理的指示性特征，但单凭它们并不能可靠地证明钻石经 HPHT 处理（Anthony et al.，2000）。

7.3　橙色、红色荧光

HPHT 处理钻石中也常常观察到橙色到红色荧光——这种荧光最有可能的起因是 NV 缺陷的发光，也经常伴有其他缺陷的蓝色和绿色发光。

"帝王红"钻石就是具有红色荧光的经处理钻石的例子。经 HPHT 处理的"帝王红"钻石在 UV 激发时呈现非常特别的白垩状蓝、红、黄和绿色发光。在 SWUV 下，这些钻石大多数显中到强的粉橙色、红色和黄色荧光（Wang et al.，2005）。当用 LWUV 激发时，"帝王红"钻石的强荧光可能是黄、绿、蓝和红色（见图 7.5a、b）。

当用可见光激发时，"帝王红"钻石显绿色和橙红色荧光（"绿色传输"和"红色传输"效应），这在天然未处理钻石中见不到（Wang et al.，2005）。

大多数"帝王红"钻石是"绿色传输者"（见图 7.5c）。这些钻石中，H3 中心的绿色发光分布不均匀，有时与 NV 中心的红色发光交替出现（见图 7.5d）。在天然含氮钻石中，红色荧光不典型，因此它是"帝王红"钻石的一个典型特征。

SWUV 能激发一些天然灰/蓝色 IIb 钻石产生红色磷光（Wang et al.，2003a）。高温 HPHT 处理使这些钻石变成蓝色，也破坏它们的红色磷光，产生蓝色磷光。观测磷光通常使用 DiamondView（Breeding et al.，2006）。通过 HPHT 处理将红色磷光转变成蓝色磷光的实例也有报道（Wang，2010；Breeding et al.，2006）。

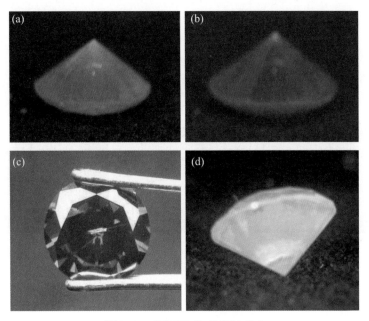

图 7.5 "帝王红"钻石的荧光

（a）LWUV 下呈现中等强度的绿荧光。（b）SWUV 下呈现非常弱的荧光。（c）日光下的强绿发光（"绿色传输"效应）。（d）"帝王红"钻石典型的分带荧光。

660 nm 和 500 nm 宽带（见图 6.45）分别对应红色和蓝色磷光。实际上，如果两个带同时出现在 II b 型钻石的光谱中，红色 660 nm 带通常较强。HPHT 处理会破坏 660 nm 带，但不破坏 500 nm 带。因此，保留下来的 500 nm 带使处理后的 II b 型钻石磷光呈蓝色。合成 II b 型钻石中也能发现 500 nm 磷光主带。因此，II b 型钻石的红色磷光被认为是钻石天然未处理的很好的指示性特征。然而这一特征与许多其他指标一样，并不完美。一些天然未处理钻石可显示明显的蓝色磷光（Eaton-magana et al.，2008）。另外，一些合成 II b 型蓝色钻石在汞灯激发下显弱红色磷光（见图 7.6）。

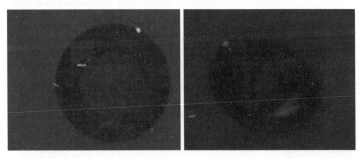

图 7.6 一颗合成 II b 型钻石在汞灯照射的 SWUV 下的图像（这颗钻石产生弱红色磷光）

7.4 荧光笼

"荧光笼"是在紫外光激发下，在切割钻石表面观察到的一种由亮线连接而成的特殊荧光图案。这些亮线大多沿着切割钻石刻面的连接线延伸。有时，可以看到这些亮线沿着一些内部缺陷扩展。这种荧光沿刻面连接线增强的现象最初是在辐照钻石中被发现的（Boillat et al.，2001；Hainschwang et al.，2009；Fritsch et al.，2009），然后人们又在 HPHT 处理钻石中见到（Dobrinets and Zaitsev，2009）。大多数天然未处理切割钻石的表面或整体上都呈现或多或少不均匀分布的荧光现象（见图 7.7）。一些未处理钻石也会显不均匀分布的荧光，但这种不均匀呈补丁状，通常看起来不像"荧光笼"。

图 7.7　天然未处理钻石典型的荧光图像（刻面边缘无荧光增强现象）

"荧光笼"最常见的颜色是蓝色（见图 7.8）。然而，HPHT 处理钻石中"荧光笼"的颜色可明显不同（见图 7.9）。在处理钻石中，"荧光笼"随处可见，但在亭部一侧更明显。

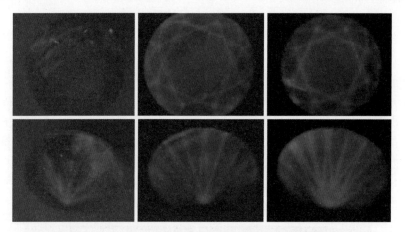

图 7.8　Ⅰa 型钻石经 2300℃ HPHT 处理后的荧光图像

从台面和亭部都可见"荧光笼"。左边的两幅图中的钻石还显现沿滑移面延伸的明亮荧光线（Simic and Zaitsev，2012a）。

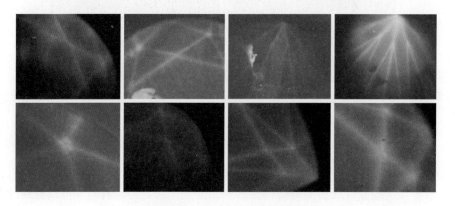

图 7.9　在 HPHT 处理钻石中观察到的不同颜色的"荧光笼"图案

目前还没有学者对"荧光笼"进行系统的研究，这种效应的起源和激活机制尚不明确。到目前为止，我们已经测试了大约300颗"荧光笼"钻石。基于此统计，我们发现有极少数天然未处理钻石也显"荧光笼"。在这些罕见的情况下，未经处理钻石的荧光图案显示出许多生长特征，看起来不同于处理钻石的"荧光笼"图案特征。然而，我们也发现了一些未经处理的钻石显示与经处理钻石的类似的"荧光笼"图案（见图7.10）。

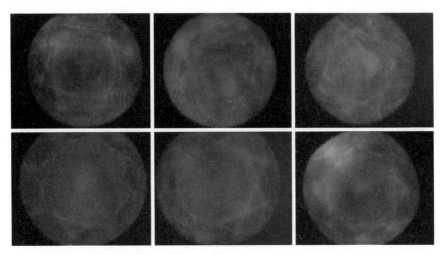

图 7.10　天然未处理切割钻石显示的类似于处理钻石的"荧光笼"图案

上排所示图案棱线没有增强，与"荧光笼"容易区分。下排所示图案有分块现象，类似经处理钻石的"荧光笼"（Simic and Zaitsev，2012a）。

"荧光笼"仅出现在I型钻石中。含氮量越高，"荧光笼"越明显。在多重处理的"帝王红"钻石中，"荧光笼"总是可见（见图7.11）。

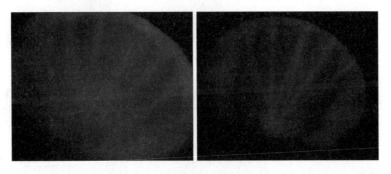

图 7.11　从底尖方向拍摄的两颗"帝王红"钻石的荧光图像

这两颗钻石显现的荧光都以蓝色荧光为主，其中一些区域有红色荧光。"荧光笼"为蓝色。除底尖外，整个亭部表面均可见荧光，其荧光颜色与钻石主体的不同。

在观察"荧光笼"时，激发参数（波长、强度、激发光束方向）和观察方向对观察结果的影响都很大。因此，当在非最佳条件下观察时，可能很难看到"荧光笼"（示例：Eaton-Magana and Chadwick，2009）。

"荧光笼"是在处理I型钻石中被激发出的，在富A缺陷钻石中特别明显。IaB型钻石显弱"荧光笼"，提示在 HPHT 退火过程中，ⅠaB 型钻石 A 缺陷的形成是一个次要的结果。其原因可能是 A 缺陷在激活"荧光笼"中的作用与 A 缺陷对"传输"效应的作用相反：A 缺陷增强"荧光笼"效应，抑制"传输"效应。

作为一种鉴别钻石是否经处理的方法，观察"荧光笼"效应具有几个重要的优势。第一，它能辨别 HPHT 处理和辐照处理。第二，适用于任何尺寸和形状的钻石，也不需要拆下镶嵌好的钻石。第三，"荧光笼"观察简单、快速、经济。

尽管天然未处理钻石中也能观察到像"荧光笼"的图案，但切割钻石如果沿棱线显示均匀明亮的"荧光笼"，肯定是经过处理的。

7.5 宏观缺陷的荧光

宏观缺陷（例如裂隙、包体和生长边界）的周边区域是钻石最易受损的地方，在这些地方的机械损伤尤其能有效地产生发光活性缺陷。这种情况下，机械损伤与辐照损伤作用相同。例如，众所周知，在裂隙处易形成氮 NV 和 H3 缺陷。

在荧光显微镜下可以很好地看到荧光增强的宏观缺陷和裂隙，它们表现为明亮的区域或不同颜色的区域（见图 7.12）。通常，HPHT 处理产生的新鲜裂隙的荧光比自然形成的裂隙强。造成这种差异的原因是不同的退火时间——受损的钻石在自然界和在 HPHT 处理过程中的时间差异。天然钻石在地下的退火时间非常长，导致裂隙处原本形成的点缺陷高度聚集的情况几乎完全消失。相反，在经过很短时间的 HPHT 退火后，具有光学活性的缺

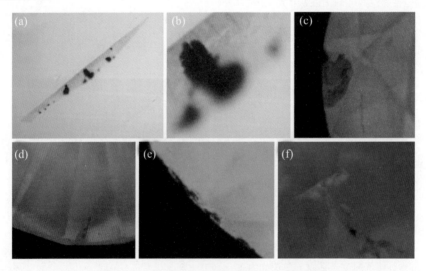

图 7.12 HPHT 处理钻石中裂隙的荧光图像

HPHT 处理导致的裂隙荧光颜色通常与钻石整体的不同。（a）这条裂隙内被激发出的荧光具有粉色成分，提示 NV 中心的形成增强。绿色荧光体色归因于占主导的 H3 中心。裂隙中出现石墨化黑色包体。（b）图（a）的局部放大，显示粉色荧光分布覆盖整个裂隙。（c）HPHT 处理Ⅱa 型粉色钻石中一条裂隙的荧光图像。（d）HPHT 处理浅褐粉色Ⅱa 型钻石，腰部亮红色裂隙指示高含量 NV 中心的形成。（e）这颗 HPHT 处理钻石的腰围荧光图像，在蓝色体色荧光中显示亮绿色裂隙。（f）这颗浅黄色 HPHT 处理钻石显示的裂隙荧光具有浅绿色调，表明形成的 H3 缺陷含量增加。

陷的分布基本保持不均匀的状态。这种差异类似于天然含氮褐色钻石和经过高温处理的绿黄色钻石之间的差异。在这两种情况下，钻石都被加热到足够高的温度，导致使小部分空位簇分解而产生 H3 缺陷。然而，自然低温的 HPHT 退火时间足够长，几乎完全破坏了 H3 中心，而在更高的温度、短得多的时间下进行的 HPHT 退火则不可能消除 H3 中心。因此，自然产生的裂隙和包体通常不显示增强的荧光（见图 7.13）。

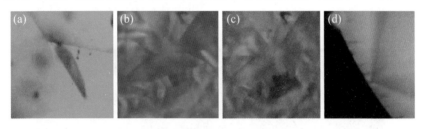

图 7.13　自然产生的裂隙和包体

（a）这种"新月"型裂纹出现在未经处理的抛光钻石表面，不会显示出增强的发光或不同颜色的发光——这是天然裂纹的典型特征。（b）（c）这颗天然的粉色钻石显示出天然的"羽毛"裂缝，无论是在蓝色（b）还是绿色（c）光谱范围内，都没有在这条裂缝中观察到增强的发光。（d）经 HPHT 处理的金刚石腰带的荧光图像，显示由于粗磨而产生的大量微裂纹，这些裂纹都不会产生增强的荧光。

　　H3 缺陷和 NV 缺陷是钻石中机械损伤造成的最常见的具发光活性的点缺陷。因此，对于 HPHT 处理产生和/或改变的裂隙，最常见的荧光颜色是绿色和红色。有时也可见镍缺陷所致的强黄色荧光。机械损伤产生的主要缺陷是空位和间隙碳原子，它们本身并不能形成可见光谱范围内的色心。然而，空位捕获氮缺陷形成可见光发光中心，其中 H3 中心和 NV 中心是最主要的。发光的宏观缺陷是 HPHT 处理 I 型钻石的特征，在 IIa 型钻石中也可见（见图 7.12c、d）。

　　Van Bockstael（1998）、Henn 和 Milisenda（1999）报道了在经 HPHT 处理的绿黄色钻石中沿生长方向强绿色发光的活化效应。Ia 型 HPHT 处理钻石的绿色发光分布与在偏振光下观察到的干涉图案有关。未处理 Ia 型钻石常常显示均匀的 N3 中心蓝色荧光，而处理钻石显示与生长特征相关的 H3 中心绿色荧光（De Weerdt and Van Royen，2000）。

　　Hainschwang 等（2008）给出了一个 HPHT 处理钻石显示 H3 中心特征分布的发光图像实例。图 7.14 显示 HPHT 退火形成沿（111）生长面延伸的绿色荧光线。不成形的亮绿线很可能是 HPHT 处理诱发的微裂隙。

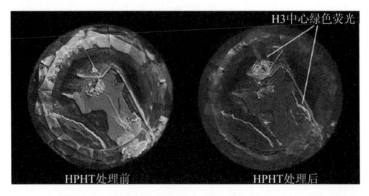

图 7.14　一颗含 CO_2 的褐色钻石在 HPHT 处理前后的 DiamondView 发光图像

　　如图 7.14 所示，HPHT 处理会减弱钻石整体的发光强度，包括中心区域的绿色荧光（处理后，这个区域呈褐色）。局部窄区形成新的强绿色荧光清晰可见（Hainschwang et al.，2008）。这些区域很可能是 HPHT 处理诱发的裂隙或生长区边界。

　　HPHT 处理合成 Ⅱ a 型钻石可产生内部应变，增强 CL 谱中 A 带的发光强度。HPHT 处理诱导的马赛克状 CL 图案与在天然 Ⅱ a 型钻石中观察到的相似（见图 7.15）（Kanda et al.，2005）。

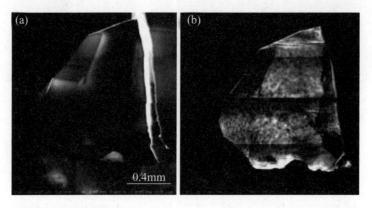

图 7.15　一颗合成钻石在 1600℃、6 GPa 下经 2 h 的 HPHT 处理前后
A 带发光（最强在 430 nm 处）分布的 CL 图像

　　注意发光纹理分布在 10～20 μm 间。纹理图案类似于在天然 Ⅱ a 型钻石中观察到的。

8 HPHT 处理的工艺和市场

钻石 HPHT 退火的基础研究已经开展了超过 50 年。最近 20 年，HPHT 退火也用于商业化改善钻石的颜色。作为一种处理方法，HPHT 退火的优势是真正从整体性质上对杂质缺陷结构进行改变，而且产生的变化具有很高的稳定性。这些优点，加上天然钻石本来也经受过"自然"高温加热的过程，是宝石级钻石 HPHT 处理起初被提出应当视为"天然改良"的原因。

褐色和近无色（尤其是粉色）钻石价格的巨大差异一直都是商业 HPHT 处理的主要驱动力，当可获得大量 II a 型褐色钻石时，商业 HPHT 处理可能会成为一个大型产业。HPHT 处理工艺的原理众所周知，任何公司或实验室只要拥有高压、高温设备，都可以很容易地开展钻石商业化 HPHT 处理。事实上，在通用电气（General Electric）和戴比尔斯（De Beers）公司公开了 HPHT 处理工艺后，美国、俄罗斯、乌克兰、德国、印度、韩国、白俄罗斯和中国的许多公司迅速开展了 HPHT 处理业务。研究表明，任何类型的高压、高温设备都适用于 HPHT 处理，包括 Belt、Toroid、BARS、Cubic 等（Schmetzer，2010）。

8.1 HPHT 处理技术基础

下面简要介绍使用设备 BARS - 300 进行 HPHT 处理的工艺（见图 8.1）。

图 8.1　商业 HPHT 处理的 BARS - 300 型设备

HPHT 处理设备中最关键的部位是高温高压仓，钻石置于此处经受 HPHT 退火。高温高压仓的质量是处理成功的关键。每种 HPHT 处理设备都各自有特别设计的高温高压仓。图 8.2 所示为 BARS - 300 设备设计的标准高温高压仓。为了保证能有效处理天然钻石，高温高压仓必须满足几个要求，其中最重要的性质是对钻石表面的化学惰性、良好的静水压力性能、烧结性能低以及钻石在周围介质中不存在相变。

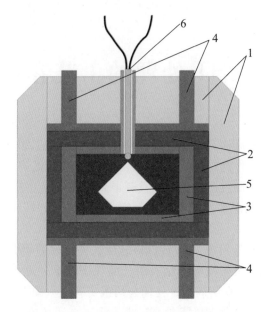

图 8.2　BARS-300 设备使用的标准 HPHT 仓

1—氧化锆陶瓷仓壳；2—管状石墨加热器；3—隔离体；4—大电流金属连接器；5—被惰性介质（例如石墨、溴化钾、氯化钠、氯化钾、氯化铯、溴化铯、氯化铜、溴化铜）包裹的钻石；6—热电偶

很多物质都可用作高温高压仓的介质。如由 DeBeers 技术人员提出的卤化物（氯化物和溴化物）。它们的优点是在 HPHT 退火后仍能保持良好的水溶性（Burns and Fisher，2001），这对于从介质中安全回收处理钻石非常有利。可用于替化卤化盐的 HPHT 处理介质有石墨或石墨与氧化物（氧化镁、氧化锆、氧化铝）的混合物。

压力控制是最难的一项任务。传统的方法是根据施加于压力机外铁砧上的力来校准高温高压仓内的压力。这种校准通常使用在已知压力下发生相变的材料，在室温下进行。由于铁砧会随着时间的推移而变形，因此必须定期进行压力校准。当高温高压仓的设计发生变化或 HPHT 介质发生改变时，也需要重新校准。然而，采用施加压力校准的方式控制压力，其精确度是有限的。通常，商业 HPHT 处理在精确度为 10% 的设定压力下进行。

温度的准确测量也是个严峻的挑战。温度低于 1700℃时，可以采用 Pt-Re 热电偶直接插入高温高压仓内测量。超过 1700℃ 的温度通过校准石墨加热器释放的能量间接测量。通常，这种方法的温度测量精度为 50℃。

BARS－300 设备的 HPHT 仓制作成边长 20 mm 的立方体形。这样的仓可以处理尺寸高过 12 mm（15 ct）的钻石，处理温度可高达 2000℃，压力可高达 8 GPa，并能维持数小时，或在同样的压力下温度高达 2500℃ 处理半小时。2500℃ 是 BARS－300 设备实际能达到的最高温度。BARS－300 设备商业 HPHT 处理的标准参数是：温度 1800～2300℃，压力 7 GPa，时间 10 min。更大型的 BARS 设备（如 BARS－500）的 HPHT 仓允许对 20 ct 的钻石进行安全的 HPHT 处理。

　　HPHT 仓的设计在不断改进中。虽然 HPHT 仓设计的原理是众所周知的，但它们的实际结构因实验室而异，甚至因技术人员而异。HPHT 仓的内部结构是一个专有技术问题，很少在出版物和专利中披露。

8.2　HPHT 处理钻石的选择与制备

　　正确选择钻石和对它们进行正确的预成形是 HPHT 处理技术的关键环节。天然钻石在开采后很少直接进行 HPHT 处理。实际上，首先要对钻石进行仔细测试，并且通过粗切割（预成形）尽可能地去除钻石表面的所有夹杂物和裂隙。然后进行清洗，这样才算为 HPHT 退火做好准备。钻石表面的结构缺陷在压力下会显著增加破裂的可能性，因此，去除这些薄弱部位对 HPHT 处理成功与否至关重要。不过，去除钻石表面的缺陷并不能保证处理不失败，即使是高净度的钻石也如此。钻石的内应力和在 HPHT 处理过程中不可预测的变化同样会导致产生破裂。在 HPHT 退火过程中，包裹钻石的介质中不可控制的应力再分配也可能产生解理和裂隙。

8.2.1　钻石的选择和预成形

　　通常使用 10 倍放大镜通过外观检查挑选钻石，有时也使用偏光显微镜放大观察。考虑的参数有尺寸、颜色、形状、可见的缺陷和内应力。商业 HPHT 处理推荐的尺寸和颜色范围分别是 3～12 ct、浅至中等褐色。暗褐色钻石不是好的选择，原因有二：首先，暗褐色很难完全去除，Br 1～Br 2 级别的褐色经 2200℃ 处理容易去除，而 Br 3～Br 4 级别的褐色至少需要 2300℃ 才能去除；其次，初始为暗褐色的 Ⅰa 型钻石经处理诱发的 H3/H2 中心使得钻石最终的绿黄色也会过暗。

　　至于预成形的形状，带有凸切面的圆形钻石是最理想的。这些钻石可能有立方体或八面体的切面。重要的是，预成形钻石不应具有尖锐的外延、深的空洞，以及相邻面之间呈负反射角的深凹面。这些特征的存在可能大大降低施加应力的均匀性，导致钻石破裂。

　　钻石初始的净度必须够高，以确保处理后达 SI2 或更好的净度。理想的情况下，用于 HPHT 处理的钻石不应含有任何类型的包体。其中，负面影响最大的包体有应力裂隙、凸面和/或锯齿状半透明裂隙（所谓的"羽裂"和类似特征），以及带有镜面反射的破裂。含有表面裂隙和凹坑的钻石也是不可取的。而浅的开放裂隙、没有裂隙的空洞、钻石内部的小包体不会造成进一步的损伤，预成形时可以保留。

　　对于有许多缺陷，去除缺陷后会导致重量明显损失的钻石也不适合采用 HPHT 处理。此外，在 HPHT 处理之前，不建议锯钻石和/或做周长预成形。这些操作可能会产生额外的裂隙，增加破裂的可能性。

8.2.2 预成形钻石的清洗

预成形钻石的清洗是 HPHT 处理工艺中的一个重要环节，其目的是尽可能地清除存在于外表面和表层内的所有污染物。如果不去除，在 HPHT 处理条件下，这些污染物可能会成为应力、石墨化和表面宏观缺陷的额外来源（Vins，2011a）。

我们所知道的对钻石最好的清洗方法是高温高压下在酸性混合物中进行清洗。然而，这种清洗的标准程序能清除的污染物类型并不多。本书作者之一（Vins）的实验室开发了一种温度高达 350℃、压力高达 45 MPa 的先进酸洗程序（见图 8.3）。在如此的高温和高压条件下，酸性蒸汽的侵蚀性和穿透性都非常强，能够溶蚀所有非钻石包裹物，包括那些不能用传统清洗方法去除的物质。这种新方法可以清洗很深很窄的裂缝，因此被称为"深度清洗"。该方法甚至可以进行亚微米级清洗，可以去除小于 1 μm 的污染物或裂缝。研究发现，温度是影响清洗质量的关键因素，温度必须保持在 235℃以上。

图 8.3　西伯利亚创新科技有限公司（Siberian Innovation and Technology Company）
生产的"深度清洗"设备

天然钻石中最常见的包体如下。①同生硫化物包体，在钻石生长过程中被捕获。这类包体最难触及，它们位于钻石内部的闭合裂缝和所谓的"面纱（veils）"中。②含铁包体。对于从残积土壤中开采的钻石，含铁包体为容易接触到的氧化铁和氢氧化物包裹物。③细小分散的石墨包体在天然钻石中也很常见。它们既可以存在于开放的裂缝中（很少），也可以分散赋存于钻石块体内难以发现的裂隙中。④其他包体，例如硅酸盐和氧化物，也常见于天然钻石中，它们通常是容易处理的。每种类型的包体都有不同的化学成分，要完全去除它们需要加入相应组分的酸。

去除表面的污染物和开放裂隙中的包体通常需要清洗 1～1.5 h（见图 8.4）。为了清洗"面纱"状和显微镜下可见的微小闭合裂隙，可能需要 3～5 次循环清洗。

图 8.4　钻石清洗实例

（a）清洗前（左），这颗毛坯钻含有三个黑色矿物包体，裂隙中含有铁质包体；深度清洗后（右），铁质包体完全被清除，一个黑色包体几乎消失，两个保持未变。（b）清洗前（左），钻石表面有矿物污染物，裂隙中有铁质污染物；深度清洗后（右），所有包体被完全清除，可见钻石真正的颜色。（c）清洗前（左），钻石具有一个延伸到台面和冠部的橙色大裂隙，橙色是多重折射的结果；深度清洗后（右），钻石完全脱除了有色污染物。（d）深度清洗的黑色切割钻石，因含大量硫化物包体而完全不透明（左）；深度清洗后（中和右），钻石变成透明或浅色的。（e）含有多色包体的毛坯钻（左）多次深度清洗，第一次清洗去除了部分包体（中），之后的清洗使钻石完全干净了（右）。

　　一些因预成形和清洗环节的疏忽造成 HPHT 处理失败的例子（重量损失、净度严重降低、完全破损）见图 8.5 和图 8.6。

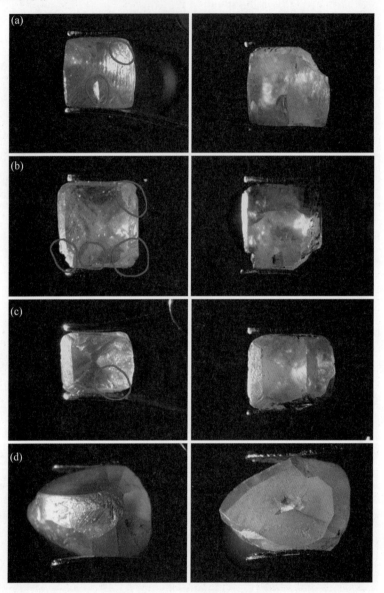

图 8.5　HPHT 处理失败的例子

　　（a）这颗预成形钻石中，两处标记的裂隙未被去除（左）；经 HPHT 退火后，裂隙导致右上角崩落形成缺口，另一条裂隙扩大，从表面延伸至中心（右）。（b）这颗预成形钻石中，四条相对较小的裂隙（标记处）没有完全被去除（左）；HPHT 退火后（右），所有这些裂隙都扩大了，右下角破裂，右上角产生了较大的水平裂纹和石墨化。（c）这颗预成形钻石中仅留下一条小裂隙（左，标记处）；经 HPHT 处理后，这条裂隙扩大，垂直贯穿整颗钻石（右）。（d）这颗预成形的钻石中留下一个近表面的小包体（左）；处理后，这个包体导致形成了一个空洞和一条大裂隙（右）。

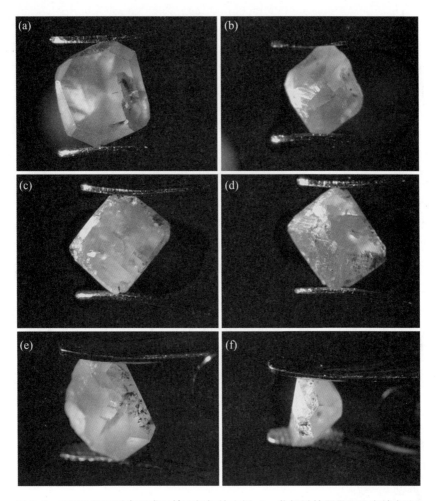

图 8.6　HPHT 处理诱发预成形钻石损坏的实例（一些粗糙的原晶面没有被去除）

（a）裂纹扩大；（b）出现剥落；（c）因过尖的角而破裂；（d）（f）周身形成多个小裂纹；（e）多处破裂、剥落和石墨化。

最终的产率是用于表征选择、预成形和清洁质量的指标，用最终切割钻石与初始毛坯的质量比和最终切割钻石的净度来评价。严格遵守选石和预成形规则，产率平均可达 32%，即 80% 的钻石净度为 SI～VS。否则，产率可能会下降到 5%，净度达 SI～VS 的钻石不超过 30%。

8.2.3　预成形钻石的特征

专业的 HPHT 处理钻石过程离不开对初始钻石进行光谱表征，表征的目的是确定钻石类型、测量氮相关缺陷的含量并评估褐色/灰色的深度。这些数据是预测钻石最终颜色和选择 HPHT 退火最佳温度－压力－时间参数所必需的。

根据红外吸收光谱测试结果，钻石被分为三个主要类型：①Ⅱ型钻石；②以 A 缺陷和 B 缺陷为主的钻石；③纯 IaA 型、IaAB′型、IaB 型和 IaBB′型钻石。

根据 UV-Vis 吸收光谱测试结果，钻石中的褐色被分成四类：Br1——浅褐色；Br2——中等褐色；Br3——深褐色；Br4——暗褐色。另外，Ⅱa 型钻石还要测粉带（550 nm）的吸收强度，Ⅰa 型钻石测 N3 中心的吸收强度。利用光谱进行表征后，钻石经过最后的清洗，就做好进行 HPHT 退火的准备了。

8.3 HPHT 退火

特定钻石的 HPHT 退火参数取决于所需的最终颜色、初始褐色/灰色的强度和来源，以及 A 和 B 缺陷的含量。钻石的内部结构完整性和预成形形状也被作为限制因素。大多数情况下，退火温度被设置得足够高以确保颜色转变过程不超过 10 min。然而，必须记住，钻石完全损坏的风险随温度的升高而增加，而且重复处理导致钻石完全损坏的概率特别高。压力通常设定为金刚石相稳定范围内的值。高压对于含易石墨化包体的钻石影响尤其严重。

对于Ⅱa 型钻石，最终颜色非常明确。约 80% 的褐色Ⅱa 型钻石变成无色或近无色，约 10% 转变成浅粉色，极少数褐/灰色Ⅱb 型钻石经 HPHT 处理后变成蓝色。有一种观点认为，Ⅱa 型钻石的浅粉色是暂时性的颜色，在特定温度下可获得，例如 2100℃。当 HPHT 退火达更高温度时，粉色消失，钻石变成无色。然而，在我们的研究实验和商业处理中，我们从未遇到过粉色完全消失的情况。因此，HPHT 处理诱导的Ⅱa 型钻石的粉色似乎比人们认为的更稳定。

初始颜色为 Br3～Br4 的Ⅱa 型钻石褪色需要的退火温度为 2300℃。去除 Br1～Br2 的褐色可在较低温度下实现。如果Ⅱa 型钻石含有 3 ppm 的 A 缺陷，则在 2300℃ 退火可使其呈淡黄色。

含 A、B 两种缺陷的初始色为褐色的Ⅰa 型钻石，其最终颜色取决于多种颜色中心吸收的叠加：褐色连续吸收，N3 中心、H3 中心、H2 中心和 C 缺陷连续吸收。这些吸收通常的演化方式是，Ⅰa 型钻石在 1800℃ 退火后，当空位簇开始分解并释放空位时，可以看到颜色的变化。空位被 A 缺陷和 B 缺陷捕获形成 H3 缺陷和 H4 缺陷。H4 缺陷在 HPHT 条件下不稳定，马上就被分解，有利于 H3 缺陷的形成。因此，H3 中心成为第一个导致颜色变化的占优势的光学中心。H3 缺陷形成的同时，A 缺陷和 B 缺陷分解成 C 缺陷和 N3 缺陷。不过与 H3 缺陷相比，这些缺陷的含量变化仍然很小，它们对颜色的变化没有明显的影响。空位的产生速率随褐色强度的增大而增加，同样，H3 缺陷的形成速率也随褐色强度的增大而增加。因此，在高度变形的深褐色钻石中，H3 缺陷的含量将特别高。H3 中心形成的同时，也形成弱的 H2 中心。两个中心的强度均随着温度的升高而增大，达到 2150℃ 时，H2 中心的相对强度增长得更快。更高温度下，H3 中心变得不稳定，将反向转变成 A 缺陷和空位。结果，H3 中心和 H2 中心吸收减弱，C 缺陷连续吸收成为主要吸收。当光学中心强度达到所需的比值时，颜色中心转换的过程可被中断。

IaA 型钻石在 HPHT 退火过程中，光学中心的转变与 IaAB 型钻石中的相同。相比之下，IaB 型钻石中的非常不同。IaB 型钻石中，H3 缺陷的产生是一个较弱的过程，以 B 缺陷分解成 N3 缺陷和 C 缺陷为主。由于 B 缺陷是钻石晶格中最稳定的，所以在褐色钻石中只能通过移动位错而不是温度来破坏它们。这种破坏在超过 1900℃的温度下可变得很明显。与所有 Ia 型钻石一样，IaB 型钻石的褐色去除发生在 2100～2300℃的温度下，并取决于褐色的初始强度。IaB 型钻石 HPHT 退火温度如果超过 2100℃，残余 A 缺陷开始分解为 C 缺陷，导致形成 H2 中心；而在更高的温度下（超过 2200℃时），A 缺陷聚集成 B 缺陷，这种聚集在高度变形的钻石中发生得更快。

在 1800～2300℃温度范围内对 Ia 型钻石进行 HPHT 处理，可导致缺陷转变，进而使其呈黄绿色（见图 8.7）。得到的颜色及其强度由 N3 中心、H3 中心、H2 中心和 C 缺陷连续吸收的相对强度决定。

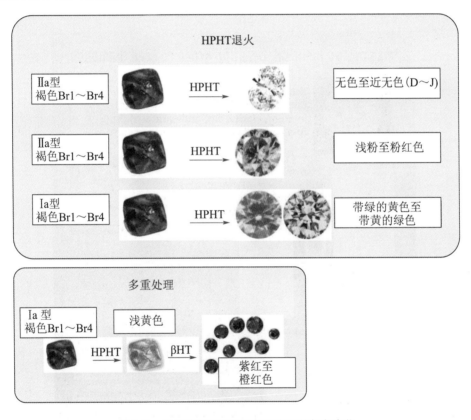

图 8.7　褐色钻石经不同处理后主要的颜色变化

在 HPHT 退火过程中，专业的钻石颜色处理公司会仔细设定和校准温度、压力参数。而大多数小公司根本不控制温度和压力，而是按照"给定"的配方或凭直觉设置"规定的"加热功率和压力。因此，市场上许多经 HPHT 处理的钻石具有明显的因"平均"颜色参数所致的残余褐色成分。这在多包体、重抛光差的钻石中尤其明显。

8.4 HPHT 处理的市场概述

8.4.1 HPHT 处理钻石的价格

HPHT 处理钻石的价格逐渐下降，而处理成本却在上升。2000 年 1 ct 黄绿色 VS 净度的处理成品钻石的价格约 6000 美元，几年之后降至 3000 美元，如今低于 1500 美元。相应地，生产成本——包括毛坯钻的成本（120～200 美元/ct）、预成形成本（40～80 美元/ct）、HPHT 退火成本（115～175 美元/ct）以及最后的切磨成本——2000 年从 800 美元升到 1000 美元，如今升到了 1500 美元。也就是说，经过 HPHT 处理的黄绿色钻石的生产成本已经与其市场价格相当（Grizenko，2011）。因此，目前在大多数国家，如果完全公开其处理过程，对这些钻石进行商业生产毫无意义（见图 8.8）。

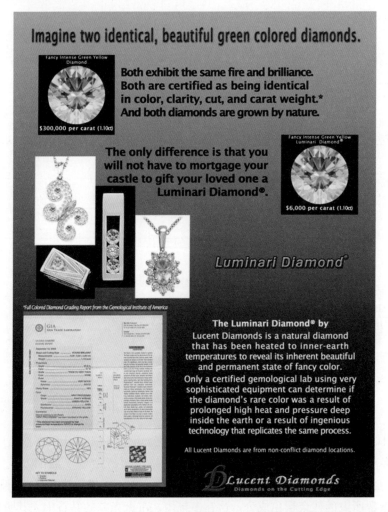

图 8.8 Lucent Diamonds 公司 2003 年发布的 HPHT 处理黄绿色钻石的广告传单

然而，生产无色和浅粉色Ⅱa型钻石在商业上仍然非常有吸引力。HPHT 处理的无色切割钻石的价格接近同等级天然未经处理钻石在 Rapaport 表中报价的 30%~40%。而非常稀少的粉色和蓝色 HPHT 处理钻石的价格是协议价格，保持在很高的水平：VS 净度的 1 ct 钻石价格超过 15,000 美元。

玫瑰红色的"帝王红"钻石的生产（Vins，2004；Wang et al.，2005）同样保持盈利。其中，最有价值的是 A 缺陷含量较高的Ⅱa型钻石（最终产品是含氮量非常低的ⅠaA 型钻石）。这些钻石中，可见光范围内可只形成 NV^0 和 NV^- 颜色中心。没有 H3 中心和 N3 中心的干扰，NV 中心的吸收产生清晰的"光谱"红色。这种 VS 净度的 1 ct 钻石的实际价格在 10,000~15,000 美元。

8.4.2 HPHT 处理钻石的市场

如今，已公开的经 HPHT 处理的钻石只占钻石市场的一小部分。市场上 HPHT 处理钻石占全部成品钻石的比例低于 0.01%。然而，无色钻石的这一比例要高得多。无色和近无色的钻石中，Ⅱa型钻石的占比仅为百分之几，其中，又只有一小半可经 HPHT 处理。对于高净度、高色级的Ⅱa型钻石，这个比例也许高一些。由于数量很少，HPHT 处理钻石不会对钻石市场构成真正的威胁。然而，HPHT 处理钻石的市场潜力很大。大量的钻石适合 HPHT 处理。适合 HPHT 处理的Ⅰa型褐色钻石的比例因矿床不同在 1%~50% 间变化。Ⅱa型褐色钻石的这一比例小得多，在 0.01%~10% 之间。抛光褐色钻石产量每年可能有大约 500 万克拉，但只有很小一部分涉及 HPHT 处理。

由于进入市场的绝大多数处理钻石是未公开处理历史的，因此很难测算经 HPHT 处理钻石的全球市场规模。据估计，在美国和欧洲国家，黄绿色钻石的"公开"市场价值将达到几百万美元。然而，即使是粗略地估计，也很难对亚洲国家中处理历史未公开的 HPHT 处理钻石的产量进行估计。对于高色级的无色和粉色Ⅱa型钻石来说，这种估算尤其具有挑战性。因为这些钻石非常昂贵，可能会大量生产，而其中许多已尽一切努力掩盖处理的特征。

HPHT 处理的商业成本为 100~200 美元/ct。一颗 1ct 钻石的标准处理平均价格为 150 美元。重要的是，HPHT 退火不是对毛坯钻石，也不是对最终切磨好的钻石进行的，而是对特殊预成形的钻石进行的。

表 8.1 给出了一家俄罗斯 HPHT 处理公司的钻石处理价格。这些价格与钻石的光谱表征及预期最终颜色对应，但与钻石的类型和初始颜色无关。

表 8.1　HPHT 处理服务价格表

钻石重量/ct	（量小）价格/（美元/ct）	（量大）价格/（美元/ct）
<0.25	60	40
0.25~0.49	100	65
0.50~0.99	140	95
1.00~1.99	175	115
2.00~3.99	200	135
4.00~10.00	225	150

通过对该公司生产 HPHT 处理钻石的成本结构进行分析，可以评估其盈利能力。成本的主要组成部分有：褐色毛坯钻石的价格，平均为 200 美元/ct，运费和税费为 40 美元/ct，预成形和最终的切磨成本为 40 美元/ct。预成形钻石的平均质量约为原始质量的 50%。预成形钻石的批发价设置为 150 美元/ct。考虑到 HPHT 处理钻石的平均产量约为 30%，切割处理钻石的最终生产成本约为 1100 美元/ct。将此成本与 HPHT 处理的彩色钻石的市场价格（见表 8.2）进行比较，可以看出，生产产品重量大于等于 0.38 ct、净度 SI 级的 HPHT 处理钻石，或产品重量大于等于 1.2 ct 的初始未加工钻石是可盈利的。

表 8.2　HPHT 处理圆钻型彩深黄、橙黄、绿黄和黄绿色钻石的价格表

钻石重量/ct	钻石价格/（美元/ct）					
	VVS 级	VS 级	SI 级	I1 级	I2 级	I3 级
0.01～0.07	800	700	600	500	250	150
0.08～0.17	952	833	714	595	298	171
0.18～0.29	1133	991	850	708	354	195
0.30～0.37	1348	1180	1011	843	421	222
0.38～0.49	1604	1404	1203	1003	501	252
0.50～0.69	1909	1670	1432	1193	597	288
0.70～0.89	2272	1988	1704	1420	710	328
0.90～0.99	2703	2366	2028	1690	845	373
1.00～1.24	3217	2815	2413	2011	1005	425
1.25～1.49	3828	3350	2871	2393	1196	484
1.50～1.99	4556	3986	3417	2847	1424	551
2.00～2.99	5421	4744	4066	3388	1694	628
3.00～3.99	6451	5645	4839	4032	2016	715

如今，市场上可见各种颜色的 HPHT 处理钻石。然而，大多数 HPHT 处理钻石是无色或近无色的，其次是黄绿色的。大颗的 HPHT 处理钻石较为少见，绝大多数 HPHT 处理钻石的重量都在 2 ct 以下。

9 结语

在本书的结语中，我们想谈谈关于 HPHT 处理技术的发展、HPHT 处理钻石、HPHT 处理钻石的鉴别方法、HPHT 处理钻石作为一种宝石的地位等一些普遍问题的看法。

9.1 HPHT 处理的商业风险

HPHT 处理的潜在威胁在于可能破坏高品质天然钻石最有价值的特性之一——稀有性。"宝石学的本质在于我们识别这些材料（自然的或人造的）以及区分任何人为改变的能力。如果稀有性成为一种毫无意义的优点，那么贸易的支柱——天然宝石的魔力——将会被打破。"GIA 总裁 William Boyajian 写道（Boyajian，2000a）。事实上，从理论上讲，大部分颜色较差的天然钻石都可以被转化为更有价值的无色或彩色钻石，原材料的选择有很多。

官方正式宣布钻石可经 HPHT 处理后的最初几年，由于没有关于 HPHT 处理钻石的可靠信息，钻石市场既兴奋又担忧，人们谈论得最多的是 HPHT 处理对钻石市场信用的危害。然而不久后，当首次对 HPHT 处理钻石进行系统的研究后，情形变得清晰起来，幸运的是这种恐惧只是被夸大了。HPHT 处理钻石不会影响钻石的价格（见图9.1），其原因有二：首先，大多数情况下，HPHT 处理钻石是可鉴别的；其次，大多数褐色天然钻石的颜色级别不能经 HPHT 处理而明显提高。后者属于 Ⅰa 型褐色钻石，占所有天然钻石的95%。自从那时起，HPHT 处理技术取得了很大的进步，世界各地的许多公司都开始了 HPHT 处理业务。然而，因为高质量的 HPHT 处理是一项技术，需要开发专有设备、昂贵的维护成本、昂贵的一次性材料以及受过高度训练的专业人员，因此，这些经营活动仍只是钻石贸易的一小部分。此外，HPHT 处理仍然是一个不稳定的过程，有损坏钻石的可能性（Pope，2006）。

对于钻石市场来说，真正的威胁是开发一种廉价、能够大大提高 Ⅰa 型褐色钻石颜色等级的处理方法。到目前为止，我们还不知道是否有这种处理方法的先驱者。然而，通过分析现有的关于 HPHT 处理和 HPHT 处理钻石的信息，我们可以试着回答是否可能将 Ⅰa 型褐色钻石变为无色的问题。

如图9.1所示，无论是合成钻石的出现，还是 HPHT 处理钻石的出现，都没有对钻石市场产生不利影响。恰恰相反，钻石价格在这两件事之后经历了明显的上涨，这表明钻石价格是由主要的经济趋势驱动的，而不是由钻石技术驱动的。

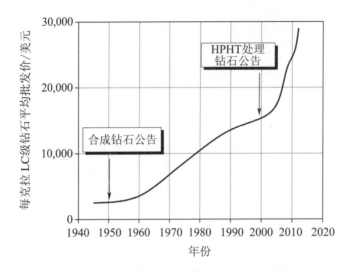

图 9.1　1940—2020 年 1 ct 钻石平均批发价的变化

　　导致 Ia 型钻石呈褐色的主要缺陷是产生褐色连续吸收的空位簇。褐色连续吸收出现在所有天然钻石中，这表明所有天然钻石在地球中至少都经历了轻微的塑性变形。但是，无色钻石的吸收光谱中，褐色连续吸收非常弱，而褐色钻石的吸收光谱中的褐色连续吸收很强。无色和褐色天然未处理钻石都不含含量高到能影响钻石颜色的 N－V 缺陷（NV、H3、H4、N3）。然而，Ia 型钻石含有高含量的 A 缺陷和 B 缺陷，以及一些 C 缺陷和片晶氮，它们是氮－空位颜色中心形成的直接来源。对于褐色 Ia 型钻石中不存在 N－V 缺陷的直接解释可能是，它们从未经历过高温加热，因为在高温加热过程中，空位簇部分分解释放的空位可以形成氮空位（N－V）缺陷。然而，我们知道，所有钻石在地球内部都经历过加热，而且有的经历过相当高的温度。这种加热必然导致 N－V 复合物的形成。即使假设褐色 I 型钻石是在接近地表处变形的，因此是在低温下，但塑性变形产生的空位也将不可避免地形成 N－V 复合物。如果温度足够低而不形成 N－V 中心，那么空位簇也不可能形成。理论上，高比例的空位产生的不是褐色而是暗绿色。因此，我们不得不承认，褐色钻石确实经历了相当高的退火温度。那么，为什么不形成 N－V 缺陷呢？

　　为了解释这一矛盾，我们必须假设氮空位缺陷的缺失是因为它们完全退火了。这一假设意味着，在 1200～1400℃ 的温度（通常的地质温度）下，钻石中的氮空位缺陷是一种非平衡缺陷，它们是在长时间的自然退火过程中消失了。因此，天然钻石的杂质缺陷结构形成的一般情况看起来相当简单。钻石在生长过程中会吸收氮。由于氮在地球上无处不在，所以大多数钻石都含有氮。钻石在生长过程和/或之后经历塑性变形。钻石从形成到被带到地球表面，要在相当高的温度下度过数百万年的时间。钻石中的大多数点缺陷都不如多原子复合物稳定，因此点缺陷往往形成较大的团簇。空位在空位簇中结合，氮原子在多原子缺陷中聚集并和间隙碳原子形成片晶氮。N－V 点缺陷也可能形成团簇或分裂成单个氮原子和空位，进而加入空位和氮团簇。因此，在地质温度下，聚集缺陷是钻石杂质缺陷结构的平衡状态。

　　在 1200～1400℃ 的温度下，钻石中不同缺陷的扩散速率有很大的差异。空位扩散较快，形成空位簇和 N−V 缺陷的速度较快。N−V 缺陷比单个空位更稳定，其聚集需要更长的时间。地质温度不够高，不足以打破孤立的 N−V 缺陷，但足以调动它们，并将它们作为一个整体而退火。关于点缺陷的讨论中，氮原子在钻石晶格中的活动性最低。因此，即使钻石经历了不同的地质年代，时间也不够长，不能将所有的氮原子聚集成大的团簇，所以天然钻石中的大多数氮形成如 A 和 B 缺陷这样的少量原子的小团簇。

如果上述观点正确，那么为什么大多数天然钻石是褐色的 Ia 型就很清楚了。它们恰恰是在氮存在的环境中形成的，在高机械应力下经历了长时间的 1200～1400℃ 的高温加热（见图 9.2）。无色 Ia 型钻石正是那些由于某些罕见的原因没有经历塑性变形的钻石，或那些原本是褐色的、通过加热褪色的钻石。现有的关于 HPHT 处理的实验数据还不能证明这一假设。然而，我们倾向于认为空位簇在地质温度下不是绝对稳定的，如果时间足够长，它们也将退火消失。如果是这样的话，长时间的退火可将褐色 Ia 型钻石转变为无色。为了保持聚集氮的稳定，防止产生 C 缺陷，退火温度不能超过 1700℃，否则会产生黄色。如果退火时间过长而在实际操作中不可行（如超过 1 年），可以提高退火温度（标准 HPHT 处理），使空位簇快速退火。不过在这种情况下，生成的 N−V 缺陷和 C 缺陷使钻石呈现黄绿色。幸运的是，这些缺陷不像空位簇那么稳定，它们可以在 1600℃ 的温度下在相当短的时间内被破坏。为了降低退火温度，可以在退火过程中使用强 Vis/UV 光激发空位簇。如果温度降低到 1600℃，则可以在常压下进行退火处理，而不存在产生 C 缺陷的风险。因此，我们认为或许有办法实现褐色 Ia 钻石的人工褪色。一种方法是常规 HPHT 处理，然后在 1600℃ 的温度下进行长时间退火（见图 9.2a）。另一种方法是在 Vis/UV 激发下 1600℃ 长时间退火。这种处理的目的是去除空位簇和所有的 N−V 缺陷。

9.2 HPHT 处理钻石鉴别的准确性

鉴定 HPHT 处理钻石的准确性是 HPHT 处理钻石交易中的关键问题。导致 HPHT 处理损害钻石贸易的，并不是 HPHT 处理钻石的数量，而是鉴定的不确定性。另一方面，HPHT 对钻石的处理和处理钻石的鉴别成为钻石市场中相对独立的一部分。我们不得不承认，到目前为止，还没有绝对可靠的方法来鉴定经 HPHT 处理过的钻石。主要原因包括 HPHT 处理钻石缺乏普遍性特征、天然钻石的多样化、HPHT 处理技术不断发展，以及对天然钻石杂质缺陷结构的认识不全面。

9.2.1 鉴别特征

本书中讨论了数百个用于鉴别 HPHT 处理钻石的特征，但没有一个是 100% 可靠的，或是在所有 HPHT 处理钻石中都可测到的普遍性特征。因此，处理钻石的识别需要对其中许多特征进行检验、测量和分析。例如，没有一个光谱特征可以单独让人得出某颗钻石经过 HPHT 处理的可靠结论。只有在其中检测出未在天然钻石中观察到的缺陷组合，才能进行结论性鉴定（Smith et al., 2000；Newton, 2006）。

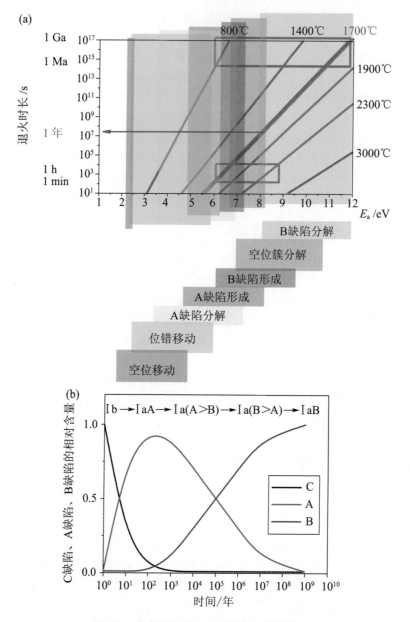

图 9.2　各类缺陷在退火过程中的变化情况

（a）在活化能为 1～12 eV 时，缺陷含量发生数量级变化所需的退火时间。红线表示两种最可能的温度，即低温（1900℃）HPHT 处理和高温（2300℃）处理。蓝线表示 HPHT 处理终极温度为 3000℃。绿线表示在地球中（800～1700℃）自然退火。绿色和红色方框分别表示自然退火和 HPHT 处理的可能时间间隔。水平箭头（指向 1 年处）表示在 1600～1700℃ 的温度下的假设时间，这样长时间的退火能够使褐色 Ⅰa 型钻石像在自然条件下那样褪色。（b）天然钻石在地下温度 800～1400℃ 范围内退火过程中氮缺陷的转变原理图示。钻石以 Ⅰb 型生长，形成后迅速转化为 ⅠaA 型。进一步退火将钻石转化为 ⅠaAB 型，然后转化为最终的 ⅠaB 型。稀有的 Ⅰb 型钻石是在其历史早期从地球内部喷射出来，代表着天然钻石的生长状态。ⅠaB 型是最古老的钻石。

鉴别 HPHT 处理 IIa 型钻石的标准程序包括对 NV^0 中心和 NV^- 中心的分析、对 270 nm 吸收带强度的测量（如果可能的话，与 B 中心和 N3 中心相比），以及对 GR1 中心和 576 nm 中心的检测。鉴别 HPHT 处理 Ia 型钻石的第一步是测量和分析 H3 中心、H2 中心和 C 中心的相对强度与片晶氮峰值的光谱参数，以及检测 H4 中心和 491 nm 中心。如果不能在此初步分析的基础上得出明确的结论，则需要进一步进行详细的光谱和显微镜表征，然后对所有检测到的特征进行细致的比较分析。有时，还要进行严谨的科学研究才能得出结论。然而，即使是最全面的分析也可能无法得出明确结论，这种情况下，钻石只能被报告为"未确定"。

IIa 型钻石的 PL 光谱的一般变化趋势是：钻石经 HPHT 处理后，大部分光学中心减弱或完全消失（Smith et al.，2000），处理后光谱看起来变"空"了。完全不发光是 IIa 型钻石经 HPHT 处理的一个重要指示性特征（Fisher and Spits，2000）。不显示光谱特征（空光谱）的 HPHT 处理钻石容易被误认为是天然的。到目前为止，还没有在 IIa 型处理钻石中发现任何始终存在（或缺失）的明显特征谱峰。在表征过程中，可用于确定钻石未进行 HPHT 处理的指标与可用于确定钻石经过处理的的指标同样重要（Smith et al.，2000）。

无色 IIa 型和 IaB 型钻石最有可能是经 HPHT 处理的（Deljanin and Fritsch，2001）。宝石实验室应该更加关注近无色 IIa 型和 IaB 型钻石（Van Royen et al.，2006）。相反，无色 Ia 型钻石最有可能未经处理，尤其是缺陷含量超过 15 ppm 的无色和近无色钻石肯定未经处理。这种颜色的钻石中，如果 A 缺陷含量较低（低至 7 ppm），也可能是未经处理的（Claus，2005）。

彩色钻石都需要进行 HPHT 处理检测。同样，所有 IIa 型无色和近无色钻石也必须进行 HPHT 处理可能性的检测（Collins，2006）。此外，所有 IaB 型钻石也必须进行检测（Van Royen et al.，2006）。

"尽管有各种各样的评定技术可供使用，但还是很可能会遇到一些钻石，我们无法确定它们的颜色是天然的还是经过增强的。"Collins（2006）在提到他更早的一篇文章（Collins，2001）时说。从那时起，我们在 HPHT 处理方面的认识得到了提高，检测方法也取得了显著进步并不断发展（Fisher，2012）。

9.2.2 天然钻石的不均匀性

天然钻石表征的一个问题是其不均匀性。当使用钻石类型和以含量为基础的参数作为处理的指标时，这种不均匀性尤其值得关注。实际上，许多天然钻石由含氮量差异非常大的部分组成，因此不同的部位可能属于不同的类型。例如，有些天然钻石的核心为 IaA < B 型，外围则是 ABC 型甚至 Ib 型。将穿过这种钻石整体测得的吸收光谱，与用激光束聚焦于表面几个点所测得的 PL 光谱中的数据结合，可能会得到非常矛盾的甚至是有误导性的数据，从而导致结论错误。因为天然钻石具有不均匀性，PL 光谱测量必须在多个地方进行，尤其是看起来不同和具有宏观缺陷的区域。在对比不同光谱方法、得出结论之前，必须对天然钻石的内部不均匀性进行检查。评定钻石不均匀性水平最简单、最可靠的方法是荧光图像。

9.2.3　自然 HPHT 退火和人工 HPHT 处理的相似性

探讨 HPHT 处理钻石的鉴定时，我们应避免使用如"被处理"或"未被处理"的表达方式，而是使用"有可能被处理/未被处理""很可能被处理/未被处理""肯定被处理/未被处理"或"确实被处理/未被处理"这类措辞。这意味着总会有相反情况的余地。造成这种不确定性的原因是钻石在自然 HPHT 退火和人工 HPHT 处理过程中的相似性。当然，人工 HPHT 处理会形成在自然退火钻石中非常罕见的缺陷结构，但也绝不是不可能存在的。的确，比较在地球中自然退火和 HPHT 处理过程中主要缺陷转变的完成程度，我们也可以看到它们在本质上是相似的（见图 9.2）。

就自然界中钻石的形成而论，我们假设大多数天然钻石生长在地球深处，温度在 1400℃左右，压力在 4～6 GPa 之间。生长时间在 70～1750 Ma 之间不等。在这种条件下，生长介质足够柔软以使生长中的钻石发生塑性变形。当钻石迁移到地表时，温度下降，但仍高于塑性转变阈值（1200℃）。在迁移过程中，钻石进一步塑性变形产生褐色。加热过程中，氮缺陷的所有聚集和分解过程都被完全激活。因此，在大多数含氮钻石中，杂质缺陷结构与 ABC 钻石一致。在其剩余的地质生命中，钻石可能会在接近地表的 800℃左右的低温下度过。该温度不影响空位簇的稳定性，但可以完成 C 缺陷的聚集，将钻石转化为数量最多的褐色 IaAB 型（见图 9.2b）。

图 9.2a 中绿色和红色方框表明，在 800～1400℃的温度下进行 10 亿年的自然退火和在 1900～2300℃的温度下进行 1 h 的 HPHT 处理过程中，主要缺陷转变的过程基本上相同。因此，可以预测，在自然退火和 HPHT 处理的钻石中，氮缺陷 C、A、B 和片晶氮的含量是相当的。只有次生氮空位缺陷和较小的非氮缺陷的含量才有较大的差异，因为它们的形成可能需要温度、压力和变形以外的驱动力，例如辐照。然而，由于自然退火和 HPHT 处理形成的缺陷的差异是在量上，而不是在质上，因此不存在自然或人工退火形成的专有缺陷。在任何情况下，涉及辐射的多重处理产生的缺陷的谱峰与自然产生的缺陷的谱峰都是相同的。然而，许多次生缺陷的含量差异非常大，这些差异构成了 HPHT 处理鉴别的基础。例如，有报道称，一颗 100% 天然的绿黄色钻石中同时存在 A、B、C、B′、H3、N3、N4 至 N7、GR1 和 H2 中心。这是"天然 HPHT 处理"的一个例子，表明我们目前对 HPHT 处理钻石光谱的知识仍然局限于确认钻石经过处理的稳妥鉴别（Chalain et al.，2005）。

最具挑战性的情况是，钻石在最高地质温度 1700℃下经历了自然退火。在这种情况下，处理和未处理钻石中的所有缺陷的组合和相对含量可以非常接近。因此，只有在高于 1700℃的温度下处理的钻石才能被可靠地鉴别和报告为经过 HPHT 处理。低温 HPHT 处理，特别是低温、数小时的长时间处理，在目前我们对 HPHT 处理钻石的知识水平和现有仪器的基础上还不能被识别出来。幸运的是，商业中很少使用低温 HPHT 处理，这些钻石只是稀奇的案例而不是钻石贸易关注的对象。Moses 等（1999）写道："尽管我们正在尽一切努力跟上这些新技术（处理方法），但我们无法保证能找到切实可行的方法来鉴别所有钻石。"到目前为止，在大多数情况下，经过 HPHT 处理的钻石是可以被鉴别的。在未来，当收集到更多关于处理钻石的数据时，我们相信，几乎完全准确的鉴别是可能实现的。

9.2.4 鉴别技术

HPHT 处理最可靠的鉴别是基于光学活性缺陷的光谱测量和分析。由于这些缺陷的含量可能非常低，因此需要非常灵敏的光谱设备。迄今为止，用于检测 HPHT 处理的信息量最大的方法是不同激发波长的低温 PL 光谱（Smith et al. , 2000；Hall and Moses, 2000）。光学吸收光谱也很有用，但它没有 PL 光谱那么灵敏。在测量高色级钻石时，吸收光谱法的局限性尤其明显（Collins, 2001）。相比之下，PL 光谱的灵敏度足够高，可以检测出每一颗天然钻石的缺陷。HPHT 处理钻石，即使是氮含量非常低的，也至少显示出微量的与氮有关的中心，如 H3 中心、H4 中心、NV 中心、389 nm 中心，当它们的含量低于 1 ppb 时也可以被检测到。目前还没有发现在低温光致发光中不具有光学活性缺陷的 HPHT 处理钻石。

单靠高灵敏度光谱仪并不能可靠地鉴别经 HPHT 处理的钻石，还需要具有光谱学经验和钻石物理知识的专业人员。2001 年，Anthony 等人引用了 J. Wilks 等人的著作《钻石的性能和应用》（Buttersworth, London, 1991），写道："检测经过处理的钻石与其说是一门科学，不如说是一门艺术"，得出类似于"几乎肯定未经处理"的结论（Anthony et al, 2001）。目前，我们对 HPHT 的处理有了更多的知识，对处理过的钻石的鉴别已不再是一门艺术，而是一门科学。

9.3 HPHT 处理钻石的地位

20 多年前，HPHT 处理被称为"自然"过程，因为人们认为其与地球中的自然退火无法区分。有人建议，不把 HPHT 退火作为一种处理，而是将其作为一种旨在挖掘天然钻石所有美丽的"加工"。换句话说，就像接受传统的切割、抛光和清洗一样，接受 HPHT 退火。的确，为什么在 2000℃的温度下退火是"处理"，而在机械抛光时加热到 500℃，或者在珠宝商的手电筒下加热到 80℃不是呢？事实上，所有这些温度都能改变钻石的自然颜色。那么这个将"热加工"和"加热处理"分开的温度阈值是多少呢？当然，这种差异不是由温度本身引起，而是加热之后的结果。机械切割和抛光增加了钻石的价值，因此它们是"好"的。HPHT 退火破坏了钻石的稀缺性，降低了钻石的价格，因此是"坏"的。出于这个商业原因，HPHT 退火永远不会被接受为"加工"，而总是作为"处理"。这种对 HPHT 退火的消极态度的科学基础，正是我们不断增长的关于 HPHT 处理钻石的知识和鉴别每一颗处理钻石的潜力。

参 考 文 献
（按作者姓氏首字母排序）

V. M. Acosta, E. Bauch, M. P. Ledbetter, C. Santori, K. M. C. Fu, P. E. Barclay, R. G. Beausoleil, H. Linget, J. -F. Roch, F. Treussart, S. Chemerisov, W. Gawlik, D. Budker, Diamonds with a high density of nitrogen-vacancy centers for magnetometry applications. Phys. Rev. B 80,115202 (2009)

B. P. Allen, T. Evans, Aggregation of nitrogen in diamond, including platelet formation. Proc. R. Soc. London A375,93 – 104 (1981)

A. Anthonis, O. DeGryse, K. De Corte, F. De Weerdt, A. Tallaire, J. Achard, Optical Characterization of CVD synthetic diamond plates grown at LIMHP-CNRS, France. G&G 42,152 – 153 (2006). (Fall 2006)

T. A. Anthony, J. F. Fleischer, B. B. Williams, Method for enhancing the toughness of CVD diamond, US patent #5451430,filed in 1994,issued in 1995,1994

T. R. Anthony, W. F. Banholzer, C. L. Spiro, S. W. Webb, B. E. Williams, Toughened chemically vapor deposited diamond, European Patent #EP19950301368,1995

T. R. Anthony, W. F. Banholzer, C. L. Spiro, S. W. Webb, B. E. Williams, Method for enhancing the toughness of CVD diamond, US patent #5672395,1996

T. R. Anthony, J. K. Casey, Research on Diamonds at the General Electric Company, G&G Fall 1999, pp. 15,1999

T. R. Anthony, J. K. Casey, A. C. Smith, S. S. Vagarali, Method of detection of natural diamonds that have been processed at high pressure and high temperatures, US patent #6377340, issued in 2002,1999

T. Anthony, J. Casey, S. Vagarali, J. Shigley, T. Moses, M. S. Hall, GE/POL yellowish green diamonds enter the marketplace. Prof. Jeweler 3(5),36 – 42 (2000)

T. R. Anthony, Y. Kadioglu, S. S. Vagarali, S. W. Webb, W. E. Jackson, W. F. Banholzer, J. K. Casey, A. C. Smith, High pressure and high temperature production of diamonds, US patent #7241434, filed in 2001, issued in 2007,2001

N. M. Balzaretti, J. A. H. da Jornada, High pressure annealing of CVD diamond films. DRM 12,290 – 294 (2003)

U. Bangert, R. Barnes, M. H. Gass, A. L. Bleloch, I. S. Godfrey, Vacancy clusters, dislocations and brown colouration in diamond. J. Phys. Condens. Matter 21,364208 (2009)

R. Barnes, U. Bangert, P. Martineau, D. Fisher, R. Jones, L. Hounsome, Combined TEM and STEM study of the brown coloration of natural diamonds. J. Phys. Conf. Ser. 26,157 – 160 (2006)

G. Bokiy, G. N. Bezrukov, Y. A. Kluyev, A. M. Naletov, V. I. Nepsha, *Natural and Synthetic Diamonds* (Nauka, Moscow,1986). (In Russian)

C. M. Breeding, Natural type Ⅰb diamond with unusually high-nitrogen content. G&G 41,168 – 170 (2005). (Summer 2005 Lab notes)

C. M. Breeding, Diamond with fingerprint inclusions. G&G 42,55 (2006). (Spring 2006 Lab notes)

Ch. Breeding, Hydrogen-rich diamonds from Zimbabwe with natural radiation features. G&G Summer 47,129 – 130 (2011). (Summer 2011)

C. M. Breeding, W. Wang, A. H. Shen, S. F. McClure, J. E. Shigley, D. DeGhionno, High-energy ultraviolet luminescence imaging：application of the DTC DiamondView for gem identification. G&G 42,88 (2006). (Fall 2006)

C. M. Breeding, W. Wang, Occurence of the Si-V defect center in natural colorless gem diamonds. DRM 17,1335 – 1344 (2008)

C. M. Breeding, J. Shigley, The "type" classification system of diamonds and its importance in gemology. G&G 2009,96 – 111 (2009). (Summer 2009)

P. -Y. Boillat, F. Notari, C. Grobon, Luminescences sous excitation visible des diamants noirs irradiés: les luminescences d'arêtes. Revue de Gemmologie AFG 2011,141 – 142 (2001)

W. E. Boyajian, New diamond treatments: what do they mean for the gemological laboratory? G&G 36,189 (2000) (Fall 2000)

W. E. Boyajian, A Retrospective of the' 90s: The challenge of change. G&G 36,291 (2000). (Winter 2000)

S. R. Boyd, I. Kiflawi, G. S. Woods, The relationship between infrared absorption and the A defect concentration in diamond. Phil. Mag. B. 69(6),1149 – 1153 (1994)

S. R. Boyd, I. Kiflawi, G. S. Woods, Infrared absorption by the B nitrogen aggregate in diamond. Phil. Mag. B. 72 (3),351 – 361 (1995)

E. J. Brookes, A. T. Collins, G. S. Woods, Cathodoluminescence at indentations in diamonds. J. Hard Mater. 4,98 – 105 (1993)

M. R. Brozel, T. Evans, R. F. Stephenson, Partial dissociation of nitrogen aggregates in diamond by high temperature-high pressure treatments. Proc. R. Soc. London. A 361(1704),109 – 127 (1978)

P. R. Buerki, I. M. Reinitz, S. Muhlmeister, S. Elen, Observation of the H2 Defect in gem-quality type I a diamond. DMR 8,1061 – 1066 (1999)

R. C. Burns, D. Fisher, R. A. Spits, High temperature/high pressure colour change of diamond, International patent #WO/2001/072405,filed in 2001,2000

R. C. Burns, D. Fisher, R. A. Spits, High temperature/high pressure colour change of diamond, International patent #WO/2001/072404,filed in 2001,2000a

R. C. Burns, D. Fisher, High temperature/high pressure colour change of diamond, Patent WO 01/72404 A1,2001

L. A. Bunsnl, R. W. Grusmn, Aggregation and dissolution of small and extended defect structures in type I a diamond. Am. Mineralogist 70,608 – 618 (1985)

K. M. Chadwick, HPHT-treated CVD synthetic diamond submitted for dossier grading. G&G 44,365 – 367 (2008). (Winter 2008, Lab notes)

J. -P. Chalain, A natural yellow diamond with nickel-related optical centers. G&G 39,325 – 326 (2003). (Winter 2003)

J. -P. Chalain, About the platelet peak of HPHT-treated diamonds of type I a, Swiss Gemmological Institute, Presentation on May 2009, http://www. ssef. ch/en/news/news_pdf/EGS2009_talk_Chalain. pdf,2009

J. -P. Chalain, E. Fritsch, H. A. Haenni, Detection of GE POL diamonds: A first stage. Revue de Gemmologie 138/139,30 – 33 (1999)

J. -P. Chalain, E. Fritsch, H. A. Haenni, Identification of GE POL diamonds: A second step. J. Gemmol. 27(2), 73 – 78 (2000)

J. -P. Chalain, E. Fritsch, H. A. Haenni, Diamants de type IIa et traitement HPHT: Identification.

Revue de Gemmologie 141/142,50 – 53 (2001)

J. -P. Chalain, A type I aB diamond showing a "tatami" strain pattern. G&G 39,59 – 60 (2003). (Spring 2003)

J. -P. Chalain, G. Bosshart, V. Hammer, *Spectroscopic Properties of an Historical Greenish Yellow Diamond*, *GemmoBasel* 2005 (Goldschmiedezeitung,Stuttgard,2005), pp. 24

J. Chapman, G. Brown, W. Sechos, The typical gemmological characteristics of argyle diamonds. Aust. Gemmol. 19,339 – 346 (1996)

J, Chapman, Analysis of strongly colour-zoned brown diamonds, personal communication,2010

S. J. Charles, J. E. Butler, B. N. Feygelson, M. E. Newton, D. L. Carro, J. W. Steeds, H. Darwish, C. S. Yan, H. K. Mao, R. J. Hemley, Characterization of nitrogen doped chemical vapor deposited single crystal diamond before and after high pressure, high temperature annealing. Phys. Stat. Sol. 201(11),2473 – 2485 (2004)

A. I. Chepurov, A. P. Yelisseyev, E. I. Zhimulev, V. M. Sonin, I. I. Fedorov, A. A. Chepurov, High-pressure, high-temperature processing of low-nitrogen boron-doped diamond. Inorg. Mater. 44(4), 377 – 381 (2008)

H. -M. Choi, Y. Kim, S. -K. Kim, Evidence of an interstitial 3H-related optical center at 540. 7 nm in natural diamond. G&G 47, 131 (2011). (Summer 2011)

R. M. Chrenko, R. E. Tuft, H. M. Strong, Transformation of the state of nitrogen in diamond. Nature 270, 141 (1977)

S. G. Clackson, M. Moore, J. C. Walmsley, G. S. Woods, The relationship between platelet size and the frequency of the B′ infrared absorption peak in type Ⅰa diamond. Phil. Mag. B 62, 115 – 128 (1990)

P. Claus, Method of discerning colorless and near colorless diamonds and arrangement for carrying out this method, US patent #7277161, issued in 2007, 2005

A. T. Collins, Vacancy enhanced aggregation of nitrogen in diamond. J. Phys. C 13, 2641 (1980)

A. T. Collins, Colour centers in diamond. J. Gemmol. 18(1), 37 – 75 (1982)

A. T. Collins, The colour of diamond and how it may be changed. J. Gemmol. 27(6), 341 – 359 (2001)

A. T. Collins, The detection of colour-enhanced and synthetic gem diamonds by optical spectroscopy. Diam. Relat. Mater. 12(10/11), 1976 – 1983 (2003)

A. T. Collins, Identification technologies for diamond treatments. G&G 42, 33 – 34 (2006). (Fall 2006)

A. T. Collins, Optical centers produced in diamond by radiation damage. New Diam. Front. Carbon Technol. 17 (2), 47 – 61 (2007)

A. T. Collins, S. Rafique, Optical studies of the 2. 367 eV vibronic absorption system in irradiated type i diamond. Proc. R. Soc. Lond. A 367, 81 (1979)

A. T. Collins, H. Kanda, H. Kitawaki, Colour changes produced in natural brown diamonds by high-pressure, high-temperature treatment. DRM 9, 113 – 122 (2000)

A. T. Collins, K. Mohammed, optical studies of vibronic bands in yellow luminescing natural diamonds. J. Phys. C: Solid State Phys. 15, 147 – 158 (1982)

A. T. Collins, G. S. Woods, Cathodoluminescence from giant platelets, and of the 2. 526 eV vibronic system, in type Ⅰa diamonds. Phil. Mag. B 45, 385 – 397 (1982)

A. T. Collins, C. H. Ly, Misidentification of nitrogen-vacancy absorption in diamond. J. Phys. : Condens. Matter 14, L465 – L471 (2002)

A. T. Collins, A. Connor, C. H. Ly, A. Shareef, P. M. Spear, High temperature annealing of optical centers in type Ⅰ diamond. J. Appl. Phys. 97, 083517 (2005)

N. Crepin, A. Anthonis, B. Willems, A case study of naturally irradiated diamonds from Zimbabwe. G&G 47, 105 (2011). (Summer 2011)

N. Crepin, A. Anthonis, B. Willems, in *A Study of Multy-Treated CVD Synthetic Diamonds. Proceedings of the 63rd Diamond Conference*, University of Warwick, UK, pp. 3. 1 – 3. 3

M. D. Crossfield, G. Davies, A. T. Collins, E. C. Lightowlers, The role of deflect interactions in reducing the decay time of H3 luminescence in diamond. J. Phys. C: Solid Phys. 7, 1909 – 1917 (1974)

L. L. Dale, C. M. Breeding, An unsuccessful attempt at diamond deception. G&G 43, 248 (2007). (Fall 2007, Lab Notes)

J. Darley, Large HPHT-treated cape diamond. G&G 47, 49 (2011). (Summer 2011)

J. Darley, J. M. King, Natural color hydrogen-rich blue-gray diamond. G&G 43, 155 – 156 (2007). (Summer 2007)

G. Davies, Charge states of vacancy in diamond. Nature 269(5628), 498 – 500 (1977)

G. Davies, et al., Diamond research, 18 – 23

G. Davies, S. C. Lawson, A. T. Collins, A. Mainwood, S. J. Sharp, Vacancy-related centers in diamond. Phys. Rev. B 46, 13157 – 13170 (1992)

G. Davies, Current problems in diamond: towards a quantitative understanding. Physica B 273 (274), 15 – 23 (1999)

K. De Corte, A. Anthonis, J. Van Royen, M. Blanchaett, J. Barjon, B. Willems, Overview of dislocation networks in natural type IIa diamonds. G&G 42, 122 – 123 (2006). (Fall 2006)

B. Deljanin, E. Fritsch, Another diamond type is susceptible to HPHT: Rare type I aB diamond are targeted. Prof. Jeweler 2001, 26 – 29 (2001)

B. Deljanin, E. Semenets, S. Woodring, N. Del Re, D. Simic, HPHT-processed diamonds from Korea. G&G 39 (3), 240 – 241 (2003)

B. Deljanin, D. Simic, A. M. Zaitsev, J. Chapman, I. Dobrinets, A. Widemann, N. Del Re, T. Middleton, E. Deljanin, A. De Stefano, Characterization of pink diamonds of different origin: Natural (Argyle, non-Argyle), irradiated and annealed, treated with multi-process, coated and synthetic. DRM 17, 1169 – 1178 (2008)

R. C. DeVries, Plastic deformation and "work-hardening" of diamond. Mater. Res. Bull. 10, 1193 – 1199 (1975)

F. De Weerdt, J. Van Royen, Investigation of seven diamonds HPHT treated by NovaDiamond. J. Gemmol. 27 (4), 201 – 208 (2000)

F. De Weerdt, J. Van Royen, Defects in coloured natural diamonds. DRM 10, 474 – 479 (2001)

F. De Weerdt, I. N. Kuprianov, Report on the influence of HPHT annealing on the 3107 cm^{-1} hydrogen related absorption peak in natural type I a diamonds. DRM 11, 714 – 715 (2002)

F. De Weerdt, A. Anthonis, in *A new defect observed in irradiated and heat treated type I a diamonds. The 55th Diamond Conference*, Warwick, England, pp. 17, 5 – 7 July, 2004

F. De Weerdt, A. T. Collins, The influence of pressure on high-pressure, high-temperature annealing of type I a diamond. DRM 12, 507 – 510 (2003)

F. De Weerdt, A. T. Collins, Optical study of the annealing behavior of the 3, 107 cm^{-1} defect in natural diamonds. DRM 15, 593 – 596 (2006)

F. De Weerdt, A. T. Collins, HPHT annealing of natural diamonds. New Diam. Front. Carbon Technol. 17(2), 91 – 103 (2007)

F. De Weerdt, A. T. Collins, Determination of the C defect concentration in HPHT annealed type I aA diamonds from UV-Vis absorption spectra. DRM 17, 171 – 173 (2008)

F. De Weerdt, R. Galloway, A. Anthonis, Defect aggregation and dissociation in brown type I a diamonds by annealing at high pressure and high temperature (HPHT). Defect Diffus. Forum 226 – 228, 49 – 60 (2004)

I. A. Dobrinets, A. M. Zaitsev, Fluorescence cage: Visual identification of HPHT-treated type I diamonds. G&G 45, 186 – 190 (2009). (Fall 2009)

S. Eaton-Magana, J. E. Post, J. A. Freitas, P. B. Klein, R. A. Walters, P. J. Heaney, J. E. Butler, Luminescence of the hope diamond and other blue diamonds. G&G 42, 95 – 96 (2006). (Fall 2006)

S. C. Eaton-Magaña, Observation of strain through photoluminescence peaks in diamonds. G&G 47, 132 (2011). (Summer 2011)

S. Eaton-Magaña, K. Chadwick K, in *Analysis of HPHT-treated diamonds using fluorescence observations. News from Research*, http://www. gia. edu/researchresources/news-from-research, 1 Dec. 2009

S. Eaton-Magaña, R. Lu, Phosphorescence in type IIb diamonds. Diam. Relat. Mater. 20, 983 – 989 (2011)

S. Eaton-Magana, J. E. Post, P. J. Heaney, J. A. Freitas, P. B. Klein, R. A. Walters, J. E. Butler, Using phosphorescence as a fingerprint for the hope and other blue diamonds. Geology 36(1), 83 – 86 (2008)

E. Emerson, Diamond: With hydrogen cloud and etch channels. G&G 45, 209 – 210 (2009). (Fall 2009, Lab Notes)

E. Emerson, W. Wang, Intresting display of the H3 defect in a colorless diamond. G&G 46, 142 – 143 (2010). (Summer 2010)

M. Epelboym, N. DelRe, A. Widemann, A. Zaitsev, I. Dobrinets, Characterization of some natural and treated colorless and colored diamonds. G&G 47,133 (2011)

E. Erel,Pink diamond treatment. Rapaport Diam. Rep. 32(2),126 − 127 (2009)

T. Evans,Agregation of nitrogen in diamond,in *The Properties of Natural and Synthetic Diamond*,ed. by J. E. Field (Academic press,London,1992),pp. 259 − 290

T. Evans,B. P. Allen,Diamond treatment,US patent #4399364,,first filed in 1979,issued in 1983,continuation appl. #302398,15 Sep. 1981,1979

T. Evans,Zengdu Qi,The kinetics of the aggregation of nitrogen atoms in diamond. Proc. R. Soc. Lond. A. Math. Phys. Sci. 381(1780),159 − 178 (1982)

C. P. Ewels,N. T. Wilson,M. I. Heggie,R. Jones,P. R. Briddon,Graphitization of diamond dislocation cores. J. Phys: Condens. Matter 13,8965 − 8972 (2001)

B. N. Feigelson, Growth and investigation of large single crystal synthetic diamonds for applications in semiconductor electronics, PhD thesis, Moscow institute of steel (MISIS), Noscow, Russia (In Russian),2004

J. F. Fleischer,B. E. Williams,Method for enhancing the toughness of CVD diamond,US Patent #5451430,filed in 1994,issued in 1995,1994

D. Fisher,D. J. F. Evans,C. Glover,C. J. Kelly,M. J. Sheehy,G. C. Summerton,The vacancy as a probe of the strain in type IIa diamonds. DRM 15,1636 − 1642 (2006)

D. Fisher,in *Brown Diamonds and HPHT Treatment*. 9th International Kimberlite Conference,Extended Abstract No. 9 IKC-A-00405,2008

D. Fisher,Brown diamonds and high pressure high temperature treatment. Lithos,619 − 624 (2009). doi: 10. 1016/j. Lithos. 2009. 03. 005

D. Fisher,EPR is the most sensitive technique we have for C defects and I have seen natural diamonds where the concentration is below detection limits. It is difficult to link defect concentration to colour due to the effect of size and cut. Personal Communication,2012

D. Fisher,R. A. Spits,Spectroscopic evidence of GE POL HPHT-treated natural type IIa diamonds. G&G 36 (1),42 −49 (2000)

D. Fisher,D. J. F. Evans,C. Glover,C. J. Kelly,M. J. Sheehy,G. C. Summerton,The vacancy as a probe of the strain in type II diamonds. Diam. Relat. Mater. 15(10),1636 − 1642 (2006)

D. Fisher,S. J. Sibley,C. J. Kelly,Brown colour in natural diamond and interaction between the brown related and other colour-inducing defects. J. Phys. Condens. Matter 21,364213 (2009)

E. Fritsch,The Nature of Color in Diamonds,in *The Nature of Diamonds*,ed. by G. E. Harlow (Cambridge University Press,Cambridge,1998),pp. 23 − 47

E. Fritsch, L. Massi, T. Hainschwang, F. Notari, A preliminary classification of brown diamonds, Poster presentation at the 16th European diamonds conference,Toulouse,France,2005

E. Fritsch,Th Hainschwang,L. Massi,B. Rondeau,Hydrogen-related optical centers in natural diamond: An update. New Diam. Front. Carbon Technol. 17(2),63 − 89 (2007)

E. Fritsch,F. Notari,C. Grobon-Caplan,T. Hainschwang,More on the fluorescence cage. G&G 45,235 (2009). (Winter 2009)

R. H. Frushour,W. Li,Method of making enhanced CVD diamond,US patent #6811610,issued in 2004,2002

C. W. Fryer,Treated-color yellow diamonds with green graining. G&G 33,136 (1997)

N. Fujita,R. Jones,S. Oeberg,P. R. Briddon,Large spherical vacancy clusters in diamond—Origin of the brown colouration? DRM 18,843 − 845 (2009)

E. Gaillou, J. Post, N. Bassim, A. M. Zaitsev, T. Rose, M. Fries, R. M. Stroud, A. Steele, J. E. Butler, Spectroscopic and TEM characterization of color lamellae in natural pink diamonds. DRM,2010

A. Gali,J. E. Lowther,P. Deak,Defect states of substitutional oxygen in diamond. J. Phys. Condens. Matter 13,

11607（2001）

T. Gelb, M. Hall, Diamond: altered vs natural inclusions in fancy-color diamonds. G&G 38（2）, 252 – 253 （2002）.（Fall 2002, Lab Notes）

I. S. Godfrey, U. Bangert, An analysis of vacancy clusters and sp2 bonding in natural type Ⅱa diamond using aberration corrected STEM and EELS. J. Phys. Conf. Ser. 281（012024）, 1 – 7 （2011）

J. P. Goss, B. J. Coomer, R. Jones, C. J. Fall, P. R. Briddon, S. Oberg, Extended defects in diamond: The interstitial platelet. Phys. Rev. B 67, 165208 （2003）

J. P. Goss, P. R. Briddon, R. Jones, M. J. Rayson, in *Identification of the 3107 cm^{-1} defect in diamond*, *Proceedings of the 63rd diamond conference*, University of Warwick, UK, p. 26. 1 – 26. 2, 2012

A. G. Grizenko, Private Communication, 2011

H. A. Haenni, Eine neue Lichtquelle von kurzwelligem UV-Licht fuer den SSEF Ⅱa DiamondSpotter^{TM} zum Nachweis des Diamanttyps Ⅱa. Gemmologie: Zeitschrift fuer Deutschen Gemmologischen Geselschaft 50（1）, 57 – 58 （in German）.

H. A. Haenni, J. P. Chalain, E. Fritsch, New spectral evidence for GE POL diamond detection. G&G 36, 96 – 97 （2000）.（Summer 2000）

T. Hainschwang, Diamond-treatments, synthetic diamonds, diamond simulants and their detection （2001）. On-line publication: http://www. gemlab. net/website/gemlab/fileadmin/user _ upload/Publications _ Old/ Diamond_Treatments_Synthetic_diamonds_and_Simulants2. pdf

T. Hainschwang, Defects produced in natural diamond by color treatments （2002）. http://www. gemlab. net/ website/gemlab/fileadmin/user_upload/Publications_Old/Defects_produced_in_ natural_diamond_by_color_ treatments2. pdf

T. Hainschwang, F. Notari, An untreated type Ⅰb diamond exhibiting green transmission luminescence and H2 absorption. G&G 40, 252 – 254 （2004）.（Fall 2004）

T. Hainschwang, A. Katrusha, H. Vollstaedt, HPHT treatment of different classes of type Ⅰ brown diamonds. J. Gemmol. 29（5/6）, 261 – 273 （2005）

T. Hainschwang, D. Simic, E. Fritsch, B. Deljanin, S. Woodring, N. DelRe, A gemological study of a collection of chameleon diamonds. G&G 41（1）, 20 – 34 （2005）

T. Hainschwang, F. Natari, E. Fritsch, L. Massi, B. Rondeau, C. M. Breeding, B. Rondeau, Natural CO_2-rich colored diamonds. G&G 42（3）, 97 （2006）.（Fall 2006）

T. Hainschwang, F. Natari, E. Fritsch, L. Massi, Natural, untreated diamonds showing the A. B. , and C infrared absorptions（"ABC diamonds"）, and the H2 absorption. DRM 15, 1555 – 1564 （2006）

T. Hainschwang, F. Notari, E. Fritsch, L. Massi, C. M. Breeding, B. Rondeau, in *Natural CO_2- Rich Colored Diamonds*, *GIA Gemological Research Conference*, San Diego, CA, 26 – 27 Aug. 2006, 2006b

T. Hainschwang, F. Natari, E. Fritsch, L. Massi, B. Rondeau, C. M. Breeding, H. Vollstaedt, HPHT treatment of CO_2 containing and CO_2-related brown diamonds. Diam. Relat. Mater. 17, 340 – 351 （2008）

T. Hainschwang, A. Respinger, F. Notari, H. J. Hartmann, C. Guenthard, A Comparison of diamonds irradiated by high fluence neutrons or electrons, before and after annealing. DRM 18, 1223 – 1234 （2009）

T. Hainschwang, E. Fritsch, F. Notari, B. Rondeau, in New Data on Natural Diamonds Exhibiting Dominant Y Centre One Phonon Infrared Absorption, *Proceedings of the 63rd Diamond Conference*, University of Warwick, UK, p. 5. 1 – 5. 2, 2012

M. Hall, T. M. Moses, Diamond blue and pink, HPHT annealed. G&G 36（3）, 254 – 255 （2000）.（Fall 2000, Lab Notes）

M. Hall, T. M. Moses, Update on blue and pink HPHT-annealed diamonds. G&G 37（3）, 215 – 217 （2001）. （Fall 2001, Lab Notes）

M. Hall, T. M. Moses, Heat-treated black diamond: before and after. G&G 37（3）, 214 – 215 （2001）

J. Harris, M. T. Hutchison, M. Hursthouse, M. Light, B. Harte, A new tetragonal silicate mineral occurring as inclusions in lower-mantle diamonds. Nature 387(6632),486 – 488 (1997)

J. Harris, Diamond occurrence and evolution in the mantle. G&G 42,107 – 108 (2006)

G. E. Harlow, What is Diamonds, in *The Nature of Diamond*, ed. by G. E. Harlow (Cambridge University Press, Cambridge, 1998), pp. 5 – 22

M. D. Haske, Yellow diamonds (2000). Published online: http://www. gemguide. com/news/archives7. htm

M. Haske, Type IIa HPHT detection (A Problem?) (2005). On-line publication: http://www. adamasgem. org/ typeiia. html

R. J. Hemley, H. -K. Mao, C. -S. Yan, Annealing single crystal chemical vapor deposited diamonds, US Paten Application Publication, US 2007/0290408 A1,2007

R. J. Hemley, H. -K. Mao, C. -S. Yan, Y. Meng, Low pressure method of annealing diamonds, Patent application 20090110626, Publication date: 04/30/2009,2009

U. Henn, C. C. Milisenda, Ein neuer Typ farbbehandelter Diamanten. Gemmologie: Zeitschrift der Deutschen Gemmologischen Gesellschaft 48(1),43 – 45

L. S. Hounsome, R. Jones, P. M. Martineau, D. Fisher, M. J. Shaw, P. R. Briddon, S. Oeberg, Origin of brown coloration in diamond. Phys. Rev. B 73,125203 (2006)

L. S. Hounsome, R. Jones, P. M. Martineau, D. Fisher, M. J. Shaw, P. R. Briddon, S. Oeberg, Role of extended defects in brown coloration of diamond. Phys. Stat. Solidi (c) 4(8),2950 – 2957 (2007)

D. Howell, Quantifying stress & strain in diamond. PhD thesis, Department of Earth Sciences, University College London

K. Iakoubovskii, G. Adriaenssens, Optical characterization of natural argyle diamonds. DRM 11,125 – 131 (2002)

E. Ito, T. Katsura, A temperature profile of the mantle transition zone. Geophys. Res. Lett. 16(5),425 – 428 (1989)

P. Johnson, K. S. Moe, Inhomogeneous cape diamond. G&G 41,45 – 46 (2005). (Spring 2005)

P. Johnson, C. M. Breeding, Treated Fancy Red Diamond (2009). News from research http://www. gia. edu/ research-resources/news-from-research/. 12 June 2009

R. Jones, Dislocations, Vacancies and the Brown Colour of CVD and Natural Diamond. DRM 18,820 – 826 (2009)

R. Jones, L. S. Hounsome, N. Fujita, S. Öberg, P. R. Briddon, Electrical and optical properties of multi-vacancy centres in diamond. Phys. Stat. Sol. (a) 204(9),3059 – 3064 (2007)

R. C. Kammerling, S. F. McClure, Synthetic diamond, treated-color red. gem trade lab notes: Gems and Gemology,31(1),53 – 54 (1995)

H. Kanda, Nonuniform Distributions of Color and Luminescence of Diamond Single Crystals. New Diamond and Frontier Carbon Technology 17(2),105 – 116 (2007)

H. Kanda, X. Jia, Change of luminescence character of Ib diamonds with HPHT treatment. DRM 10,1665 – 1669 (2001)

H. Kanda, K. Watanabe, K. Y. Eun, J. K. Lee, Morphology dependence of cathodolumine scence spectra of CVD diamond film. DRM 12,1760 – 1765 (2003)

H. Kanda, K. Watanabe, Change of cathodoluminescence spectra of natural diamond with HPHT treatment. DRM 13,904 – 908 (2004)

H. Kanda, A. Ahmadjan, H. Kitawaki, Change in cathodoluminescence spectra and images of type II high-tressure synthetic diamond produced with high pressure and temperature treatment. DRM 14,1928 – 1931 (2005)

H. Kanda, K. Watanabe, Change of cathodoluminescence spectra of diamond with irradiation of low energy beam followed by annealing. DRM 15,1882 – 1885（2006）

R. E. Kane, The elusive nature of graining in gem quality diamonds. Gems and Gemology 16（9）,294 – 314 （1980）

R. E. Kane, Identifying Treated and Synthetic Gems: The Dealer's Perspective. G&G Fall 2006,36 – 37（2006）

N. M. Kazutchits, Personal Communication（2008）

N. M. Kaziutchits, M. S. Rusetsky, E. V. Naumchik, V. N. Zaziutchits, D. A. Novak, Distribution of impurities and defects in single crystal HPHT diamonds, Proc. of the Int. Conference "Actual Problems of Solid State Physics",18 – 21 October 2011. Minsk, Belarus 3,13 – 15（2011）.（In Russian）

N. M. Kaziutchits, M. S. Rusetsky, E. V. Naumchik, V. A. Martinovich, Method of visual characterization of distribution of impurities and defects in synthetic HPHT diamonds（2012）. On-line publication（In Russian）: http://www. rusnauka. com/17_AVSN_2012/Phisica/2_112864. doc. htm

I. Kiflawi, J. Bruley, W. Luyten, G. Van Tendello, "Natural" and "man-made" platelets in type- I a diamonds. Phil. Mag. B 78,299 – 314（1998）

I. Kiflawi, A. E. Mayer, P. M. Spear, J. A. Van Wyk, G. S. Woods, Infrared absorption by the single nitrogen and A defect centers in diamond. Phil. Mag. B 69,1141 – 1147（1994）

I. Kiflawi, D. Fisher, H. Kanda, G. Sittas, The creation of the 3107 cm^{-1} hydrogen absorption peak in synthetic diamond single crystals. DRM 5,1516 – 1518（1996）

I. Kiflawi, S. C. Lawson, Aggregation of Nitrogen in Diamond, in *Properties, Growth and Applications of Diamond*, ed. by M. H. Nazare, A. J. Neves（INSPEC Publications, Stevenage,1999）, pp. 472

I. Kiflawi, A. R. Lang, Phila. Mag. 33,697（1976）

I. Kiflawi, J. Bruley, The nitrogen aggregation sequence and the formation of voidities in diamond. DRM 9,87 – 93（2000）

I. Kiflawi, A. T. Collins, K. Iakoubovskii, D. Fisher, Electron irradiation and the formation of vacancy-interstitial pairs in diamond. J. Phys. Condens. Matter 19,046216（2007）

Y. -C. Kim, H. -M. Choi, A study on the HPHT-processed NOUV diamonds by means of their gemological and spectroscopic properties. J. Kor. Crys. Growth Crys. Technol. 15（3）,114 – 119（2005）

J. R. Kim, D. -K. Kim, H. Zhu, R. Abbaschian, High pressure and high temperature annealing on nitrogen aggregation in lab-grown diamonds. J. Mater. Sci. 46,6264 – 6272（2011）

J. M. King, T. M. Moses, J. E. Shigley, Y. Liu, Color grading of colored diamonds in the GIA gem trade laboratory. G&G 30（4）,220 – 242（1994）

J. M. King, J. E. Shigley, S. S. Guhin, ThH Gelb, M. Hall, Characterization and grading of natural-color pink diamonds. G&G 41,128 – 147（2002）.（Summer 2002）

M. B. Kirkley, J. J. Gurney, A. A. Levinson, Age, origin, and emplacement of diamonds: scientific advances in the last decade. G&G 27, 2 – 25（1991）.（Spring 1991）

H. Kitawaki, Gem diamonds: causes of colors. New Diam. Front. Carbon Technol. 17（3）,119 – 126（2007）

K. T. Koga, J. A. Orman, M. J. Walter, Diffusive relaxation of carbon and nitrogen isotope heterogeneity in diamond: a new thermochronometer. Phys. Earth Planet. Inter. 139,35 – 43（2003）

A. V. Konovalova, N. M. Kazutchits, I. I. Azarko, in *Influence of Annealing of Parts of Reaction Cell on Auto-Doping of Synthetic Diamonds STM Almazot, Proceedings of International Conference on Actual Problems of Solid State Physics*, Minsk, Belarus, pp. 229-231,18 Oct 2009（In Russian）.

I. N. Kuprianov, Y. N. Palyanov, A. A. Kalinin, A. G. Sokol, A. F. Khokhryakov, V. A. Gusev, The effect of HPHT treatment on the spectroscopic features of type IIb synthetic diamonds. DRM 17,1203 – 1206（2008）

A. R. Lang, G. P. Bulanova, D. Fisher, S. Furkert, A. Sarua, Defects in a mixed-habit Yakutian diamond: Studies by optical and cathodoluminescence microscopy, infrared absorption, raman scattering and photoluminescence spectroscopy. J. Crys. Growth 309,170 – 180（2007）

S. C. Lawson, H. Kanda, An annealing study of nickel point defects in high-pressure synthetic diamonds. J. Appl. Phys. 73(8),3967 – 3973 (1993)

S. C. Lawson, H. Kanda, Nickel in diamond: An annealing study. DRM 2,130 – 135 (1993)

Liang Qi, Yan Chih-shiue, Y. Meng, J. Lai, S. Krasnicki, Mao Ho-kwang, R. J. Hemley, Recent advances in high-growth rate single-crystal CVD diamond. DRM 18,698 – 703 (2009)

S. Liggins, M. E. Newton, J. P. Goss, P. R. Briddon, D. Fisher, Identification of the dinitrogen < 001 > split interstitial H1a in diamond. Phys. Rev. B 81,085214 (1 – 7) (2010)

J. Lindblom, J. Hoelsa, H. Papunen, H. Haekkaenen, J. Mutanen, Differentiation of natural and synthetic gem-quality diamonds by luminescence properties. Opt. Mater. 24,243 – 251 (2003)

J. Lindblom, J. Holsa, H. Papunen, H. Hakkanen, Luminescence study of defects in synthetic as- grown and HPHT diamonds compared to natural diamonds. Am. Mineralogist 90,428 – 440 (2005)

R. W. Luth, in *The 63rd Diamond Conference*, Warwick, UK (Personal Communication)

J. -M. Maeki, F. Tuomisto, C. J. Kelly, D. Fisher, P. M. Martineau, Properties of optically active vacancy clusters in type IIa diamond. J. Phys. Condens. Matter 21,364216 (2009)

I. Y. Malinovsky, A. A. Godovikov, E. N. Ran, A. I. Chepurov, in *Analysis of Major Parameters and Selection of Optimal Design of Multianvil Core of the Type "Split Sphere" Apparatuses*, *Proceedings of the International Seminar on Superhard Materials*, Kiev, Ukraine, pp. 45 – 46,1981 (In Russian)

I. Y. Malinovsky, Y. I. Shurin, E. N. Ran, A new type of the "split sphere" apparatus BARS: Phase transformations in high pressure and temperature: Applications to geophysical and petrological problems, Misas, Japan, pp. 12.

S. F. McClure, C. P. Smith, Gemstone Enhancement and Detection in the 1990s. G&G 36,336 – 359 (2000). (Winter 2000)

N. B. Manson, J. P. Harrison, Photo-ionization of the nitrogen-vacancy center in diamond. Diam. Relat. Mater. 14,1705 – 1710 (2005)

L. Massi, E. Fritsch, A. T. Collins, T. Hainschwang, F. Notari, The "amber centers" and their relation to the brown colour in diamond. DRM 14,1623 – 1629 (2005)

Meng Yu-Fei, Yan Chih-Shiue, J. Lai, S. Krasnicki, H. Shu, Th Yu, Q. Liang, Mao Ho-Kwang, R. J. Hemley, Enhanced optical properties of chemical vapor deposited single crystal diamond by low-pressure/high-temperature annealing. PNAS 105(46),17620 – 17625 (2008)

H. O. A. Meyer, M. Seal, Natural Diamond, in *Handbook of Industrial Diamonds and Diamond Films*, ed. by M. A. Prelas, et al. (Marcel Dekker, New York, 1989), pp. 481 – 526

C. R. Miranda, A. Antonelli, R. W. Nunes, A stacking-fault based microscopic model for platelets in diamond, arXiv: cond-mat/0409516v1 [cond-mat. mtrl-sci], 20 Sep. 2004.

A. E. Mora, J. W. Steeds, J. B. Butler, C. S. Yan, H. K. Mao, R. J. Hemley, D. Fisher, New direct evidence of point defects interacting with dislocations and grain boundaries in diamond. Phys. Stat. Sol. (a) 202(15), 2943 – 2949 (2005)

T. M Moses, I. Reinitz, Yellow to yellow-green diamonds treated by HPHT, from GE and others. G&G 35(4), 203 – 204 (1999)

T. M. Moses, J. E. Shigley, S. F. McClure, J. I. Koivula, M. Van Daele, Observation on GE- processed diamonds: A photographic record. G&G 35,14 – 22 (1999)

A. V. Mudryi, T. P. Larionova, I. A. Shakin, G. A. Gusakov, G. A. Dubrov, V. V. Tichonov, Optical properties of sigle crystal synthetic diamonds. Fizika i Technika Poluprovodnikov (Sov. Phys. Semiconductors) 38(5),538 – 541 (2004)

V. A. Nadolinny, O. P. Yur'eva, A. P. Yelisseyev, N. P. Pokhilenko, A. A. Chepurov, Destruction of nitrogen B1 centers by plastic deformation of natural type IaB diamonds and behavior of the defects formed during P,T treatment. Dokl. RAS-Earth Sci. 399 A ,1268 (2004)

V. A. Nadolinny ,O. P. Yurjeva ,N. P. Pokhilenko , *EPR and Luminescence Data on the Nitrogen Aggregation in Diamonds from Snap Lake Dyke System* ,*9th International Kimberlite Conference* ,Extended Abstract No. 91 KC-A- 00218 ,2009

V. A. Nadolinny ,O. P. Yurjeva ,N. P. Pokhilenko ,EPR and luminescence data on the nitrogen aggregation in diamonds from Snap Lake dyke system. Lithos (2009). doi: 10. 1016/j. lithos. 2009. 05. 045

S. G. Nailer ,M. Moore ,J. Chapman ,G. Kowalski ,On the role of nitrogen in stiffening the diamond structure. J. Appl. Crystallogr. 40 ,1146 – 1152 (2007)

L. Nasdala ,D. Grambole ,J. W. Harris ,J. Schulze ,W. Hofmeister ,Radio-coloration of diamond. G&G 47 ,105 – 106 (2011)

L. Nasdala ,Production of artificial radiohalos. Personal Communication ,2012a.

L. Nasdala ,D. Grambole ,M. Wildner ,A. M. Gigler ,Th Hainschwang ,A. M. Zaitsev ,J. W. Harris ,J. Milledge ,D. J. Schulze ,W. Hofmeister ,W. A. Balmer ,Radio-colouration of diamond: a spectroscopic study. Contrib. Miner. Petrol. (2012). doi:10. 1007/s00410-012-0838-1

J. Neal ,A typical photoluminescence feature in a colorless type Ⅱ a. G&G 43 ,358 – 360 (2007). (Winter 2007 ,Lab Notes)

M. E. Newton ,B. A. Cambell ,T. R. Anthony ,G. Davies ,in 12*th European Diamond Conference* ,Abstract book , Budapest ,p. 11. 49 ,14 Sep. 2001

M. E. Newton ,Treated diamond: A physicist's perspective. G&G 42(3) ,84 – 85 (2006). (Fall 2006)

M. Okano ,H. Kitawaki ,A. Abduriyim ,H. Kanda ,Experiment of HPHT treatment on diamond (2006). http:// www. gaaj-zenhokyo. co. jp/researchroom/2006/2006_10b-01en. html

J. O. Orwa ,C. Santori ,K. M. C. Fu ,B. Gibson ,D. Simpson ,I. Aharonovich ,A. Stacey ,A. Cimmino ,P. Balog ,M. Markham ,D. Twitchen ,A. D. Greentree ,R. G. Beausoleil ,S. Prawer ,Engineering of nitrogen-vacancy color centers in high purity diamond by ion implantation and annealing. J. Appl. Phys. 109(083530) ,1 – 7 (2011)

A. Osvet ,A. P. Yelisseyev ,B. N. Feigelson ,N. A. Mironova ,I. Sildos ,Rad. Eff. Def. Solids 146 ,339 (1997)

T. W. Overton ,J. E. Shigley ,A history of diamond treatments. G&G 44 ,32 – 55 (2008)

S. P. Plotnikova ,YuA Kluyev ,I. A. Parfianovich ,Long-wave photoluminescence of natural diamonds. Mineral. J. 4 ,75 – 80 (1980)

S. Pope ,High-pressure ,high-temperature (HPHT) diamond processing: what is this technology and how does it affect color? G&G 42 ,120 (2006). (Fall 2006)

E. N. Ran ,IYu. Malinovsky ,*Cubic two-stage apparatus with hydrostatic drive: Experiment* ,research in mineralogy in 1974 – 1975 (Novosibirsk ,USSR ,1975) ,pp. 149 – 154

I. Reinitz ,T. Moses ,Treated-color yellow diamonds with green graining. G&G 33(2) ,136 (1997). Summer 1997 ,Lab Notes)

L. M. Reinitz ,P. R. Buerki ,J. E. Shigley ,S. F. McClure ,T. M. Moses ,Identification of HPHT treated yellow to green diamonds. G&G 36(2) ,128 – 137 (2000). (Summer 2000)

I. Reinitz ,Changing the colors of natural and synthetic diamond (2007). GIA Newsroom ,on-line publication: http://www. gia. edu/newsroom/608/4504/news_release_details. cfm

L. L. Sale ,C. M. Breeding ,An unsuccessful attempt at diamond deception. G&G 43 ,248 (2007)

S. N. Samsonenko ,N. D. Samsonenko ,V. I. Timchenko ,Dislocation electrical conductivity of plastically deformed natural diamonds. Semiconductors 44 ,1140 – 1144 (2010)

K. Scarratt ,Notes from the Laboratory - 10. J. Gemmol. 20(6) ,356 – 361 (1987)

K. Schmetzer ,Clues to the process used by general electric to enhance the ge pol diamonds. G&G 35 ,186 – 190 (1999). (Winter 1999)

K. Schmetzer ,Behandlung natuerlicher Diamanten zur Reduzierung der Gelboder Braunsaettigung. Goldschmiede

Zeitung 97(5),47 – 48（1999）

K. Schmetzer, High pressure high temperature treatment of diamonds—A review of the patent literature from five decades（1960 – 2009）. J. Gemmol. 32(1 – 4),52 – 80（2010）

P. C. Serov, M. A. Viktorov, Peculiarities of low-temperature spectra of optical absorption of natural and treated diamonds, Vestnik Mskovskogo Universiteta, Geologija, Series 4, No. 2, pp. 67 – 69,2007（In Russian）

J. E. Shigley, E. Fritsch, J. I. Koivula, N. V. Sobolev, I. Y. Malinovsky, Y. N. Pal'yanov, The gemological properties of Russian gem-quality synthetic yellow diamonds. G&G 29(4),228 – 248（1993）

J. E. Shigley, Treated and synthetic gem materials. Curr. Sci. 79(11),1566 – 1571（2000）

J. E. Shigley, *Gemological Identification of HPHT-Annealed Diamonds*, 11th Annual V. M. Goldschmidt Conference, 3080. pdf

J. E. Shigley, High-pressure-high-temperature treatment of gem diamonds. Elements 1(2),101 – 104（2005）

A. A. Shiryaev, M. T. Hutchison, K. A. Dembo, A. T. Dembo, K. Iakoubovskii, YuA Klyuev, A. M. Naletov, High-temperature high-pressure annealing of diamond: Small-angle X-ray scattering and optical study. Physica B 308 – 310,598 – 603（2001）

A. A. Shiryaev, D. J. Frost, F. Langenhorst, Impurity diffusion and microstructure in diamonds deformed at high pressures and temperatures. DRM 16,503 – 511（2007）

R. Shor, A review of the political and economic forces shaping today's diamond industry. G&G 41,202 – 233（2005）.（Fall 2005）

S. Shuichi, T. Kazuwo, Green diamond and method of producing the same, US Patent #4959201, filed 30 Dec. 1988,1990

D. Simic, A. M. Zaitsev, *Characterization of diamonds color-enhanced by suncrest diamonds USA*（Analytical Gemology anf Jewelry Ltd. , New York, 2012）, pp. 24

D. Simic, A. M. Zaitsev, *Fluorescence imaging of HPHT-treated diamonds*. to be published

C. P. Smith, G. Bosshard, J. Ponahlo, V. M. F. Hammer, H. Klapper, K. Schmetzer, GE POL diamonds: before and after. G&G 36(3),192 – 215(2000)

B. Sriprasert, W. Atichat, P. Wathanakul, V. Pisutha-Arnond, C. Sutthirat, T. Leelawattanasuk, S. Kim, C. Jakkawanvibul, S. Saejoo, P. Srithunayothin, C. Kunwisutthipan, N. Susawee, in *Spectroscopic Investigation of Bellataire and Iljin HPHT Treated Diamonds*, *International Conference on Geology of Thailand: Towards Sustainable Development and Sufficiency Economy GEOTHAI' 07*, Thailand, pp. 304 – 312,21 – 22 Nov. 2007

E. V. Sobolev, A. P. Yeliseyev, Thermoluminescence and phosphorescence of natural diamonds at low temperatures. J. Struct. Chem. 17,933 – 935（1976）

E. V. Sobolev, V. K. Aksenov, M. S. Medvedeva, V. F. Krivoshapov, in *Types of Diamond and their combinations in Natural Crystals*, Optical Spectroscopy and Electron Paramagnetic Resonance of Impurities and Defects in Diamond,（ISM of Acadamy of Science of Ukraine, Kiev, 1986）, pp. 3 – 7（In Russian）

H. M. Strong, R. M. Chrenko, R. E. Tuft, Annealing type Ⅰb or mixed type Ⅰb- Ⅰa natural diamond crystal, US patent #4124690, filed in 1977, issued in 1978,1977

H. M. Strong, R. M. Chrenko, R. E. Tuft, Annealing synthetic diamonds type Ⅰb, US patent #4174380, filed in 1077, issued in 1979,1977a

S. V. Titkov, J. E. Shigley, C. M. Breeding, R. M. Mineeva, N. G. Zubin, A. M. Sergeev, Natural-color purple diamonds from Siberia. G&G 44(1),56 – 64（2008）.（Spring 2008）

S. V. Titkov, N. N. Zudina, A. M. Sergeev, N. G. Zudin, A. F. Efremova, Spectroscopic study of brown gem-quality diamonds from places of the Urals, RMS DPI 2010-1-137-0, pp. 382 – 384（http://www. minsoc. ru/2010-1-137-0）,2010

T. M. Moses, I. R. Reinitz, Yellow to yellow-green diamonds treated by HPHT from GE and others. G&G 35,203 – 204（1999）.（Winter 1999）

L. Tretiakova, Spectroscopic methods for the identification of natural yellow gem-quality diamonds. Eur. J. Mineral. 21,43 – 50 (2009)

L. Tretiakova, Y. Tretyakova, in *Significance of Spectroscopic Methods for the Identification Defects in Diamond*, *9th International Kimberlite Conference*, Extended Abstract No. 9IKC-A-00042, 2008

D. J. Twitchen, P. M. Martineau, G. A. Scarsbrook, Colored diamond, US patent #7172655, filed in 2003, 2003

M. Van Bockstael, A new treatment. Antwerp Facets 97,49 – 51 (1997)

M. Van Bockstael, Enhancing low quality colored diamonds. Jewelry News Asia 169,320 – 322 (1998)

W. J. P. Van Enckevort, E. P. Visser, Photoluminescence microtomography of diamond. Philos. Mag. B62,597 – 614 (1990)

J. Van Royen, Y. N. Palyanov, High-pressure-high-temperature treatment of natural diamonds. J. Phys. Condens. Matter 14,10953 – 10956 (2002)

J. Van Royen, F. De Weerdt, O. DeCryse, HPHT treatment of type I aB brown diamonds. G&G 42,86 – 87 (2006). (Fall 2006)

E. A. Vasilyev, S. V. Sofroneev, in *Time-Temperature Reconstruction of Diamond Growth Conditions on FTIR Basis*, *9th International Kimberlite Conference*, Extended Abstract No. 91KC-A-00171, pp. 3, 2008

V. G. Vins, Spectroscopy of optically active centers in synthetic diamonds, Abstract of Ph. D. thesis, Belarussian State University, Minsk, Belarus, 1989

V. G. Vins, Changing diamond colour. Gemol. Bull. 1(3),19 – 30 (2001)

V. G. Vins, Change in color of synthetic diamonds due to irradiation with fast electrons and subsequent annealing. Vestnik Gemmologii 5,19 – 32 (2002). (In Russian)

V. G. Vins, On the transformation of optically active defects in diamond crystal lattice. DRM 13,732 – 735 (2004)

V. G. Vins, The technique of production of fancy red diamonds, Patent RU 2237113; USPTO Application #: 20070053823, 2004a

V. G. Vins, Technique of production of fancy red diamonds, US Patent 2007/0053823A1, filed in 2004, 2007

V. G. Vins, in *New Ultra-Deep Diamond Cleaning Technology*, *GIA Symposium*, 2011

V. G. Vins, New ultra-deep diamond cleaning technology. G&G 47(2),83 (2011)

V. G. Vins, A. G. Grizenko, Thermoluminescence of HPHT-processed diamonds, unpublished thesis, 2001

V. G. Vins, O. V. Kononov, A model of HPHT color enhancement mechanism in natural gray diamonds. Diam. Relat. Mater. 12,542 – 545 (2003)

V. G. Vins, A. G. Grizenko, V. V. Kalinina, S. V. Chigrin, Color Grading of Natural Imperial Red™ diamonds. Poster Presentation at the 16th European Conference on Diamond & Diamond-Like Materials, Toulouse, France, 2005

V. G. Vins, A. P. Yelisseyev, S. V. Chigrin, A. G. Grizenko, Natural diamond enhancement: The transformation of intrinsic and impurity defects in the diamond lattice. G&G 42,120 – 121 (2006). (Fall 2006)

V. G. Vins, A. P. Yelisseyev A. P, in *On HPHT Treatment of Brown Diamonds*, *9th International Kimberlite Conference*, Extended Abstract No. 9IKC-A-00206, 2008

V. G. Vins, A. P. Yelisseyev, Physical fundamentals behind modern techniques of natural diamond enhancement. Aus. Gemmol. 24,219 – 221 (2008)

V. G. Vins, A. P. Yelisseyev, V. Sarin, Physics behind the modern methods of enhancement of natural diamonds. Prec. Metals Prec. Stones 12(180),155 – 163 (2008)

V. G. Vins, A. P. Yelisseyev, Spectroscopic study of type Ib synthetic diamond. Perspect. Mater. 6,36 – 42 (2009). (In Russian)

V. G. Vins, A. P. Yelisseyev, Effect of high pressure, high temperature annealing on impurity- defect structure of natural diamonds. Perspect. Mater. 1,49 – 57 (2010). (In Russian)

V. G. Vins, A. A. Yelisseyev, S. S. Lobanov, D. V. Afonin, A. Y. Maksimov, A. Y. Blinkov, Dislocation movement or vacancy cluster destruction. Diam. Relat. Mater. (2010). doi: 10. 1016/j. diamond. 2010. 02. 010

V. G. Vins, New Ultra-deep diamond cleaning technology. G&G 47(2), 73 - 74 (2011)

V. G. Vins, A. P. Yelisseyev, M. D. Starostenkov, Generation and annealing of radiation defects in electron-irradiated diamonds. Basic Probl. Mater. Sci. 8(1), 66 - 79 (2011)

V. G. Vins, A. P. Yelisseyev, Spectroscopic studies of type I aAB′ natural diamonds treated by irradiation and annealing, unpublished.

S. S. Vagarali, S. W. Webb, W. E. Jackson, W. F. Banholzer, T. R. Anthony, G. R. Kaplan, High pressure/high temperature production of colorless and fancy-colored diamonds, US patent #6692714, issued in 2004, 2003

J. Ueda, M. Kasu, A. Tallaire, T. Makimoto, High-pressure and high-temperature annealing effects on CVD homoepitaxial diamond films. DRM 15, 1789 - 1791 (2006)

K. Ueda, M. Kasu, T. Makimoto, High pressure and high-temperature annealing as an activation method for ion-implanted dopants in diamond. Appl. Phys. Lett. 90, 122102 (2007)

W. Wang, Another commercial US facility offers HPHT annealing. G&G 38, 162 (2002). (Summer 2002)

W. Wang, Natural type I b diamond with unusual reddish orange color. G&G, 42, 255 - 256 (2008) (Fall 2008)

W. Wang, Diamond: Fancy red, irradiated and annealed. G&G 45, 208 (2009). (Fall 2009, Lab Notes)

W. Wang, Large type I b yellow diamond colored by isolated nitrogen. G&G 45, 210 (2009). (Fall 2009, Lab Notes)

W. Wang, CVD grown pink diamonds (2009b). http://www. gia. edu/research-resources/news-from-research/treated_pink_CVD_06. 24. 09. pdf

W. Wang, Fancy vivid blue HPHT-treated diamond. G&G 46, 141 - 142 (2010). (Summer 2010)

W. Wang, R. Lu, T. Moses, Photoluminescence features of carbonado diamonds (2009b). News from Research http://www. gia. edu/research-resources/news-from-research, http://howtobuyagemstone. gia. edu/research-resources/news-from-research/carbonado-diamonds. pdf, 21 July 2009

W. Wang, M. Hall, T. M. M. Moses, Intensely colored type iia, with substantial nitrogen-related defects. G&G 39, 39 - 41 (2003). (Spring 2003)

W. Wang, M. Hall, C. P. Smith, T. M. Moses, Some unusual type II diamonds. G&G 39, 215 - 216 (2003). (Fall 2003, Lab Notes)

W. Wang, T. Moses, Commercial production of HPHT-treated diamonds showing a color shift. G&G 40, 74 - 75 (2004). (Spring 2004)

W. Wang, T. Gelb, HPHT-treated type iia yellow diamond. G&G 41, 43 - 45 (2005). (Spring 2005, Lab Notes)

W. Wang, T. Moses, Diamond with bodycolor possibility affected by the 3H defect. G&G 41, 42 - 43 (2005). (Spring 2005, Lab Notes)

W. Wang, C. P. Smith, M. S. Hall, C. M. Breeding, T. M. Moses, Treated-color pink-to-red diamonds from lucent diamonds. G&G 41(1), 6 - 19 (2005). (Spring 2005, Lab Notes)

W. Wang, T. M. Moses, C. Pearce, Diamond: orange, treated by multiple process. G&G 41, 341 - 342 (2005). (Winter 2005, Lab Notes)

W. Wang, T. M. Moses, K. S. Moe, A. Shen, Large diamond with micro-inclusions of carbonates and solid CO_2. G&G 41, 165 - 167 (2005). (Summer 2005, Lab Notes)

W. Wang, M. Hall, HPHT-treated type I a diamond with a green component caused by the H2 defect. G&G 43, 153 - 155 (2007). (Summer 2007, Lab Notes)

W. Wang, T. Moses, Type II a diamond with intense green color introduced by Ni-related defects. G&G 43, 156 - 158 (2007). (Summer 2007, Lab Notes)

W. Wang, T. Moses, A very large colorless HPHT-treated diamond. G&G 47(1), 49 - 50 (2011). (Spring

2011）

F. C. Waldermann, J. Nunn, K. Surmacz, Z. Wang, D. Jaksch, R. A. Taylor, I. A. Walmsley, P. Olivero, M. Draganski, B. Fairchild, P. Reichart, A. Greentree, D. Jamieson, S. Prawer, Creation of high density ensembles of nitrogen vacancy centers in diamond（2006）. Online publication：http://www. physics. ox. ac. uk/qubit/ fetch. asp? url = groupwebsite/papers/paper 151. pdf

K. Watanabe, S. C. Lawson, J. Isoya, H. Kanda, Y. Sato, Phosphorescence in high-pressure synthetic diamonds. Diam. Relat. Mater. 6,99 – 106（1997）

B. Willems, P. M. Martineau, D. Fisher, J. Van Royen, G. Van Tendeloo, Dislocation distributions in brown diamond. Phys. Stat. Sol. （a）203（12）,3076 – 3080（2006）

G. S. Woods, A. T. Collins, J. Phys. Chem. Solids 44（5）,471（1983）

A. P. Yeliseyev, E. V. Sobolev, V. G. Vins, Thermoluminescence in type Ⅰb diamonds. Superhard Mater. 1,11 – 17（1988）

A. P. Yeliseyev, V. G. Vins, V. A. Nadolinny, A. I. Chepurov, JuN Pal'anov, Influence of the growth conditions of synthetic diamonds upon their X-ray luminescence. Superhard Mater. 4,5 – 9（1987）

A. P. Yelisseyev, V. Nadilinny, B. Feigelson, S. Terentyev, S. Nosukhin, Diam. Relat. Mater. 5,1113（1996）

A. P. Yelisseyev, V. A. Nadolinny, B. N. Feigelson, YuV Babich, Spectroscopic features due to Ni-related defects in HPHT synthetic diamonds. Int. J. Mod. Phys. B Condens. Matter Phys. 16,900 – 905（2002）

A. Yelisseyev, S. Lawson, I. Sildos, A. Osvet, V. Nadolinny, B. Feigelson, J. M. Baker, M. Newton, O. Yuryeva, Effect of HPHT annealing on the photoluminescence of synthetic diamonds grown in the Fe-Ni-C system. DRM 12,2147 – 2168（2003）

A. P. Yelisseyev, N. P. Pokhilenko, J. W. Steeds, D. A. Zadgenizov, V. P. Afanasiev, Features of coated diamonds from the Snap Lke/King Lake kimberlite dyke, Slave craton, Canada, as revealed by optical topography. Lithos 77,83 – 97（2004）

A. P. Yelisseyev, H. Kanda, Optical centers related to 3D transition metals in diamond. New Diam. Front. Carbon Technol. 17（3）,127 – 178（2007）

A. P. Yelisseyev, V. V. Vins, S. S. Lobanov, D. V. Afonin, A. E. Blinkov, AYu. Maximov, Aggregation of donor nitrogen in irradiated Ni-containing synthetic diamonds. J. Crys. Growth 318,539 – 544（2011）

J. C. C. Yuan, Investigation by synchrotron X-ray Diffraction topography of the crystal structure defects in colored diamonds（natural, synthetic, and treated）. G&G 42,93（2006）.（Fall 2006）

A. M. Zaitsev, *Optical Properties of Diamond：A Data Handbook*（Springer, Berlin,2002）

A. M. Zaitsev, Temperature limit of vacuum annealing of diamond, Ruhr-University of Bochum, 2004 （unpublished）

Z. Song, J. Su, T. Lu, A greenish yellow diamond with glass filling and HPHT. G&G 45,214 – 215（2009）. （Fall 2009）